全国一级建造师执业资格考试红宝书

建筑工程管理与实务

历年真题解析及预测

2025 版

主　编　左红军
副主编　闫力齐

机械工业出版社

本书亮点——以一级建造师考试大纲为依据，以现行法律法规、标准规范为根基，在突出实操题型和案例题型的同时，兼顾40分客观试题。

本书特色——以章节为纲领，以考点为程序，通过一级建造师、二级建造师、监理工程师、造价工程师经典考试真题与考点的呼应，使考生能够极为便利地抓住应试要点，并通过经典题目将考点激活，从而解决了死记硬背的问题，真正做到60分靠理解，30分靠实操，只有6分靠记忆。

主要内容——专业技术：施工的源头是材料，施工的前提是设计，施工的依据是规范。专业管理：质量管理重在实体项目，安全管理重在措施项目，现场管理重在文明施工。通用管理：各个专业实务考试的通用内容，招投标管理是起点，合同管理是全局，造价管理是重心，进度管理是难点。

本书适用于2025年参加全国一级建造师执业资格考试的考生，同时可作为二级建造师、监理工程师考试的重要参考资料。

图书在版编目（CIP）数据

建筑工程管理与实务：历年真题解析及预测：2025版 / 左红军主编. -- 5版. -- 北京：机械工业出版社，2025.4. -- (全国一级建造师执业资格考试红宝书).
ISBN 978-7-111-78225-4

Ⅰ. TU71-44

中国国家版本馆CIP数据核字第2025AJ4926号

机械工业出版社（北京市百万庄大街22号　邮政编码100037）
策划编辑：王春雨　　　　　责任编辑：王春雨　卜旭东
责任校对：贾海霞　张　薇　封面设计：马精明
责任印制：常天培
河北虎彩印刷有限公司印刷
2025年5月第5版第1次印刷
184mm×260mm・18.75印张・463千字
标准书号：ISBN 978-7-111-78225-4
定价：69.00元

电话服务　　　　　　　　　　网络服务
客服电话：010-88361066　　　机　工　官　网：www.cmpbook.com
　　　　　010-88379833　　　机　工　官　博：weibo.com/cmp1952
　　　　　010-68326294　　　金　书　网：www.golden-book.com
封底无防伪标均为盗版　　　　机工教育服务网：www.cmpedu.com

本书编写人员

主　　编　左红军
副 主 编　闫力齐
编写人员　左红军　闫力齐　唐　伟　刘银姣　武爱玲　金　芳
　　　　　谷加增　冯　敏　贾英剑　罗　航

前　　言

本书是编者结合新版教材大纲和最近7年9次考试题目，经过反复归纳、修改，打造出的一本能覆盖考试范围，符合出题趋势、出题思维、考试套路的习题集。书中除了历年真题，还有大量作者根据历年考情重新整理修改的题目。

一、版块分析

1. 专业技术

属性：头部版块、核心体系。

分值：62分。

内容：工程设计、工程材料、工程施工（工程测量及土石方工程、主体结构、防水工程、建筑节能、装饰装修工程）

特点：以案例为主，以选择为补充；分值最大、考点最多、考频最高。

方法：专业技术涉及范围太广，从工程设计到工程材料，再到工程施工；包括了两类设计、三大材料、五个分部工程，几十个分项工程和几百个大大小小的技术细节……

学习这部分，主要先建立外部轮廓，再填充内在细节。要让理论结合实践，利用图形、图片、思维导图甚至视频动画充分激活文字性考点，把枯燥的书面语言转化为一个个具有现实意义的工程经验。

与多数人理解的刚好相反，学习专业技术，靠"死背"必"背死"！要以文字理解为方法，以口诀记忆为辅助，以打通体系脉络为手段，以解决问题为目的。

2. 专业管理

属性：文字考点、性价比高。

分值：48分。

内容：项目管理、质量管理、安全管理、现场管理。

特点：相比通用管理更容易理解，相比专业技术更便于记忆；学习起来相对轻松，是三大版块中性价比最高的部分！

方法：边听边记边总结，三遍成活！要配合习题经常巩固，确保持续不忘。

3. 通用管理

属性：瓶颈体系、计算考点。

分值：33分。

内容：进度控制（流水施工、网络计划）、履约管理（工程招标与投标、建设工程合同管理）、费用控制（工程造价管理、施工成本管理）。

特点：以计算为主，以简答为补充。近四年考试有一半是考文字题。

方法：计算型考点的核心在于理解"概念"，一个个内在逻辑密切的概念，是组成整个体系的核心要素。

比如，学习"流水施工"内容时，要先吃透"三类流水参数"，才能真正理解"三类流水形式"的计算过程。

再比如，学习"网络计划"内容时，要先熟练掌握工具型考点（如七组参数、绘图方法、高铁进站四定法等），才能将其渗透到诸如工期索赔、费用索赔、偏差分析、进度优化等各类应用型考点之中。

对于一级建造师执业资格考试来说，工具型考点是基础，应用型考点是核心。相反，二级建造师执业资格考试考得最多的就是基于"六大时间参数"的计算。可见，二级建造师执业资格考试的考题不会太深。

二、考点分析

1. 存量考点（A 类）

属于必须熟练掌握的高频考点！占建筑工程管理与实务卷面总分值的 70% 以上，直接决定你是否能够顺利通关，要求志在必得！

2. 增量考点（B 类）

针对性强、性价比高，占建筑工程管理与实务卷面总分值 20% 左右。编者凭借对出题思路和出题习惯的研究，在冲刺阶段合理扩张一部分增量考点，是为了增强安全边际，使你即便在发挥不佳的状态下，也能确保顺利通关。

3. 变量考点（C 类）

建筑工程管理与实务考试每年还有 10% 左右的"变量"考点。其性价比低，对通过考试的影响可以忽略不计。本着"拿一分、赚一分"的心态，应采取"平时直接忽略，考前重点突击"的学习策略。

三、增值服务

扫描下面二维码加入微信群可以获得：

（1）一对一伴学顾问。
（2）2025 全章节高频考点习题精讲课。
（3）2025 全章节高频考点习题精讲课配套讲义（电子版）。
（4）2025 一建全阶段备考白皮书（电子版）。
（5）红宝书备考交流群：群内定期更新不同备考阶段精品资料、课程、指导。

本书编写过程中得到了业内多位专家的启发和帮助，在此深表感谢！由于时间和水平有限，书中难免有疏漏和不当之处，敬请广大读者批评指正。

编　者

目 录

前言

版块一 专业技术

第一章 工程设计 / 1
 第一节 建筑设计 / 1
  一、客观选择 / 1
  二、参考答案 / 13
 第二节 结构设计 / 13
  一、客观选择 / 13
  二、参考答案 / 27
 第三节 装配式设计 / 27
  一、客观选择 / 27
  二、参考答案 / 29

第二章 工程材料 / 30
 第一节 结构材料 / 30
  一、客观选择 / 30
  二、参考答案 / 40
 第二节 装修材料 / 40
  一、客观选择 / 40
  二、参考答案 / 44
 第三节 功能材料 / 45
  一、客观选择 / 45
  二、参考答案 / 46

第三章 工程测量及土石方工程 / 47
 第一节 工程测量及变形观测 / 48
  一、客观选择 / 48
  二、参考答案 / 51
  三、主观案例及解析 / 51
 第二节 岩土工程性能要求 / 54
  一、客观选择 / 54
  二、参考答案 / 55
 第三节 基坑支护及地下水控制 / 55

一、客观选择 / 55
　　二、参考答案 / 59
　　三、主观案例及解析 / 60
第四节　土方开挖、回填 / 65
　　一、客观选择 / 65
　　二、参考答案 / 66
　　三、主观案例及解析 / 67
第五节　地基处理 / 68
　　一、客观选择 / 68
　　二、参考答案 / 71
　　三、主观案例及解析 / 71
第六节　基坑验槽 / 72
　　一、客观选择 / 72
　　二、参考答案 / 74
　　三、主观案例及解析 / 74
第七节　桩基工程 / 75
　　一、客观选择 / 75
　　二、参考答案 / 79
　　三、主观案例及解析 / 79

第四章　主体结构 / 84
第一节　现浇混凝土结构 / 85
　　一、客观选择 / 85
　　二、参考答案 / 93
　　三、主观案例及解析 / 93
第二节　混凝土基础 / 101
　　一、客观选择 / 101
　　二、参考答案 / 102
　　三、主观案例及解析 / 102
第三节　装配式混凝土结构 / 104
　　一、客观选择 / 104
　　二、参考答案 / 106
　　三、主观案例及解析 / 106
第四节　钢结构 / 110
　　一、客观选择 / 110
　　二、参考答案 / 114
　　三、主观案例及解析 / 114
第五节　砌体结构 / 115
　　一、客观选择 / 115
　　二、参考答案 / 118
　　三、主观案例及解析 / 118

第五章 防水工程 / 121
第一节 地下防水工程 / 121
一、客观选择 / 121
二、参考答案 / 123
三、主观案例及解析 / 124
第二节 屋面防水工程 / 127
一、客观选择 / 127
二、参考答案 / 131
三、主观案例及解析 / 131
第三节 防水工程通病治理 / 132
主观案例及解析 / 132

第六章 建筑节能 / 135
第一节 节能构造及施工要求 / 135
一、客观选择 / 135
二、参考答案 / 137
三、主观案例及解析 / 137
第二节 节能材料及实体检验 / 138
一、客观选择 / 138
二、参考答案 / 140
三、主观案例及解析 / 140

第七章 装饰装修工程 / 142
第一节 装饰装修十二大子分部 / 142
一、客观选择 / 142
二、参考答案 / 148
三、主观案例及解析 / 148
第二节 装修防火及室内污染控制规定 / 149
一、客观选择 / 149
二、参考答案 / 152
三、主观案例及解析 / 152

版块二 专业管理

第八章 项目管理 / 157
第一节 施工企业资质管理 / 157
一、客观选择 / 157
二、参考答案 / 158
第二节 项目管理机构 / 158
主观案例及解析 / 158

第九章 质量管理 / 159
第一节 质量管理计划 / 159
主观案例及解析 / 159

第二节　质量管理过程　/ 160
　　　　一、客观选择　/ 160
　　　　二、参考答案　/ 161
　　　　三、主观案例及解析　/ 161
第十章　安全管理　/ 169
　　第一节　基础安全生产管理　/ 169
　　　　一、客观选择　/ 169
　　　　二、参考答案　/ 171
　　　　三、主观案例及解析　/ 172
　　第二节　施工安全技术管理　/ 177
　　　　主观案例及解析　/ 177
第十一章　现场管理　/ 191
　　第一节　现场施工管理　/ 191
　　　　一、客观选择　/ 191
　　　　二、参考答案　/ 196
　　　　三、主观案例及解析　/ 196
　　第二节　现场资源管理　/ 214
　　　　主观案例及解析　/ 214

版块三　通　用　管　理

第十二章　进度控制　/ 219
　　第一节　流水施工　/ 219
　　　　主观案例及解析　/ 219
　　第二节　网络计划　/ 223
　　　　主观案例及解析　/ 223
第十三章　履约管理　/ 230
　　第一节　工程招标与投标　/ 230
　　　　主观案例及解析　/ 230
　　第二节　建设工程合同管理　/ 232
　　　　主观案例及解析　/ 232
第十四章　费用控制　/ 235
　　第一节　工程造价管理　/ 235
　　　　主观案例及解析　/ 235
　　第二节　施工成本管理　/ 243
　　　　主观案例及解析　/ 243
附录　2025年全国一级建造师执业资格考试"建筑工程管理与实务"预测模拟卷　/ 248
　　附录A　预测模拟试卷（一）　/ 248
　　附录B　预测模拟试卷（二）　/ 271

版块一 专业技术

第一章 工程设计

近五年分值排布

题型及总分值	分值				
	2024 年	2023 年	2022 年	2021 年	2020 年
选择题	17	16	10	11	7	5
案例题	0	0	0	0	0	0
总分值	17	16	10	11	7	5

➢ 核心考点

第一节：建筑设计
  考点一、建筑物的分类与构成
  考点二、建筑设计的程序与要求
  考点三、室内物理环境技术要求
  考点四、建筑构造设计基本要求
第二节：结构设计
  考点一、结构的可靠性
  考点二、建筑结构体系及应用
  考点三、结构设计作用
  考点四、结构构造要求
  考点五、抗震设计构造要求
第三节：装配式设计
  考点、装配式混凝土设计要求

第一节 建 筑 设 计

一、客观选择

1.【生学硬练】下列建筑属于大型性建筑的是（　　）。

A. 学校　　　　　B. 医院　　　　　C. 航空港　　　　　D. 高层

考点：建筑设计——建筑物的类别

【解析】 民用建筑按规模分为大型性建筑、大量性建筑。

1) 大型性建筑是指每一个单项工程的规模都很宏大的建筑，包括航空港、火车站、体育馆、展馆和影剧院。

2) 大量性建筑是指随处可见、数量庞大的住宅、学校、商店、医院等。

2. 【生学硬练】属于工业建筑的是（　　）。

A. 宿舍　　　　　B. 办公楼　　　　　C. 仓库　　　　　D. 医院

考点：建筑设计——建筑物的类别

【解析】 A、B、D 选项均为民用建筑，选项 A 属于居住建筑，选项 B、D 属于公共建筑。

3. 【生学硬练】下列建筑中，属于公共建筑的是（　　）。

A. 仓储建筑　　　　　B. 修理站　　　　　C. 医疗建筑　　　　　D. 宿舍建筑

考点：建筑设计——建筑物的类别

【解析】 公共建筑一般包括"政商医科文"，即行政办公建筑、商业建筑、医疗建筑、科研建筑、文教建筑。

4. 【生学硬练】根据《建筑防火设计规范》，下列属于一类高层民用建筑的有（　　）。

A. 建筑高度 45m 的居住建筑　　　　B. 高度 38m 的医疗建筑

C. 建筑高度 60m 的公共建筑　　　　D. 高度 27m 的省级电力调度建筑

E. 藏书 100 万册的图书馆

考点：建筑设计——建筑物的类别

【解析】 根据《建筑防火设计规范》：

选项 A，27m<高度<54m 的高层住宅均属于二类高层民用建筑。

选项 E，藏书达到 100 万册不属于一类高层公建，"超过" 100 万册才算。

5. 【生学硬练】历史建筑的建筑高度应按建筑室外设计地坪至建构筑物（　　）计算。

A. 檐口顶点　　　　　B. 屋脊　　　　　C. 墙顶点　　　　　D. 最高点

考点：建筑设计——建筑高度

【解析】 历史建筑，历史文化名城名镇名村、历史文化街区、文物保护单位、风景名胜区、自然保护区的保护规划区内的建筑，建筑高度应按建筑物室外设计地坪至建（构）筑物最高点计算。

6. 【生学硬练】建筑物的体系构成主要有（　　）。

A. 结构体系　　　　　　　　　　B. 围护体系

C. 支撑体系　　　　　　　　　　D. 设备体系

E. 供水体系

考点：建筑设计——建筑物体系构成

【解析】 建筑物的体系构成主要有结构体系、围护体系、设备体系。结构体系主要是安全耐久（梁、顶、柱、墙、基础），围护体系主要是隐私保护（门、窗、外墙、屋面），设备体系主要是使用功能（水、电、风、热）。

7. 【生学硬练】在建筑物的组成体系中，承受竖向和侧向荷载的是（　　）。

A. 结构体系　　　　B. 设备体系　　　　C. 围护体系　　　　D. 支撑体系

考点：建筑设计——建筑物体系构成

【解析】　一看到"荷载",就应想到必然跟"安全耐久"有关——属于结构体系。

8.【生学硬练】建筑物的组成体系中,能够保证使用人群的安全性和私密性的是(　　)。

A. 设备体系　　　　B. 结构体系　　　　C. 围护体系　　　　D. 构造体系

考点：建筑设计——建筑物体系构成

【解析】　确保"安全性和私密性"的是以"门、窗、外墙、屋面"为代表的围护体系。

9. 建筑结构体系包括(　　)。

A. 墙
B. 梁
C. 柱
D. 基础
E. 门窗

考点：建筑设计——三大体系

【解析】

1) 结构体系是建筑物的骨架,负责承受和传递竖向、侧向荷载,并将这些荷载安全地传至地基;涵盖墙、柱、梁、屋顶等。

2) 围护体系类似于建筑物的衣帽,起遮蔽、隔声、保护隐私、隔绝恶劣环境的作用;包括屋面、外墙、门、窗等。

3) 设备体系通常涉及排水系统、供电系统、供热通风系统。

10.【生学硬练】建筑设计程序一般可分为(　　)。

A. 方案设计
B. 初步设计
C. 技术设计
D. 施工图设计
E. 专项设计

考点：建筑设计——设计类别

【解析】　建筑设计程序一般分为方案设计、初步设计、施工图设计、专项设计阶段。

11.【生学硬练】下列关于建筑设计程序及定义的说法正确的是(　　)。

A. 可在方案设计审批后直接进入施工图设计
B. 初步设计的深度应满足编制施工招标、方案设计、主要设备材料订货和编制
C. 施工图设计根据批准的方案设计,绘制出正确、完整、详细的施工图纸
D. 建设单位可以另行委托相关单位承担项目专项设计

考点：建筑设计——设计类别

【解析】　选项A错误,只有主管部门在初步设计阶段没有审查要求,且合同中没有约定初步设计时,才可在方案设计审批后直接进入施工图设计。

选项B错误,初步设计的深度应满足编制施工招标文件、施工图设计文件以及主要设备材料订货的需要。

选项C错误,施工图设计要根据批准的初步设计,绘制出正确、完整、详细的施工图纸。

12.【生学硬练】下列属于专项设计的内容有(　　)。

A. 幕墙工程
B. 地基基础

C. 基坑工程　　　　　　　　　　D. 钢结构
E. 预制混凝土构件

考点：建筑设计——设计类别

【解析】　专项设计工程包括建筑装饰工程、建筑智能化系统设计、建筑幕墙工程、基坑工程、轻型房屋钢结构工程、风景园林工程、消防设施工程、环境工程、照明工程、预制混凝土构件加工图设计等。

13．【生学硬练】工程概算书属于（　　）文件内容。
A. 方案设计　　　　　　　　　　B. 初步设计
C. 施工图设计　　　　　　　　　D. 专项设计

考点：建筑设计——设计类别

【解析】　初步设计文件的内容应包括设计说明书，以及有关专业的设计图纸、主要设备或材料表、工程概算书、有关专业计算书等。

14．【生学硬练】建筑设计除了满足相关的建筑标准、规范等要求，还应符合（　　）等要求。
A. 总体规划　　　　　　　　　　B. 建筑功能
C. 合理技术　　　　　　　　　　D. 美观经济
E. 设计领先

考点：建筑设计——建筑设计要求

【解析】　建筑设计包括"规划、功能、技术、美观、经济"五个维度。因此，建筑设计除满足相关建筑标准、规范等要求外，原则上还应符合"总体规划、建筑功能、合理技术、美观要求、经济效益"五个方面。

15．【生学硬练】有效控制城市发展的重要手段是（　　）。
A. 建筑设计　　B. 结构设计　　C. 规划设计　　D. 功能设计

考点：建筑设计——建筑设计要求

【解析】　城市规划大空间，对外；建筑设计小空间，对内。

16．【生学硬练】下列关于室内光环境的说法，正确的有（　　）。
A. 建筑采光设计应做到技术先进、经济合理，有利于视觉工作和身心健康
B. 采光设计应注意光的方向性，应避免对工作产生遮挡和不利的阴影
C. 采光设计的评价指标是采光系数
D. 需识别颜色的场所，应采用不改变天然光光色的采光材料
E. 住宅建筑的卧室、起居室（厅）、厨房应有直接采光

考点：室内物理环境——光环境

【解析】　采光系数和室内天然光照度为采光设计的评价指标。

17．【生学硬练】在可能危及航行安全的建筑物上，应按规定设置（　　）照明。
A. 安全　　　　B. 障碍　　　　C. 警卫　　　　D. 疏散

考点：室内物理环境——光环境

18．【生学硬练】减小窗的不舒适眩光可采取的措施中，不包括（　　）。
A. 作业区应减少或避免直射阳光
B. 工作人员的视觉背景宜为窗口

C. 采用室内外遮挡设施

D. 窗结构的内表面或窗周围的内墙面，宜采用浅色饰面

考点： 室内物理环境——光环境

【解析】 采光设计时，减小窗的不舒适眩光可采取的措施有：

1）作业区应减少或避免直射阳光。

2）工作人员的视觉背景不宜为窗口。

3）可采用室内外遮挡设施。

4）窗结构的内表面或窗周围的内墙面，宜采用浅色饰面。

19.【生学硬练】下列可以采用导光管系统采光的场所包括（　　）。

A. 大跨度建筑　　　　　　　　　B. 大进深建筑

C. 地下空间，无外窗及有条件的场所　　D. 地上建筑，有外窗的场所

E. 侧面采光

考点： 室内物理环境——光环境

【解析】 采光设计时，应采取以下有效的节能措施：

1）大跨度或大进深的建筑宜采用顶部采光或导光管系统采光。

2）在地下空间，无外窗及有条件的场所，可采用导光管采光系统。

3）侧面采光时，可加设反光板、棱镜玻璃或导光管系统，改善进深较大区域的采光。

20. 当采用固定式建筑遮阳时，南向宜采用（　　）遮阳。

A. 水平　　　　B. 垂直　　　　C. 组合　　　　D. 挡板

考点： 建筑设计——室内物理环境

【解析】 采用固定式遮阳时，南向宜采用水平遮阳；东北、西北及北回归线以南地区的北向宜采用垂直遮阳；东、西朝向窗口宜采用挡板遮阳；东南、西南朝向窗口宜采用组合遮阳。

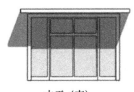
水平（南）

垂直（北/东北/西北）

挡板（东、西）

组合（东南/西南）

21.【生学硬练】下列关于室内声环境的说法，正确的有（　　）。

A. 室内允许噪声级采用 A 声级作为评价量

B. 室内允许噪声级对应的时间：昼间 6:00~22:00、夜间 22:00~6:00

C. 电梯不得紧邻卧室布置，可以适当紧邻起居室（厅）布置

D. 厨房、卫生间与卧室相邻时，管道、设备宜设在隔墙上；主卧室内卫生间的排水管道宜做隔声包覆处理

E. 对安静要求较高的民用建筑，宜设置于本区域主要噪声源夏季主导风向的上风侧

考点： 室内物理环境——声环境

【解析】 选项 C 错误，电梯不得紧邻卧室布置，也不宜紧邻起居室（厅）布置。

选项 D 错误，厨房、卫生间与卧室相邻时，管道、设备不宜设在隔墙上。

22.【生学硬练】提高墙体热阻值可采取的措施包括（　　）。
A. 采用复合保温墙体构造
B. 采用低导热系数的新型墙体材料
C. 应当采用 A 级不燃材料（如岩棉）作为墙体保温材料
D. 采用带有封闭空气间层的复合墙体构造设计
E. 采用密度较大的石材

考点：室内物理环境——热工环境

【解析】 提高墙体热阻值可采取的措施有：
1）采用轻质高效保温材料与砖、混凝土、钢筋混凝土、砌块等主墙体材料组成复合保温墙体构造。
2）采用低导热系数的新型墙体材料。
3）采用带有封闭空气间层的复合墙体构造设计。

23.【生学硬练】严寒地区建筑采用（　　）时宜采用双层窗。
A. 木门窗　　　　B. 塑料窗　　　　C. 断热金属门窗　　　　D. 铝木复合门窗

考点：室内物理环境——热工环境

【解析】
1）严寒地区建筑采用断热金属门窗时宜采用双层窗。
2）严寒地区、寒冷地区建筑应采用木窗、塑料窗、铝木复合门窗、铝塑复合门窗、钢塑复合门窗和断热铝合金门窗等保温性能好的门窗。

24.【生学硬练】屋面隔热可以采取的措施包括（　　）。
A. 采用白色外饰面
B. 采用铝箔空气间层隔热屋面
C. 采用蓄水、种植屋面
D. 采用淋水被动蒸发屋面
E. 采用坡屋面

考点：室内物理环境——热工环境

【解析】 屋面隔热可以采取的措施包括：
1）采用浅色外饰面。
2）采用通风隔热屋面。
3）采用有热反射材料层（热反射涂料、热反射膜、铝箔等）的空气间层隔热屋面。
4）采用蓄水屋面。
5）采用种植屋面。
6）采用淋水被动蒸发屋面。
7）采用带老虎窗的通气阁楼坡屋面。

25.【生学硬练】有保温要求的门窗、玻璃幕墙、采光顶采用的玻璃系统应为（　　）。
A. 中空玻璃
B. Low-E 中空玻璃
C. 充惰性气体 Low-E 中空玻璃
D. 镀膜玻璃
E. 着色玻璃

考点：室内物理环境——热工环境

【解析】 有保温要求的门窗、玻璃幕墙、采光顶采用的玻璃系统应为中空玻璃、Low-E

中空玻璃、充惰性气体 Low-E 中空玻璃等保温性能良好的玻璃，保温要求高时还可采用三玻两腔、真空玻璃等。传热系数较低的中空玻璃宜采用"暖边"中空玻璃间隔条。

26.【生学硬练】下列关于建筑物通风节能设计，说法正确的有（　　）。
A. 民用建筑优先采用集中通风去除室内热量
B. 建筑空间设计，空间组织和门窗洞口的设置应有利于组织室内辅助通风
C. 受建筑平面布置的影响，室内无法形成流畅的通风路径时，宜设置辅助通风
D. 采用自然通风的建筑，未设置通风系统的居住建筑，户型进深不应超过12m
E. 采用自然通风的建筑，公共建筑进深不宜超过40m，否则应设置通风中庭或天井

考点：室内物理环境——热工环境

【解析】 根据自然通风设计要求：

选项 A 错误，民用建筑优先采用自然通风去除室内热量。

选项 B 错误，建筑的平、立、剖面设计，空间组织和门窗洞口的设置应有利于组织室内自然通风。

选项 C、D、E 正确，采用自然通风的建筑，进深应符合下列规定：
1）未设置通风系统的居住建筑，户型进深不应超过12m。
2）公共建筑进深不宜超过40m，进深超过40m时应设置通风中庭或天井。

27.【生学硬练】关于住宅套内楼梯构造要求，下列说法正确的有（　　）。
A. 一边临空时，楼梯梯段净宽不应小于0.75m；当两侧有墙时，不应小于0.90m
B. 一边临空时，楼梯梯段净宽不应小于0.70m；当两侧有墙时，不应小于0.90m
C. 套内楼梯踏步宽度不应小于0.22m，高度不应高于0.20m
D. 套内楼梯踏步宽度不应大于0.20m，高度不应低于0.22m
E. 扇形踏步转角距扶手边0.25m处，宽度不应小于0.22m

考点：建筑设计构造要求——楼梯

【解析】 住宅套内楼梯应满足下列要求：
1）一边临空时，楼梯梯段净宽不应小于0.75m；当两侧有墙时，不应小于0.90m。
2）套内楼梯踏步宽度不应小于0.22m，高度不应高于0.20m。
3）扇形踏步转角距扶手边0.25m处，宽度不应小于0.22m。

28.【生学硬练】关于公共楼梯构造要求，下列说法正确的有（　　）。
A. 供日常交通用的公共楼梯的梯段最小净宽应根据建筑物使用特征，按人流股数和每股人流宽度0.55m确定，并不应小于2股人流宽度
B. 公共楼梯正对（向上、向下）梯段设置的楼梯间门距踏步边缘的距离不应小于0.50m
C. 公共楼梯休息平台上部及下部过道处的净高不应低于2.20m，梯段净高不应低于2.00m
D. 公共楼梯每个梯段的踏步一般不应超过18级，亦不应少于3级
E. 公共楼梯应至少于单侧设置扶手，梯段净宽达3股人流的宽度时应两侧设扶手

考点：建筑设计构造要求——楼梯

【解析】 根据《民用建筑通用规范》：

选项 B 错误，公共楼梯正对（向上、向下）梯段设置的楼梯间门距踏步边缘的距离不

应小于 0.60m。

选项 C 错误，公共楼梯休息平台上部及下部过道处的净高不应低于 2.00m，梯段净高不应低于 2.20m。

选项 D 错误，公共楼梯每个梯段的踏步一般不应超过 18 级，亦不应少于 2 级。

注意，无中柱螺旋楼梯和弧形楼梯离内侧扶手 0.25m 处的踏步宽度不应小于 0.22m。

29.【生学硬练】关于室外疏散楼梯和每层出口处平台的规定，正确的是（　　）。
A. 应采取难燃材料制作　　　　　　　B. 平台的耐火极限不应低于 0.5h
C. 疏散门应正对楼梯段　　　　　　　D. 疏散出口的门应采用乙级防火门

考点：建筑设计构造要求——楼梯

【解析】 选项 A 错误，室外疏散楼梯和每层出口处平台，均应采取不燃材料制作。

选项 B 错误，平台的耐火极限不应低于 1h，楼梯段的耐火极限应不低于 0.25h。

选项 C 错误，疏散门不应正对楼梯段，太危险了，容易刹不住车。

30.【生学硬练】医院病房楼疏散楼梯的最小宽度为（　　）。
A. 1.0m　　　　B. 1.1m　　　　C. 1.2m　　　　D. 1.3m

考点：建筑设计构造要求——楼梯

【解析】 居住疏散 1 条腿（1.1m），医院病房 3 条腿（1.3m），其他建筑 2 条腿（1.2m）。

31.【生学硬练】下列关于电梯、自动扶梯、自动人行道设置的说法，正确的有（　　）。
A. 高层公共建筑和高层非住宅类居住建筑的电梯不应少于 1 台
B. 建筑内设有电梯时，应设置至少 1 台无障碍电梯
C. 电梯机房应采取隔热、通风、防尘等措施
D. 出入口畅通区的宽度从扶手带端部算起不应小于 2.50m
E. 自动扶梯的梯级、自动人行道的踏板或传送带上空，垂直净高不应低于 2.30m

考点：建筑设计构造要求——楼梯

【解析】 电梯设置应满足的要求有：

1）高层公共建筑和高层非住宅类居住建筑的应≥2 台。

2）建筑内设有电梯时，应设置至少 1 台无障碍电梯。

3）电梯井道和机房与有安静要求的用房贴邻时，应采取隔振、隔声措施。

4）电梯机房应采取隔热、通风、防尘等措施。

32.【生学硬练】关于墙体防水、防潮构造要求，下列说法正确的有（　　）。
A. 砌筑墙体，应在室外地面以上、室内地面垫层处设置连续的水平防潮层
B. 砌筑墙体，室内相邻地面有高差时，应在高差处贴邻土壤一侧加设防潮层
C. 有防潮要求的室内墙面背水面应设防潮层
D. 有防水要求的室内墙面背水面应采取防水措施
E. 有配水点的墙面应采取防水措施。

考点：建筑设计构造要求——墙体

【解析】 根据《民用建筑通用规范》的 6.2.3 节，墙体防潮、防水应符合下列规定：

1）砌筑墙体应在室外地面以上、室内地面垫层处设置连续的水平防潮层，室内相邻地面有高差时，应在高差处贴邻土壤侧加设防潮层。

2）有防潮要求的室内墙面迎水面应设防潮层，有防水要求的室内墙面迎水面应采取防

水措施。

3）有配水点的墙面应采取防水措施。

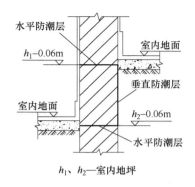

h_1、h_2—室内地坪

33. 关于墙身水平防潮层位置，正确的有（　　）。
A. 低于室外地坪　　　　　　　　B. 高于室外地坪
C. 做在墙体外　　　　　　　　　D. 位于室内地层密实材料垫层中部
E. 室外地坪（±0.000）下60mm处

考点：建筑设计构造要求——墙体

【解析】　水平防潮层：在建筑底层内墙脚、外墙勒脚部位设置连续的防潮层隔绝地下水的毛细渗透，避免墙身受潮破坏。水平防潮层的位置：做在墙体内、高于室外地坪、位于室内地层密实材料垫层中部、室内地坪±0.000以下60mm处。

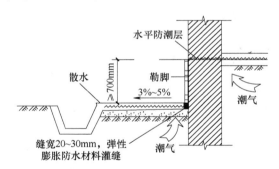

34. 【生学硬练】外墙应根据气候条件和建筑使用要求，采取（　　）等措施。
A. 保温隔热　　　　　　　　　　B. 隔声
C. 防火、防水、防潮　　　　　　D. 防结露
E. 防腐

考点：建筑设计构造要求——墙体

【解析】　根据《民用建筑通用规范》的6.2.2节，外墙应根据气候条件和建筑使用要求，采取保温隔热、隔声、防火、防水、防潮和防结露等措施。

35. 【生学硬练】有关墙身细部构造及非承重墙的做法正确的是（　　）。
A. 女儿墙与屋顶交接处应做泛水，高度不小于150mm
B. 墙体与窗框连接处，必须用塑性材料嵌缝
C. 墙体水平防潮层应设在室内地坪（±0.000）以上60mm处

D. 轻型砌块墙沿高度 3m 处应设钢筋混凝土圈梁

考点：建筑设计构造要求——墙体

【解析】 选项 A 错误，压檐板上表面应向屋顶方向倾斜 10%，并出挑不少于 60mm。

选项 B 错误，墙体与窗框连接处，必须用弹性材料嵌缝。

选项 C 错误，墙体水平防潮层应设在室内地坪（±0.000）以下 60mm 处。设在室内地坪（±0.000）以上，水汽就渗入室内了。

36. 【生学硬练】安装在易于受到人体或物体碰撞部位的玻璃面板，应采取防护措施，并应设置（　　）。

A. 提示标识　　　　B. 警示标识　　　　C. 禁止标识　　　　D. 指示标识

考点：建筑设计构造要求——墙体

【解析】 根据《民用建筑通用规范》的 6.2.7 节，安装在易于受到人体或物体碰撞部位的玻璃面板，应采取防护措施，并应设置提示标识。

37. 【生学硬练】下列防火门构造的基本要求中，正确的有（　　）。

A. 甲级防火门耐火极限应为 3.0h
B. 防火门应向内开启，具有自行关闭功能，双扇防火门，还应具有按顺序关闭功能
C. 变形缝处附近防火门应设在楼层数较少的一侧；开启后，门扇不应跨越变形缝
D. 设置防火墙确有困难的场所，可采用防火卷帘作防火分区分隔
E. 疏散走道上的防火卷帘应在卷帘的两侧设置启闭装置，并应具有自动、手动和机械控制的功能。

考点：建筑设计构造——防火门

【解析】 选项 A 错误，甲级防火门耐火极限应为 1.5h。

选项 B 错误，防火门应为向疏散方向开启的平开门。

选项 C 错误，变形缝处附近防火门应设在楼层数较多的一侧。

38. 【生学硬练】下列瓦屋面，应采取防止瓦材滑落、风揭的措施的有（　　）。

A. 屋坡度大于 45°瓦屋面　　　　　　B. 强风多发地区屋面
C. 坡屋面　　　　　　　　　　　　　D. 抗震设防烈度为 7 度及以上地区的瓦屋面
E. 抗震设防烈度为 8 度及以上地区的瓦屋面

考点：建筑设计构造要求——屋面

【解析】"强风多发745"——根据《民用建筑通用规范》的 6.1.2 节，坡度大于 45°瓦屋面，以及强风多发或抗震设防烈度为 7 度及以上地区的瓦屋面，应采取防止瓦材滑落、风揭的措施。

39.【生学硬练】波形瓦屋面的最小坡度是（　　）。
A. 2%　　　　　　B. 5%　　　　　　C. 10%　　　　　　D. 20%

考点：建筑设计构造要求——屋面
【解析】

屋面类型	最小坡度（%）	屋面类型	最小坡度（%）
平屋面	2	波形瓦屋面	20
块瓦屋面	30	种植屋面	2
玻璃采光顶	5	压型金属板、金属夹芯板	5

40.【生学硬练】关于天窗的设置的说法，下列错误的是（　　）。
A. 采光天窗应采用防破碎坠落的透光材料
B. 天窗采用玻璃时，应使用钢化玻璃和钢化夹层玻璃
C. 天窗应设置冷凝水导泄装置，采取防冷凝水产生的措施
D. 多雪地区应考虑积雪对天窗的影响

考点：建筑设计构造——天窗
【解析】 天窗的设置应符合下列规定：
1）采光天窗应采用防破碎坠落的透光材料，当采用玻璃时，应使用夹层玻璃或夹层中空玻璃。
2）天窗应设置冷凝水导泄装置，采取防冷凝水产生的措施，多雪地区应考虑积雪对天窗的影响。
3）天窗的连接应牢固、安全，开启扇启闭应方便可靠。

41.【生学硬练】除有特殊使用要求外，楼地面应满足的功能有（　　）。
A. 平整　　　　　　　　　　　　B. 耐磨
C. 防滑　　　　　　　　　　　　D. 易于清洁
E. 经济性好

考点：建筑设计构造——楼地面
【解析】 楼面、地面应根据建筑使用功能，满足隔声、保温、防水、防火等要求，其铺装面层应平整、防滑、耐磨、易于清洁。

42.【生学硬练】下列关于防爆面层说法正确的是（　　）。
A. 面层应选用大理石、白云石
B. 面层应选用花岗石
C. 以金属或石料撞击时只有少量火花为合格
D. 水泥应采用普通硅酸盐水泥，其强度等级不应小于 32.5 级

考点：建筑设计构造——楼地面

【解析】 根据《建筑地面设计规范》的3.8.6节，不发火花地面的面层材料，应符合下列要求：

1）面层材料，应选用不发火花细石混凝土、不发火花水泥砂浆、不发火花沥青砂浆、木材、橡胶和塑料等。

2）面层采用的碎石，应选用大理石、白云石或其他石灰石加工而成，并以金属或石料撞击时不发生火花为合格。

3）砂应质地坚硬、表面粗糙，其粒径宜为0.15~5mm，含泥量不应大于3%，有机物含量不应大于0.5%。

4）水泥应采用强度等级不小于42.5级的普通硅酸盐水泥。

5）面层分格的嵌条应采用不发生火花的材料配制。配制时应随时检查，不得混入金属或其他易发生火花的杂质。

43.【生学硬练】幼儿园建筑中幼儿经常出入的通道应为（　　）地面。
A. 暖性　　　　　　B. 弹性　　　　　　C. 防滑　　　　　　D. 耐磨
考点：建筑设计构造要求——地面
【解析】 幼儿园建筑中乳儿室、活动室、寝室及音体活动室宜为暖性、弹性地面。幼儿经常出入的通道应为防滑地面。

44.【生学硬练】有关建筑门窗的建筑构造说法错误的是（　　）。
A. 窗扇的开启形式应方便使用、安全、易于清洁
B. 高层建筑宜采用推拉窗，当采用外开窗时应有牢固窗扇的措施
C. 开向公共走道的窗扇，其底面高度应≥1m
D. 窗台低于0.8m时，应采取防护措施
考点：建筑设计构造——门窗
【解析】 开向公共走道的窗扇，其底面高度应不低于2m。主要考虑：①安全性，防止小孩儿攀爬坠落；②方便性，推拉式窗户防止高个子碰到头。

45.【生学硬练】吊顶龙骨起拱正确的是（　　）。
A. 短向跨度上起拱　　　　　　B. 长向跨度上起拱
C. 双向起拱　　　　　　　　　D. 不起拱
考点：建筑设计构造要求——龙骨
【解析】 龙骨在短向跨度上应根据材质适当起拱。

46.【生学硬练】对处于严重腐蚀的使用环境且仅靠涂装难以有效保护的主要承重钢结构构件，宜采用（　　）。
A. 防腐蚀涂料　　　　　　　　B. 各种工艺形成的锌、铝等金属保护层
C. 阴极保护措施　　　　　　　D. 耐候钢
E. 外包混凝土
考点：钢结构设计构造——防腐
【解析】 钢结构防腐蚀可选择以下防腐蚀方案：①防腐蚀涂料；②各种工艺形成的锌、铝等金属保护层；③阴极保护措施；④耐候钢。

严重腐蚀的使用环境且仅靠涂装难以有效保护的主要承重钢结构构件，宜采用耐候钢或外包混凝土。

第一章　工程设计

二、参考答案

题号	1	2	3	4	5	6	7	8	9	10
答案	C	C	C	BCD	D	ABD	A	C	ABCD	ABDE
题号	11	12	13	14	15	16	17	18	19	20
答案	D	ACE	B	ABCD	C	ABDE	B	B	ABCE	A
题号	21	22	23	24	25	26	27	28	29	30
答案	ABE	ABD	C	ABCD	ABC	CDE	ACE	AE	D	D
题号	31	32	33	34	35	36	37	38	39	40
答案	BCDE	ABE	BDE	ABCD	D	A	DE	ABD	D	B
题号	41	42	43	44	45	46				
答案	ABCD	A	C	C	A	DE				

第二节　结构设计

一、客观选择

1.【生学硬练】建筑结构可靠性包括（　　）。
A. 安全性　　　　　　　　　　　B. 实用性
C. 适用性　　　　　　　　　　　D. 耐久性
E. 合理性

考点：结构可靠性——总述
【解析】"结构可靠三方面，安全适用耐久性"——实用性，是针对措施项目的。

2.【生学硬练】结构具有合理的传力路径，能将各种作用力传递到抗力构件。遭遇爆炸、撞击、罕遇地震等偶然事件和人为失误时，仍保持整体稳固性，不出现与起因不相称的破坏后果，此项功能属于结构的（　　）。
A. 安全性　　B. 适用性　　C. 耐久性　　D. 稳定性

考点：结构可靠性——安全性
【解析】　结构安全性的具体内涵包括定性和定量两个方面。
定性：指承受施工、使用期限内各种作用。
定量：1）具有合理的传力路径，能够将各种作用力传递到抗力构件。
2）遭遇爆炸、撞击、地震等事件和人为失误时，结构应保持整体稳固性。
3）发生火灾时，结构应在规定的时间内保持承载力和整体稳固性。

3.【生学硬练】适用性是保障结构和构件预定使用要求的性能，在设计中称为正常使用极限状态。正常使用极限状态包括构件在正常使用条件下产生的（　　）。
A. 过度变形　　　　　　　　　　B. 过早裂缝
C. 裂缝过宽　　　　　　　　　　D. 过大振幅
E. 破坏过大

13

考点：结构可靠性——适用性

【解析】 破坏过大，对应的是承载力极限状态，即"安全性"。

4.【生学硬练】结构设计中，下列（　　）属于承载力极限状态。

A. 混凝土构件过度变形

B. 混凝土构件过度变形而不适于继续承载

C. 结构转变为机动体系

D. 影响外观、耐久性或使用功能的局部损坏

E. 因局部破坏引起的结构连续倒塌

考点：结构设计要求——极限状态

【解析】 选项 A 和 B 是一对"双胞胎"。"过度变形"属于正常使用极限状态，但"过度变形到不适合继续承载"的程度，就达到结构的承载力极限状态。

选项 D 和 E 是长得很像，单纯的"局部破坏"未必达到结构的极限承载力，但若由此引发"结构倒塌"，则必然属于结构的承载力极限状态。

选项 C，机动体系即可变体系，对应的概念是固定体系。要保证结构能承受荷载，就需要结构是个几何稳定的不变体系，当转化为机动体系时，可认为超过其承载力极限状态。

5.【生学硬练】影响梁端部位移最大的因素是（　　）。

A. 构件的跨度　　　　　　　　B. 材料性能

C. 构件的截面　　　　　　　　D. 荷载

考点：结构可靠性——适用性

【解析】 影响悬臂梁位移的所有因素中，"构件跨度"对悬臂梁位移的影响最大。构件跨度增大一倍，悬臂梁位移增大 16 倍。

6.【生学硬练】有关悬臂梁端部的位移说法正确的有（　　）。

A. 影响位移的因素包括材料性能、构件截面、构件跨度、荷载

B. 悬臂梁的位移与材料的弹性模量（E）成反比

C. 悬臂梁的位移与惯性矩（I）成正比

D. 荷载对悬臂梁位移的影响最大

E. 与跨度（L）成正比，此因素影响最大

考点：结构可靠性——适用性

【解析】 选项 A，影响悬臂梁位移的因素包括"荷载材料两构件"。很多同学在做选择题时容易丢掉"荷载"这个变量。

选项 B、C，悬臂梁的位移与惯性矩和弹性模量均成反比。惯性矩是截面抗弯性能的一个参数；而弹性模量是指物体抵抗弹性变形的能力参数。惯性矩和弹性模量越大，物体抵抗弹性变形和弯矩变形的能力越大、位移越小。

选项 E，影响悬臂梁位移的所有因素中，"构件跨度"对悬臂梁位移的影响最大；与跨度（L）的 4 次方成正比。

7.【生学硬练】有关受拉构件的裂缝控制等级的划分，下列说法正确的有（　　）。

A. 受拉构件的裂缝控制分三个等级

B. 一级：构件不出现拉应力

C. 二级：构件有拉应力，且可以超过混凝土的抗拉强度

D. 三级：允许出现裂缝，但裂缝宽度不超过允许值

E. 一、二等级，一般只有预应力构件才能达到

考点：结构可靠性——适用性

8. 【生学硬练】涉及（   ）的极限状态应作为承载力极限状态。

A. 正常使用功能 B. 人员舒适性

C. 建筑外观 D. 人身安全以及结构安全

考点：结构设计要求——极限状态

【解析】 根据《工程结构通用规范》的3.1.1节，涉及人身安全以及结构安全的极限状态应作为承载能力极限状态。

根据《工程结构通用规范》的3.1.2节，涉及结构或结构单元的正常使用功能、人员舒适性、建筑外观的极限状态应作为正常使用极限状态。

9. 【生学硬练】普通房屋和构筑物设计使用年限为（   ）。

A. 5年 B. 25年 C. 50年 D. 70年

考点：结构可靠性——耐久性

10. 【生学硬练】一般环境下，引起混凝土内钢筋锈蚀的主要因素是（   ）。

A. 混凝土硬化 B. 反复冻融

C. 氯盐 D. 正常大气作用

考点：结构可靠性——耐久性

11. 【生学硬练】下列关于混凝土结构中钢筋保护层厚度的规定，说法正确的是（   ）。

A. 应满足普通钢筋、有黏结预应力筋与混凝土共同工作性能要求

B. 满足混凝土构件的耐久性能、防火性能、经济性能要求

C. 不应小于普通钢筋的公称直径，且不应小于10mm

D. 直接接触土体浇筑的构件，其混凝土保护层厚度不应小于40mm

考点：结构可靠性——耐久性

【解析】 选项B错误，混凝土构件无经济性要求。

选项C错误，不应小于普通钢筋的公称直径，且不应小于15mm。

选项D错误，直接接触土体浇筑的构件，其混凝土保护层厚度不应小于70mm。

12. 【生学硬练】结构应按设计规定的用途使用，不得出现（   ）。

A. 改变结构用途和使用环境

B. 损坏或擅自变动结构体系及抗震措施

C. 擅自增加结构荷载，损坏地基基础

D. 存放爆炸性、毒害性、放射性、腐蚀性等危险物品

E. 影响毗邻结构使用安全的结构改造与施工

考点：结构可靠性——禁止性行为

【解析】 选项A不准确，应该是"未经技术鉴定或设计认可，擅自改变结构用途和使用环境"。

选项D不准确，应该是"违章"存放爆炸性、毒害性、放射性、腐蚀性等危险物品。

施工生产禁止性行为	
总则及细则	结构应按设计规定的用途使用，并应定期检查结构状况，进行必要的维护和维修。禁止出现下列行为： 1）未经技术鉴定或设计认可，擅自改变结构用途和使用环境 2）损坏或者擅自变动结构体系及抗震措施 3）擅自增加结构使用荷载 4）损坏地基基础 5）违章存放爆炸性、毒害性、放射性、腐蚀性等危险物品 6）影响毗邻结构使用安全的结构改造与施工

13.【生学硬练】预应力楼板结构最低强度等级不应低于（　　）。
A. C30　　　　　　B. C35　　　　　　C. C40　　　　　　D. C45
考点：结构可靠性——耐久性
【解析】 根据《预应力混凝土结构设计规范》，预应力混凝土楼板强度等级不应低于C30，其他预应力结构构件的混凝土强度等级不应低于C40。

14.【生学硬练】常用建筑结构体系中，应用高度最高的结构体系是（　　）。
A. 筒体　　　　　　　　　　　　B. 剪力墙
C. 框架-剪力墙　　　　　　　　D. 框架
考点：建筑结构体系及应用——筒体
【解析】 "框架框剪剪筒体"——四类结构中，抵抗水平荷载最有效的是筒体结构，因而筒体结构房屋应用高度最高。

15.【生学硬练】有关框架-剪力墙的说法，下列正确的是（　　）。
A. 框架-剪力墙结构结合了框架结构的平面灵活、剪力墙结构的侧向刚度大两方面优点
B. 剪力墙主要承受竖向荷载
C. 水平荷载主要由框架承担
D. 剪力墙和框架均主要承受竖向荷载
考点：常用建筑结构体系和应用——框剪

16.【生学硬练】房屋建筑筒中筒结构的内筒，一般由（　　）组成。
A. 电梯间和设备间　　　　　　B. 楼梯间和卫生间
C. 设备间和卫生间　　　　　　D. 电梯间和楼梯间
考点：常用建筑结构体系和应用
【解析】 房屋建筑筒中筒结构的内筒，一般由"电梯间和楼梯间"组成。

17.【生学硬练】关于平板网架的优点，下列说法正确的有（　　）。
A. 空间受力，受力合理　　　　B. 节约材料、节约造价
C. 整体性能好　　　　　　　　D. 刚度大，抗震性能好
E. 杆件类型少，适于工业化生产
考点：常用建筑结构体系和应用——网架
【解析】 网架结构分为平板网架和曲面网架。平板网架比较常用，除了造价较高，其余全是优点，包括受力合理、节约材料、整体性及抗震性好。杆件类型少，适合工业化生产。

16

18. 【生学硬练】结构设计应对起控制作用的极限状态进行计算或验算。不能确定起控制作用的极限状态时,应( )。
   A. 按承载力极限状态确定　　　　　B. 按正常使用极限状态确定
   C. 根据设计经验估算确定　　　　　D. 对不同极限状态分别进行计算或验算
   考点:常用建筑结构体系和应用——结构设计作用要求
   【解析】 结构设计应对起控制作用的极限状态进行计算或验算。不能确定起控制作用的极限状态时,应对不同极限状态分别进行计算或验算。

19. 【生学硬练】有关网架结构,下列说法错误的是( )。
   A. 网架结构属于高次超静定空间结构
   B. 网架结构和桁架结构均属于高次超静定空间结构
   C. 网架结构包括平板网架和曲面网架
   D. 平板网架可分为交叉桁架体系和角锥体系两类。角锥体系受力更为合理,刚度更大
   考点:常用建筑结构体系和应用
   【解析】 桁架结构属于平面受力,而网架结构则是更合理的空间受力。

20. 【生学硬练】在结构作用规定中,属于永久作用(恒荷载)的有( )。
   A. 结构自重　　　　　　　　　　　B. 永久工程设备安装
   C. 活动隔断墙　　　　　　　　　　D. 土压力和预加应力
   E. 永久工程实体
   考点:结构作用——永久作用
   【解析】 根据《工程结构通用规范》,永久荷载包括:①结构自重;②位置固定的永久设备;③轻质隔墙(位置固定);④土压力;⑤预加应力等。
   选项B是强干扰项,缺少"位置固定",不够严谨。选项C可按可变荷载考虑。

21. 【生学硬练】下列荷载中,属于可变荷载的有( )。
   A. 风荷载　　　　　　　　　　　　B. 结构自重、基础沉降
   C. 雪荷载　　　　　　　　　　　　D. 地震、爆炸、撞击力
   E. 覆冰荷载
   考点:结构作用——荷载类别
   【解析】 风荷载、雪荷载、覆冰荷载都属于可变荷载,基础沉降、结构自重属于永久荷载,地震、爆炸、撞击力属于偶然荷载。

22. 【生学硬练】属于偶然作用(荷载)的有( )。
   A. 雪荷载　　　　　　　　　　　　B. 风荷载
   C. 火灾　　　　　　　　　　　　　D. 地震
   E. 起重机荷载
   考点:结构设计作用——荷载变形
   【解析】 偶然荷载的特征是,持续时间短,但破坏力极强!选项A、B、E均属于活(可变)荷载。

23. 【生学硬练】引起建筑结构失去平衡或破坏的外部作用主要有直接作用和间接作用两类,下列属于间接作用的有( )。
   A. 温度作用　　　　　　　　　　　B. 混凝土收缩

C. 徐变
E. 结构自重
D. 土的预压力

考点：荷载——荷载类别

【解析】 直接作用也称为"荷载"，间接作用包括温度、混凝土收缩、徐变三大类。

24. 【生学硬练】关于作用于结构上各类作用的说法，下列正确的有（　　）。
A. 结构自重标准值按结构构件的设计尺寸与材料体积计算确定
B. 自重变异较大的材料和构件，对结构不利时自重的标准值取下限值，有利时取上限值
C. 预加应力应考虑时间效应影响，采用有效预应力
D. 建筑楼面和屋面堆放物较多或较重的区域，应按实际情况考虑其荷载
E. 当以偶然作用作为结构设计主导作用时，仅考虑偶然作用发生时的工况

考点：结构作用——永久作用

【解析】 选项A、B，根据《工程结构通用规范》的4.1.1节，结构自重的标准值应按结构构件的设计尺寸与材料密度计算确定。对于自重变异较大的材料和构件，对结构不利时自重标准值取上限值，对结构有利时取下限值。一句话概括：结构荷载，保守取值！

选项E，偶然作用作为结构设计主导作用时，考虑偶然作用发生时和发生后两种工况。

25. 【生学硬练】混凝土结构体系应确定其设计使用年限、结构安全等级、抗震设防类别、结构上的作用和作用组合，并满足（　　）的要求。
A. 结构体系应满足承载能力、刚度、延性性能要求
B. 可以采用混凝土结构构件与砌体结构构件混合承重体系
C. 房屋建筑结构应采用单向抗侧力结构体系
D. 抗震烈度9度的高层，可以采用带转换层、加强层、错层、连体结构
E. 房屋建筑的混凝土楼盖应满足楼盖竖向振动舒适度要求

考点：结构构造——混凝土结构

【解析】 选项B，混凝土结构不得采用混凝土结构构件与砌体结构构件混合承重体系。混凝土结构与砌体结构是两种截然不同的材料结构体系，其刚度、承载能力和变形能力等相差很大，两种结构混合使用，对建筑物抗震性能将产生不利影响，甚至造成严重破坏，因此不应采用混凝土结构构件与砌体结构构件混合承重的结构体系。

选项C，房屋建筑结构应采用双向抗侧力结构体系。

选项D，带转换层、加强层、错层、连体结构在地震作用下受力复杂，容易形成抗震薄弱部位。9度抗震设计，这些结构目前尚缺乏研究和工程实践经验，为确保安全，规范规定不应采用。

26. 【生学硬练】混凝土结构构件应根据受力状况进行（　　）承载力计算。
A. 正截面、斜截面
C. 受冲切
E. 疲劳承载力
B. 扭曲截面
D. 局部受压

考点：结构构造——混凝土结构

【解析】 根据《混凝土结构通用规范》的4.4.1节，结构构件应根据受力状况分别进行正截面、斜截面、扭曲截面、受冲切和局部受压承载力计算；对承受动力循环作用的混凝

土结构或构件,尚应进行构件的疲劳承载力验算。

27.【生学硬练】混凝土构件最小截面尺寸的具体要求,下列错误的是( )。
A. 现浇混凝土空心顶板、底板厚度不应小于50mm,实心楼板不应小于80mm
B. 预制实心叠合板底板及后浇混凝土厚度不应小于50mm
C. 高层建筑剪力墙截面厚度不应小于140mm,多层建筑不应小于160mm
D. 矩形梁截面宽度不应小于200mm,矩形截面框架柱不应小于300mm,圆形截面框架柱的直径不应小于350mm

考点: 结构构造——混凝土结构
【解析】

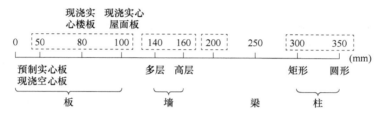

28.【生学硬练】关于结构混凝土结构构件最低强度等级的说法,下列正确的有( )。
A. 素混凝土结构构件不应低于C20
B. 钢筋混凝土结构构件不应低于C25
C. 500MPa及以上等级的混凝土结构构件不应低于C30
D. 预应力楼板、钢-混凝土组合、承受重复荷载、抗震等级不低于二级的混凝土结构构件不应低于C30
E. 除预应力混凝土板以外的其他预应力构件不应低于C30

考点: 结构构造——混凝土结构
【解析】 选项E,预应力楼板最低强度等级不应低于C30,其他预应力构件不应低于C40。

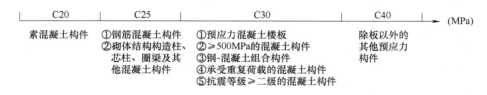

29.【生学硬练】混凝土构件最小截面尺寸应满足( )要求。
A. 承载力极限状态　　　　　　　　B. 正常使用极限状态
C. 耐久性、防火、防水　　　　　　D. 配筋构造及混凝土浇筑
E. 经济实用性

考点: 结构构造——混凝土结构
【解析】 根据《混凝土结构通用规范》的2.0.9节,混凝土结构构件的最小截面尺寸应满足结构承载力极限状态、正常使用极限状态的计算要求,并应满足结构耐久性、防水、防火、配筋构造及混凝土浇筑施工要求。

30. 【生学硬练】混凝土结构受拉钢筋锚固长度应根据（   ）来确定。
   A. 钢筋直径　　　　　　　　　　B. 钢筋及混凝土抗拉强度
   C. 混凝土抗压强度　　　　　　　D. 钢筋外形、锚固端形式
   E. 结构及构件抗震等级
   考点：结构构造——混凝土结构
   【解析】 根据《混凝土结构通用规范》的4.4.5节，普通钢筋锚固长度取值应符合下列规定：
   1) 受拉钢筋锚固长度应根据"抗拉抗震外直锚"——钢筋的直径、钢筋及混凝土抗拉强度、钢筋的外形、钢筋锚固端的形式、结构或结构构件的抗震等级进行计算。
   2) 受拉钢筋锚固长度不应小于200mm。
   3) 对受压钢筋，当充分利用其抗压强度并需锚固时，其锚固长度不应小于受拉钢筋锚固长度的70%。

31. 【生学硬练】混凝土结构中，当充分利用其抗压强度并需锚固时，其锚固长度不应小于受拉钢筋锚固长度的（   ）%。
   A. 60　　　　B. 70　　　　C. 80　　　　D. 90
   考点：结构构造——混凝土结构
   【解析】 对受压钢筋，当充分利用其抗压强度并需锚固时，其锚固长度不应小于受拉钢筋锚固长度的70%。

32. 【生学硬练】设计工作年限为50年及以上的砌体结构工程，其施工质量控制等级不应低于（   ）级。
   A. A级　　　　B. B级　　　　C. C级　　　　D. D级
   考点：结构构造——砌体结构
   【解析】 根据《砌体结构通用规范》的2.0.7节，设计工作年限为50年及以上的砌体结构，应为A级或B级。

33. 【生学硬练】关于砌体结构构造要求，下列说法正确的有（   ）。
   A. 墙体转角处和纵横墙交接处应设置拉结钢筋或钢筋焊接网
   B. 现浇钢筋混凝土楼板或屋面板伸进纵、横墙内的长度均不应小于120mm
   C. 预制钢筋混凝土板在混凝土梁或圈梁上的支承长度不应小于80mm，未搁置在圈梁上时，在内墙上支承长度不应小于100mm，在外墙上不应小于120mm
   D. 预制钢筋混凝土板端钢筋应与支座处沿墙或圈梁配置的纵筋绑扎，采用强度等级不低于C20的混凝土浇筑成板带
   E. 承受起重机荷载的单层砌体结构应采用配筋砌体结构
   考点：结构构造——砌体结构
   【解析】 选项A正确，墙体转角处、纵横墙交接处设拉结钢筋或钢筋焊接网，可提高墙体稳定性和房屋整体性，对防止墙体温度、干缩变形引起的开裂也有一定作用。

   选项D错误，预制钢筋混凝土板端钢筋应与支座处沿墙或圈梁配置的纵筋绑扎，应采用强度等级不低于C25的混凝土浇筑成板带。

   选项E正确，砌体构件主要是由块体和砂浆砌筑而成，相对于混凝土结构，两者黏结力很小，整体性差，承受起重机等动力荷载，承重砌体容易出现裂缝，不安全。

砌体结构预制钢筋混凝土板及现浇钢筋混凝土板构造要求

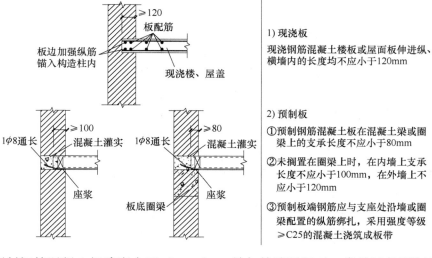

1) 现浇板	现浇钢筋混凝土楼板或屋面板伸进纵、横墙内的长度均不应小于120mm
2) 预制板	①预制钢筋混凝土板在混凝土梁或圈梁上的支承长度不应小于80mm ②未搁置在圈梁上时,在内墙上支承长度不应小于100mm,在外墙上不应小于120mm ③预制板端钢筋应与支座处沿墙或圈梁配置的纵筋绑扎,采用强度等级≥C25的混凝土浇筑成板带

34. 预制钢筋混凝土板跨度大于（　　）m并与外墙平行时,靠外墙的预制板侧边应与墙或圈梁拉结。

A. 2.0　　　　　　B. 4.0　　　　　　C. 4.8　　　　　　D. 8.0

考点：结构构造——砌体结构

35. 有关砌体结构及基础圈梁构造的说法正确的是（　　）。

A. 结构层数为3~4层时,应在檐口处设置一道圈梁

B. 层数超过4层时,应在底层和檐口标高处各设置一道圈梁

C. 结构圈梁宽度不应小于190mm,高度不应小于120mm,配筋不应少于4φ12,箍筋间距不应大于200mm

D. 基础圈梁设置,当设计无要求时,高度不应小于120mm,配筋不应少于4φ12

考点：结构构造设计要求——砌体结构

【解析】　选项A错误,结构层数为3~4层时,应在底层和檐口标高处各设置一道圈梁。

选项B错误,层数超过4层时,除在底层和檐口处各设置一道圈梁外,还应在所有纵、横墙上隔层设置。

选项D错误,基础圈梁设置,当设计无要求时,高度不应小于180mm,配筋不应少于4φ12。

36. 【生学硬练】震级是用以衡量地震等级大小的标准,用符号M表示。下列关于震级的说法正确的是（　　）。

A. M<2的地震属于"无感地震"

B. M=2~5的地震属于"有感地震"

C. M>5的地震属于"破坏性地震"

D. M>7的地震为"强烈地震或大地震"

E. M>8的地震为"强烈地震或大地震"

考点：结构抗震设计构造——震级

【解析】 选项 E，M>8 的地震为"特大地震"。

37.【生学硬练】各类建筑及市政工程的抗震设防，根据其遭受地震破坏后可能造成的人员伤亡、经济损失、社会影响程度等因素划分为甲、乙、丙、丁四个抗震设防类别。下列属于甲类（特殊设防）情形的有（　　）。

A. 特殊设防类，指使用上有特殊要求的抗震设防
B. 涉及国家公共安全的重大建筑与市政工程的抗震设防
C. 地震时可能发生严重次生灾害等特别重大灾害后果的抗震设防
D. 地震时可能导致大量人员伤亡等重大灾害后果的抗震设防
E. 使用上人员稀少且震损不致产生次生灾害的抗震设防

考点： 结构抗震设计构造——抗震设防类别

【解析】 选项 D 为乙类（重点设防），选项 E 为丁类（适度设防）。

建筑工程四个抗震设防类别			
甲	特殊设防	① 使用上有特殊要求的设施 ② 涉及国家公共安全的重大建筑与市政工程 ③ 地震时可能发生严重次生灾害等特别重大灾害后果，需要进行特殊设防的建筑与市政工程	① 按高于本地区抗震设防烈度"1度"的要求采取抗震措施 ② 9度时，按比9度更高的要求采取抗震措施 ③ 按批准的地震安全性评价的结果且高于本地区抗震设防烈度的要求确定其地震作用
乙	重点设防	① 地震时不能中断使用的建筑 ② 需要尽快恢复的生命线相关建筑 ③ 地震时可能导致大量人员伤亡等重大灾害，须提高设防标准的建筑与市政工程	① 按高于本地区抗震设防烈度"1度"要求采取抗震措施 ② 9度时，按比9度更高的要求采取抗震措施
丙	标准设防	除了甲、乙、丁类的其他建筑与市政工程	① 按本地区抗震设防烈度确定抗震措施和地震作用 ② 遭遇高于当地抗震设防烈度的罕遇地震时不倒塌，或不致发生危及生命安全的严重破坏 ③ 拟定不致发生危及生命安全的严重破坏的抗震设防目标
丁	适度设防	① 使用上人少且震损不产生次生灾害 ② 允许在一定条件下适度降低要求的建筑与市政工程	① 允许以比当地设防要求更低的标准采取抗震措施 ② 抗震设防烈度为6度时，不应降低标准

38.【生学硬练】关于砌体结构房屋抗震措施，下列说法正确的有（　　）。

A. 砌体房屋应设置现浇钢筋混凝土圈梁、构造柱或芯柱
B. 砌体抗震墙，其施工应先绑扎钢筋、再砌砖墙，最后浇构造柱
C. 砌体抗震墙，其施工应先绑扎钢筋、再浇构造柱，最后砌砖墙
D. 构造柱、芯柱、圈梁等各类构件的混凝土强度等级应不低于C25
E. 构造柱、芯柱、圈梁等各类构件的混凝土强度等级应不低于C30

考点： 结构抗震设计构造——抗震措施

【解析】 选项 C 错误，砌体抗震墙，其施工应按"先退后进"的工法砌筑砖墙，以砖墙为侧模，浇筑构造柱。

选项 E 错误，构造柱、芯柱、圈梁等各类构件的混凝土强度等级应不低于 C25。

39.【生学硬练】关于多层砌体房屋的楼、屋盖，下列说法错误的是（　　）。
A. 楼、屋盖的梁或屋架与墙、柱、构造柱或圈梁可靠连接，不得采用独立砖柱
B. 楼梯栏板不应采用无筋砖砌体
C. 楼梯间及门厅内墙阳角处的大梁支承长度不应小于 1000mm，并应与圈梁连接
D. 顶层及出屋面的楼梯间，构造柱应伸到顶部，并与顶部圈梁连接
考点：结构抗震设计构造——抗震措施
【解析】 楼梯间及门厅内墙阳角处的大梁支承长度不应小于 500mm，并应与圈梁连接。选项 A 和选项 C 对应《砌体结构通用规范》的 7.3.6 节和 7.3.8 节，自 2022 年起废止！

40.【生学硬练】砌体结构施工质量控制等级划分要素有（　　）。
A. 现场质量管理水平　　　　　　B. 砌体结构施工环境
C. 砂浆和混凝土质量控制　　　　D. 砂浆拌合工艺
E. 砌筑工人技术等级
考点：砌体结构——施工质量控制等级
【解析】 "等级机理四要素，人机料管没环境"。机理如下：
砌体结构施工质量控制等级应根据现场质量管理水平、砂浆和混凝土质量控制、砂浆拌合工艺、砌筑工人技术等级四个要素从高到低分为 A、B、C 三级，设计工作年限为 50 年及以上的砌体结构工程，应为 A 级或 B 级。

41.【生学硬练】砌体结构的施工质量控制等级分为（　　）。
A. 一级、二级、三级　　　　　　B. Ⅰ级、Ⅱ级、Ⅲ级
C. 甲级、乙级、丙级　　　　　　D. A 级、B 级、C 级
考点：砌体结构质量等级
【解析】 根据《砌体结构工程施工质量验收规范》的 3.0.15 节，砌体施工质量控制等级分为 A、B、C 三级。

42.【生学硬练】配筋砌体不得为（　　）施工。
A. A 级　　　　B. B 级　　　　C. C 级　　　　D. D 级
考点：砌体结构质量等级
【解析】 根据《砌体结构工程施工质量验收规范》的 3.0.15 节，砂浆、混凝土强度离散性大小根据强度标准差确定，配筋砌体不得为 C 级施工。

43.【生学硬练】围护墙、隔墙、女儿墙等非承重墙体采用砌体墙时，应设置（　　）与主体结构可靠拉结。
A. 拉结筋　　　　　　　　　　　B. 水平系梁
C. 圈梁　　　　　　　　　　　　D. 构造柱
E. 腰梁
考点：抗震措施——砌体结构
【解析】 根据《建筑抗震设计标准》（GB/T 50010—2010），非承重墙体宜优先采用轻质墙体材料；采用砌体墙时，应采取措施减少对主体结构的不利影响，并应设置拉结筋、水平系梁、圈梁、构造柱等与主体结构可靠拉结。

44.【生学硬练】砌体结构房屋抗震构造措施，下列说法正确的是（　　）。

A. 应设置现浇钢筋混凝土圈梁、构造柱或芯柱，不得采用独立砖柱
B. 跨度≥6m 的大梁，其支承构件应采用组合砌体等加强措施
C. 不应采用悬挑式踏步或踏步竖肋插入墙体的楼梯
D. 8 度时可适当采用装配式楼梯段，楼梯栏板不可采用无筋砖砌体
E. 对于砌体抗震墙，其施工应先浇构造柱、框架梁柱，后砌砖墙

考点： 抗震措施——砌体结构

【解析】 根据《建筑抗震设计标准》（GB/T 50010—2010）：

选项 D 错误，装配式楼梯段应与平台板的梁可靠连接，8、9 度时不应采用装配式楼梯段；不应采用墙中悬挑式踏步或踏步竖肋插入墙体的楼梯，不应采用无筋砖砌栏板。

选项 E 错误，对于砌体抗震墙，施工应先砌砖墙、后浇构造柱、框架梁柱。

45. **【生学硬练】** 下列关于消能器的说法，正确的有（　　）。
A. 消能器应具有型式检验报告或产品合格证
B. 消能器的抽样应由施工单位根据设计文件有关规定进行
C. 消能器的检测应由具备资质的第三方或施工单位自行抽检
D. 与消能器连接的支撑、墙、支墩应处于弹性工作状态
E. 消能部件与主体结构相连的预埋件、节点板等应处于塑性工作状态

考点： 抗震措施——消能减震

【解析】 根据《建筑消能减震技术规程》（JGJ 297—2013）：

选项 B 错误，消能器的抽样应由监理单位根据设计文件有关规定进行。

选项 C 错误，消能器的检测应由具备资质的第三方进行。

选项 E 错误，消能部件与主体结构相连的预埋件、节点板等应处于弹性工作状态。

46. **【生学硬练】** 抗震设防烈度为 7、8、9 度，高度分别超（　　）m 的大型消能减震公共建筑，应设置地震反应观测系统。

A. 160、150、140　　　　　　　　B. 160、140、120
C. 160、120、80　　　　　　　　　D. 160、130、110

考点： 抗震措施——消能减震

【解析】 根据《建筑消能减震技术规程》（JGJ 297—2013）的 3.1.7 节，抗震设防烈度为 7、8、9 度时，高度分别超过 160m、120m、80m 的大型消能减震公共建筑，应按规定设置建筑结构的地震反应观测系统，建筑设计应预留观测仪器和线路的位置和空间。

47. **【生学硬练】** 下列关于消能器连接设计的说法，正确的是（　　）。
A. 消能器与支撑、连接件之间宜采用高强度螺栓连接、销轴连接、焊接
B. 支撑及连接件一般宜为钢构件、钢管混凝土构件、钢筋混凝土构件
C. 对支撑材料和施工有特殊规定时，应在设计文件中注明
D. 钢筋混凝土构件作为消能器的支撑构件时，其混凝土强度等级不应低于 C25

考点： 抗震措施——消能减震

【解析】 根据《建筑消能减震技术规程》（JGJ 297—2013）：

选项 A 错误，消能器与支撑、连接件之间宜用高强度螺栓连接或销轴连接，也可采用焊接。

选项 B 错误，支撑及连接件一般采用钢构件，也可采用钢管混凝土或钢筋混凝土构件。

选项 D 错误，钢筋混凝土构件作为消能器的支撑构件时，其混凝土强度等级应≥C30。

48. 【生学硬练】下列关于消能器连接类别的说法，正确的是（   ）。
   A. 消能器与主体结构的连接一般分为：支撑型、墙型、柱型
   B. 采用支撑型连接，可用"K字形"支撑
   C. 布置消能部件工程应作为一个分部工程进行质量验收
   D. 可以将消能减震结构的消能部件工程划分成若干个子分部工程

   考点：抗震措施——消能减震

   【解析】 根据《建筑消能减震技术规程》（JGJ 297—2013）：

   选项 A 错误，消能器与主体结构的连接一般分为：支撑型、墙型、柱型、门架式、腋撑型。

   选项 B 错误，采用支撑型连接时，可用单斜支撑、"V"字形和"人"字形等布置，不宜采用"K"字形布置。

   选项 C 错误，布置消能部件工程应作为主体结构的一个子分部工程进行质量验收；消能减震结构的消能部件工程也可划分成若干个子分部工程。

49. 【生学硬练】下列关于消能器连接类别的说法，正确的有（   ）。
   A. 消能部件施工作业包括消能部件进场验收、消能部件安装防护两阶段
   B. 钢结构消能部件、主体构件宜采用后装法
   C. 钢结构消能器应遵循平面从中部向四周、竖向从上向下的顺序进行
   D. 现浇混凝土结构，消能部件和主体构件的宜采用平行安装法
   E. 消能部件现场安装单元或扩大安装单元与主体结构的连接，宜采用现场原位连接

   考点：抗震措施——消能减震器

   【解析】 根据《建筑消能减震技术规程》（JGJ 297—2013）：

   选项 B、C、D 说反了，钢结构、消能部件和主体结构构件的总体安装顺序宜采用平行安装法，平面上应从中部向四周开展，竖向应从下向上逐渐进行。现浇混凝土结构，消能部件和主体结构构件的总体安装顺序宜采用后装法进行。

50. 【生学硬练】下列关于隔震支座类别及设计年限的说法，正确的是（   ）。
   A. 隔震支座包括：天然橡胶支座、铅芯橡胶支座、高阻尼橡胶支座三类
   B. 隔震支座设计使用年限应≥结构的设计使用年限，且不宜低于 25 年；其他装置的设计使用年限<50 年时，设计中应注明并预设可更换措施
   C. 隔震建筑宜设置记录地震变形的响应装置；重要或有特殊要求的隔震建筑，应设置地震反应观测系统
   D. 隔震支座产品的型式检验报告有效期不得超过 2 年

   考点：抗震措施——隔震支座

   【解析】 根据《建筑隔震设计标准》（GB/T 51408—2021）

   选项 A 错误，隔震支座包括天然橡胶支座、铅芯橡胶支座、高阻尼橡胶支座、弹性滑板支座、摩擦摆支座及其他隔震支座。

   选项 B 错误，隔震支座设计使用年限应≥结构的设计使用年限，且不宜低于 50 年。其他装置的设计使用年限<结构设计使用年限，设计中应注明并预设可更换措施。

   选项 D 错误，隔震支座产品的型式检验报告有效期不得超过 6 年。

51. 【生学硬练】下列关于隔震支座抽样检验的说法，正确的有（　　）。
    A. 隔震层中的隔震支座应在安装前进行出厂检验
    B. 特殊设防类建筑，每种规格产品抽样数量应为 100%
    C. 重点设防、标准设防类建筑，每种规格产品抽样数量不应少于总数的 50%
    D. 抽检结果中有不合格试件时，应 100%检测
    E. 每项工程抽样总数应≥20 件，每种规格产品抽样数量应≥4 件，少于 4 件时，全数检验

    考点：抗震措施——隔震支座

    【解析】 根据《建筑隔震设计标准》（GB/T 51408—2021）：
    1）隔震层中的隔震支座应在安装前进行出厂检验。
    2）特殊设防类、重点设防类建筑，每种规格产品抽样数量应为 100%；标准设防类建筑，每种规格产品抽样数量应≥总数的 50%；有不合格试件时，应 100%检测。
    3）每项工程抽样总数应≥20 件，每种规格产品抽样数量应≥4 件，当产品少于 4 件时，应全数检验。

52. 【生学硬练】大跨屋盖建筑中的隔震支座宜采用（　　）。
    A. 隔震橡胶支座　　　　　　　　B. 摩擦摆隔震支座
    C. 弹性滑板支座　　　　　　　　D. 高阻尼橡胶支座
    E. 铅芯橡胶支座

    考点：抗震措施——隔震支座

    【解析】 大跨屋盖建筑的隔震支座宜用：隔震橡胶支座、摩擦摆隔震支座或弹性滑板支座。

53. 变形缝包括（　　）。
    A. 伸缩缝　　　　　　　　　　　B. 沉降缝
    C. 抗震缝　　　　　　　　　　　D. 施工缝
    E. 分格缝

    考点：结构构造——变形缝

    【解析】 变形缝包括伸缩缝、沉降缝和抗震缝。

54. 【生学硬练】建筑变形缝不应穿过的部位有（　　）。
    A. 配电间　　　　　　　　　　　B. 走道
    C. 车库　　　　　　　　　　　　D. 卫生间
    E. 浴室

    考点：结构构造——变形缝

    【解析】 变形缝不应穿过卫生间、盥洗室和浴室等用水的房间，也不应穿过配电间等严禁有漏水的房间。

55. 变形缝按照装置的使用特点分为（　　）。
    A. 普通型　　　　　　　　　　　B. 楼地面
    C. 封缝型　　　　　　　　　　　D. 承重型
    E. 外墙

    考点：结构构造——变形缝

【解析】

1）按使用部位分为：①楼地面变形缝；②内墙、顶棚吊顶变形缝；③外墙变形缝；④屋面变形缝。

2）按使用特点分为：①普通型变形缝；②防滑型变形缝；③封缝型变形缝；④抗震型变形缝；⑤承重型变形缝。

二、参考答案

题号	1	2	3	4	5	6	7	8	9	10
答案	ACD	A	ABCD	BCE	A	AB	ABDE	D	C	D
题号	11	12	13	14	15	16	17	18	19	20
答案	A	BCE	A	A	A	D	ACDE	D	B	ADE
题号	21	22	23	24	25	26	27	28	29	30
答案	ACE	CD	ABC	CD	AE	ABCD	C	ABCD	ABCD	ABDE
题号	31	32	33	34	35	36	37	38	39	40
答案	B	B	ABCE	C	C	ABCD	ABC	ABD	C	ACDE
题号	41	42	43	44	45	46	47	48	49	50
答案	D	C	ABCD	ABC	AD	C	C	D	AE	C
题号	51	52	53	54	55					
答案	ABDE	ABC	ABC	ADE	ABC					

第三节 装配式设计

一、客观选择

1.【穿越周期】装配式混凝土构件的连接方法有（ ）。
A. 套筒灌浆连接
B. 浆锚搭接
C. 后浇叠合层混凝土连接
D. 机械连接
E. 钢筋锚固后浇混凝土连接

考点： 装配式混凝土结构——设计

【解析】 装配式混凝土建筑是建筑工业化最重要的方式，它具有提高质量、缩短工期、节约能源、减少消耗、清洁生产等许多优点。

构件装配方法：现场后浇叠合层混凝土连接、钢筋锚固后浇混凝土连接。

钢筋连接方法：套筒灌浆连接、焊接、机械连接、预留孔洞搭接。

后浇叠合层混凝土连接

钢筋锚固后浇混凝土连接

焊接

机械连接

套筒灌浆连接　预留孔洞搭接

2.【穿越周期】装配式混凝土剪力墙的布置，下列说法正确的有（　　）。

A. 应沿单向布置剪力墙

B. 剪力墙的截面宜简单、规则

C. 门窗洞口上下对齐、成排布置

D. 宜一字形、L形、T形、U形布置

E. 剪力墙洞口居中布置，墙肢宽度不小于200mm，连梁高度不小于250mm

考点： 装配式混凝土结构——设计

【解析】 选项A错误，应沿两个方向布置剪力墙。

选项C错误，门窗洞口上下对齐、成列布置。

选项D错误，宜一字形，可L形、T形、U形。

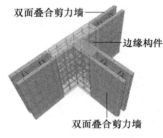
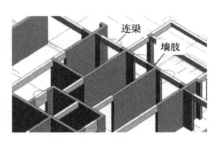

3.【穿越周期】装配式混凝土剪力墙的布置，下列说法正确的有（　　）。

A. 边缘构件竖向钢筋应逐根连接

B. 边缘构件竖向钢筋应同时连接

C. 剪力墙竖向分布筋仅部分连接时，被连接同侧钢筋间距不应大于600mm

D. 一级抗震剪力墙及二、三级抗震等级底部加强部位，剪力墙边缘构件竖向钢筋采用预留孔洞搭接

E. 一级抗震剪力墙及二、三级抗震等级底部加强部位，剪力墙边缘构件竖向钢筋采用套筒灌浆连接

考点： 装配式混凝土结构——设计

【解析】

1）边缘构件竖向钢筋应逐根连接。

2）剪力墙竖向分布筋仅部分连接时，被连接同侧钢筋间距应≤600mm。

3）一级抗震剪力墙及二、三级抗震等级底部加强部位，剪力墙边缘构件竖向钢筋采用套筒灌浆连接。

4.【穿越周期】高层装配整体式结构，哪些部位宜采用现浇钢筋混凝土（　　）。

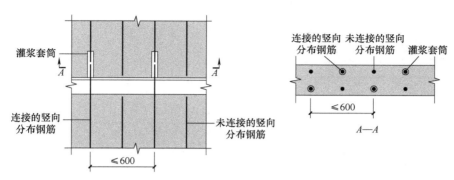

A. 地下室 B. 剪力墙
C. 剪力墙结构底部加强部位的剪力墙 D. 框架结构首层柱
E. 顶层楼板

考点：装配式混凝土结构——设计

【**解析**】 高层装配整体式结构应满足下列要求：
1）宜设置地下室，地下室宜采用现浇混凝土。
2）剪力墙结构底部加强部位的剪力墙宜采用现浇混凝土。
3）框架结构首层柱宜采用现浇混凝土，顶层宜采用现浇楼盖结构。

二、参考答案

题号	1	2	3	4						
答案	CE	BE	ACE	ACDE						

第二章　工程材料

近五年分值排布

题型及总分值	分值				
	2024年	2023年	2022年	2021年	2020年
选择题	2	3	4	7	5	6
案例题	0	0	0	0	2	0
总分值	2	3	4	7	7	6

> **核心考点**

第一节：结构材料
　　考点一、钢材
　　考点二、水泥
　　考点三、混凝土
　　考点四、砌筑材料
第二节：装修材料
　　考点一、饰面石材
　　考点二、木材及木制品
　　考点三、建筑玻璃
第三节：功能材料
　　考点一、防水材料
　　考点二、防火材料
　　考点三、保温材料

第一节　结构材料

一、客观选择

1.【**生学硬练**】下列钢材包含的化学元素中，其含量增加会使钢材强度提高，但塑性下降的有（　　）。
　　A. 碳　　　　　　　　　　　　B. 硅
　　C. 锰　　　　　　　　　　　　D. 磷
　　E. 氮
考点：钢材化学成分及性能影响
【**解析**】　碳是决定钢材性能的最重要元素，磷、氮均属于有害元素。三者作用的共同点是，钢材强度提高，但塑性、韧性下降。

2.【生学硬练】钢材化学成分对钢材本身的影响，下列说法正确的有（　　）。
A. 碳是决定钢材性能最重要的元素；含量一般不大于0.8%，碳含量超过0.3%时，钢材的可焊性显著降低
B. 碳含量增加，钢材强度、硬度提高，塑性、韧性下降
C. 碳还增加钢材的冷脆性、时效敏感性以及抵抗大气锈蚀的能力
D. 硅是钢材中的主要添加元素，其含量<1%时可提高钢材强度、塑性和韧性
E. 锰能消减硫和氧引起的热脆性，但降低了钢材的强度

考点：钢材化学成分及性能影响

【解析】 选项C，碳含量增加，会降低钢筋的抗锈蚀性能。
选项D，硅含量<1%时可提高钢材强度，对塑性和韧性的影响不明显。
选项E，锰能消减硫和氧引起的热脆性，改善钢材热加工性能，同时提高钢材强度。

3.【生学硬练】建筑钢材力学性能主要包括（　　）。
A. 拉伸性能　　　　　　　　B. 冲击性能
C. 疲劳性能　　　　　　　　D. 焊接性能
E. 弯曲性能

考点：建筑钢材力学性能

【解析】 钢材的主要性能包括力学性能、工艺性能。
1）力学性能是钢材最重要的使用性能，包括：①拉伸性能；②冲击性能；③疲劳性能。
2）工艺性能表示钢材在各种加工过程中的行为，包括：①弯曲性能；②焊接性能。

4.【生学硬练】在工程应用中，钢材的塑性指标通常用（　　）表示。
A. 伸长率　　　　　　　　　B. 屈服强度
C. 强屈比　　　　　　　　　D. 抗拉强度
E. 冷弯性

考点：建筑钢材力学性能

【解析】 钢材的冷弯性也是反映其塑性的指标。

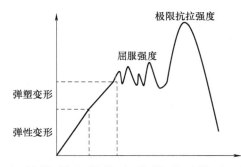

5.【生学硬练】关于钢筋混凝土结构中牌号后面带"E"的钢筋，说法正确的有（　　）。
A. 钢筋实测抗拉强度与实测屈服强度之比不小于1.25

B. 钢筋的最大力总伸长率不小于9%
C. 钢筋的实测屈服强度与规定屈服强度之比不小于1.30
D. 钢筋的实测屈服强度与规定屈服强度之比不大于1.30
E. 钢筋试件"拉断后标距长度的增量与原标距长度之比的百分比"为断后伸长率

考点：建筑钢材力学性能

【解析】 带肋钢筋牌号后加E的钢筋，除满足"屈强伸冷重量差"的要求外，还应满足：
1) 抗拉强度实测值与屈服强度实测值的比值（强屈比）不应小于1.25。
2) 屈服强度实测值与屈服强度标准值的比值（屈屈比）不应大于1.30。
3) 最大力总伸长率实测值（总伸长）不应小于9%。

6. 【生学硬练】下列关于水泥代号的说法错误的有（　　）。
A. 硅酸盐水泥 P·Ⅰ 或 P·Ⅱ　　　　B. 普通水泥 P·C
C. 火山灰水泥 P·P　　　　　　　　D. 复合水泥 P·O
E. 矿渣水泥 P·S·A 或 P·S·B

考点：水泥性能及应用——代号

【解析】 "矿渣复合ABC，F粉煤P火灰，硅普早强012，水泥代号不愁背"。

7. 【生学硬练】水泥的初凝时间是指从水泥加水拌合起至水泥浆（　　）所需的时间。
A. 开始失去可塑性　　　　　　　　B. 完全失去可塑性并开始产生强度
C. 完全失去可塑性　　　　　　　　D. 开始失去可塑性并达到1.2MPa强度

考点：水泥性能及应用——技术指标

【解析】

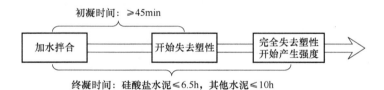

8. 【生学硬练】国家标准规定，P·C 32.5水泥的强度应采用胶砂法测定。该法要求测定试件（　　）天和28天的抗压强度和抗折强度。
A. 3　　　　　　B. 7　　　　　　C. 14　　　　　　D. 21

考点：水泥性能及应用——技术指标

【解析】 水泥应检测其"3天和28天"的抗折、抗压强度。

9. 【生学硬练-新创】下列关于水泥安定性的说法正确的有（　　）。
A. 水泥安定性是指水泥在凝结硬化过程中，体积变化的均匀性
B. 安定性不良，会使混凝土构件产生收缩性裂缝
C. 水泥安定性不良会降低工程质量，导致施工安全事故
D. 施工中必须采用安定性合格的水泥
E. 水泥安定性试验采用沸煮法和压蒸法

考点：水泥性能及应用——技术指标

【解析】 选项B错误，安定性不良，会使混凝土构件产生膨胀性裂缝。
选项C错误，水泥安定性不良会降低工程质量，引起严重的"质量事故"。

10. 【生学硬练】有耐磨要求的混凝土，应优先选用（　　）。
A. 矿渣水泥　　　　　　　　　　B. 火山灰水泥
C. 普通水泥　　　　　　　　　　D. 硅酸盐水泥
E. 复合水泥
考点：水泥性能及应用——水泥应用
【解析】 早强水泥耐磨性都比较好。当考多选题时，"硅普"均可选。

11. 【生学硬练】下列混凝土中，优先选用火山灰水泥的是（　　）。
A. 有耐磨性要求的混凝土　　　　B. 在干燥环境中的混凝土
C. 有抗渗要求的混凝土　　　　　D. 高强混凝土
考点：水泥应用
【解析】 "矿热火渗粉裂"——有抗渗要求的混凝土，优先选用普通水泥、火山灰水泥。

12. 【生学硬练】下列水泥中，具有快硬早强、高强度、抗冻性好特点的有（　　）。
A. 硅酸盐水泥　　　　　　　　　B. 普通水泥
C. 矿渣水泥　　　　　　　　　　D. 火山灰水泥
考点：水泥性能及应用——水泥应用
【解析】 硅酸盐水泥水化热大，早期强度高且能够达到标号的最高位62.5和62.5R，还能很好地对冲低温环境的影响，抗冻性比较好。

13. 【生学硬练】下列水泥中，具有耐热性差特点的有（　　）。
A. 硅酸盐水泥　　　　　　　　　B. 普通水泥
C. 矿渣水泥　　　　　　　　　　D. 火山灰水泥
E. 粉煤灰水泥
考点：水泥性能及应用——水泥应用
【解析】 六大通用水泥，只有矿渣水泥耐热性比较好。

14. 【生学硬练】下列水泥中，具有干缩性较小特点的有（　　）。
A. 硅酸盐水泥　　　　　　　　　B. 普通水泥
C. 矿渣水泥　　　　　　　　　　D. 火山灰水泥
E. 粉煤灰水泥
考点：水泥性能及应用——水泥应用
【解析】 早强水泥和粉煤灰水泥，干缩性都比较小。

15. 【生学硬练】高湿度环境、厚大体积或长期处于水中的混凝土，应优先选用（　　）。
A. 矿渣水泥　　　　　　　　　　B. 火山灰水泥
C. 粉煤灰水泥　　　　　　　　　D. 复合水泥
E. 硅酸盐水泥
考点：水泥性能及应用——水泥应用
【解析】 "大湿大蚀大体积，晚强水泥均适宜"。

16. 【生学硬练】常用水泥中，具有水化热较小特性的是（　　）。
A. 硅酸盐水泥　　　　　　　　　B. 普通水泥
C. 火山灰水泥　　　　　　　　　D. 复合水泥

E. 粉煤灰水泥

考点：水泥性能及应用——水泥应用

【解析】 矿渣、火山灰、粉煤灰等晚强水泥都是用掺合料取代部分水泥，水化热均较小。

17. 用低强度等级水泥配制高强度等级混凝土，会导致（　　）。
A. 耐久性差　　　　　　　　　　B. 和易性差
C. 水泥用量太大　　　　　　　　D. 密实度差

考点：结构材料——水泥

【解析】 用低强度等级水泥配制高强度等级混凝土时，会使水泥用量过大、不经济，而且还会影响混凝土的其他技术性质。

18.【生学硬练】关于细骨料"颗粒级配"和"粗细程度"性能指标的说法，正确的是（　　）。
A. 级配好，砂粒之间的空隙小；骨料越细，骨料比表面积越小
B. 级配好，砂粒之间的空隙大；骨料越细，骨料比表面积越小
C. 级配好，砂粒之间的空隙小；骨料越细，骨料比表面积越大
D. 级配好，砂粒之间的空隙大；骨料越细，骨料比表面积越大

考点：混凝土构成——砂子

【解析】 细砂总表面积大，粗砂总表面积小。这就好比一个切开的苹果比一整个苹果的总表面积大，但它俩的体积是一样的。细、中、粗砂的总表面积也是这个道理。

在混凝土中，砂子的表面需要由水泥浆包裹，砂粒之间的空隙需要由水泥浆填充，为达到节约水泥和提高强度的目的，应尽量减少砂的总表面积和砂粒间的空隙。

19.【生学硬练】有关石子强度和坚固性的说法错误的是（　　）。
A. 碎石或卵石的强度指标包括"岩石抗压强度和压碎指标"
B. 当混凝土强度等级为C60及以上时，应进行岩石抗压强度检验
C. 对经常性的生产质量控制，则可用压碎指标值来检验
D. 用于制作粗骨料的岩石的抗压强度与混凝土强度等级之比应≥1.0

考点：混凝土构成——石子

【解析】 选项D错误，岩石抗压强/混凝土强度等级应≥1.5。

20.【生学硬练】钢筋混凝土梁截面尺寸为300mm×500mm，受拉区配有4根直径25mm的钢筋，已知梁的保护层厚度为25mm，则配制混凝土选用的粗骨料不得大于（　　）。
A. 25.5mm　　　　B. 32.5mm　　　　C. 37.5mm　　　　D. 40.5mm

考点：混凝土构成——石子

【解析】 石子最大粒径按钢筋净距取值：[300-(4×25)-(25×2)]/3 = 50(mm)；50×3/4 = 37.5（mm）。

21.【生学硬练】调节混凝土凝结时间、硬化性能的外加剂有（　　）。
A. 缓凝剂　　　　　　　　　　　B. 早强剂
C. 速凝剂　　　　　　　　　　　D. 减水剂
E. 防冻剂

考点：混凝土构成——外加剂

【解析】 改善混凝土凝结时间（早强或晚强）的混凝土外加剂有：缓凝剂、早强剂、

速凝剂。减水剂改变混凝土流变性,防冻剂改变混凝土耐久性。

22.【生学硬练】改善混凝土耐久性的外加剂包括（　　）。
A. 引气剂
B. 防水剂
C. 阻锈剂
D. 减水剂
E. 早强剂

考点：混凝土构成——外加剂

【解析】 引气剂适用于抗冻、防渗、抗硫酸盐、泌水严重的混凝土,不宜用于预应力混凝土和蒸汽养护混凝土。减水剂能显著改善混凝土的耐久性。

23.【生学硬练】有关混凝土早强剂的说法正确的有（　　）。
A. 早强剂可加速混凝土硬化和早期强度发展
B. 早强剂能加快施工进度、缩短养护周期
C. 早强剂能提高模板周转率
D. 早强剂多用于冬期施工和紧急抢修工程
E. 早强剂多用于混凝土的远距离运输

考点：混凝土构成——外加剂

【解析】 早强剂是一种提高混凝土早期强度的外加剂。国外常将早强剂称作促凝剂,意指缩短水泥混凝土凝结时间的外加剂。

早强剂可：①加速混凝土硬化和早期强度发展；②缩短养护周期；③加快施工进度；④提高模板周转率。所以早强剂主要用于需要赶工、抢险抢修和冬季施工。

24.【生学硬练】有关缓凝剂的说法正确的有（　　）。
A. 适用于高温季节混凝土
B. 适用于大体积混凝土和滑模施工的混凝土
C. 适用于泵送、远距离运输的商品混凝土
D. 不宜用于日最低气温5℃以下施工的混凝土
E. 宜用于有早强要求的混凝土和蒸汽养护的混凝土

考点：混凝土构成——外加剂

【解析】 缓凝剂适用于"高大泵滑远距离"——高温季节混凝土、大体积混凝土、泵送与滑模方法施工或远距离运输的商品混凝土等；不宜用于"蒸汽养护早5℃"——日最低气温5℃以下施工的混凝土、有早强要求的混凝土、蒸汽养护的混凝土。

25.【生学硬练】关于减水剂,下列说法正确的有（　　）。
A. 不减拌合用水,能显著提高拌合物的流动性
B. 不减拌合用水,能显著提高混凝土的耐久性
C. 减水而不减少水泥时,可提高混凝土强度
D. 若减水同时适当减少水泥,可节约水泥
E. 能显著提高混凝土的耐久性

考点：混凝土构成——外加剂

【解析】 减水剂的作用包括耐久性和流变（动）性两个方面。
1）耐久性：减水剂能提高混凝土的强度和耐久性。
2）流动性：

① 只掺入减水剂，不减少用水量，显著提高拌合物的流动性；
② 减水而不减少水泥，可提高混凝土强度；
③ 若减水的同时适当减少水泥用量，则可节约水泥。

26. 【生学硬练】用于居住房屋建筑中的混凝土外加剂，严禁含有（　　）成分。
A. 木质素磺酸钙　　　　　　　　B. 硫酸盐
C. 亚硝酸盐　　　　　　　　　　D. 尿素

考点：混凝土构成——外加剂

【解析】 用于居住房屋建筑中的混凝土外加剂，严禁含有以下成分：
1） 用于混凝土的外加剂含有尿素，会导致室内一股尿味，难以接受。
2） 含亚硝酸盐、碳酸盐的防冻剂严禁用于预应力混凝土结构。
3） 含有六价铬盐、亚硝酸盐等有害成分的防冻剂，严禁用于饮水工程及与食品相接触的工程。
4） 含有硝铵、尿素等产生刺激性气味的防冻剂，严禁用于办公、居住等建筑工程。

27. 【生学硬练】下列混凝土掺合料中，属于非活性矿物掺合料的有（　　）。
A. 石灰石　　　　　　　　　　　B. 硅灰
C. 硬矿渣　　　　　　　　　　　D. 粒化高炉矿渣粉
E. 磨细石英砂

考点：混凝土构成——掺合料

【解析】 混凝土的掺合料分为：活性掺合料和非活性掺合料。
活性掺合料，是指含氧化钙、氧化硅的活性物质，如粉煤灰、硅灰、粒化高炉矿渣粉、沸石粉等。
这个点要掌握答题技巧——"粉"或"灰"属于活性掺合料；"渣、砂、石"，如"硬矿渣、石英砂、石灰石"均属于非活性掺合料。
非活性矿物掺合料基本不与水泥组分起反应。
活性矿物掺合料本身不硬化或硬化速度很慢，但能与水泥水化生成的 $Ca(OH)_2$ 起反应，生成具有胶凝能力的水化产物。
掺合料的直接作用是：①节约水泥；②调节混凝土强度等级。
工程当中使用最多的掺合料是粉煤灰。

28. 【生学硬练】在进行混凝土配合比设计时，影响混凝土拌合物和易性最主要的因素是（　　）。
A. 砂率　　　　　　　　　　　　B. 单位体积用水量
C. 温度　　　　　　　　　　　　D. 拌合方式

考点：混凝土性能——和易性

【解析】 用水量越大，混凝土流动性越强，黏聚性和保水性越弱。

29. 【生学硬练】影响混凝土强度的工艺方面的因素包括（　　）。
A. 水泥强度与水灰比　　　　　　B. 质量与数量
C. 搅拌与振捣　　　　　　　　　D. 养护的温度和湿度
E. 龄期

考点：混凝土性能——强度

【解析】 影响混凝土强度的因素：

1）材料因素包括：①水泥强度；②水胶比；③骨料种类；④质量数量；⑤外加剂和掺合料。

2）工艺因素包括：①搅拌；②振捣；③养护的温度和湿度；④龄期。【材料工艺两路走】

30．【生学硬练】混凝土非荷载型变形指"物理化学因素"引起的变形，包括（　　）。

A. 化学收缩　　　　　　　　　　B. 碳化收缩
C. 干湿变形　　　　　　　　　　D. 温度变形
E. 徐变

考点：混凝土性能——变形性能

【解析】
1）荷载变形包括：①短期荷载变形；②长期荷载（徐变）。
2）非荷载变形包括：①化学收缩；②碳化收缩；③干湿变形；④温度变形。

31．【生学硬练】下列混凝土的变形，属于长期荷载作用下变形的是（　　）。

A. 碳化收缩　　　　　　　　　　B. 干湿变形
C. 徐变　　　　　　　　　　　　D. 温度变形

考点：混凝土性能——变形性能

32．【生学硬练】有关混凝土抗渗性的说法正确的是（　　）。

A 混凝土的抗渗性是由抗冻性和抗侵蚀性决定的
B. 混凝土的抗渗性分 6 个等级
C. 混凝土的抗渗性等级为 P4、P6、P8、P10、P12
D. 混凝土的抗渗性的相邻两个等级之间相差 2MPa

考点：混凝土性能——耐久性

【解析】 选项 A 说反了，是混凝土的抗渗性直接影响抗冻性和抗侵蚀性。

选项 C，少写了一个>P12 级。

选项 D，不是相差 2MPa，而是相差 0.2MPa。

33．【生学硬练】有关混凝土抗冻性的说法正确的是（　　）。

A. 混凝土的抗冻性用抗冻等级表示
B. 混凝土的抗冻等级分 8 个等级
C. 抗冻等级 F50 以下的混凝土简称抗冻混凝土
D. 混凝土抗冻的最高等级是 F400

考点：混凝土性能——耐久性

【解析】 选项 B，应当是 9 个等级。抗冻性用字母"F"表示，冻融循环等级为：F50、F100、F150、F200、F250、F300、F350、F400 和>F400。比如 F50，表示该混凝土构件可承受 50 次冻融循环而不破坏。

选项 C，F50 以上的混凝土简称抗冻混凝土。

选项 D，还有>F400 的抗冻混凝土。

34．【生学硬练】混凝土碳化导致的后果包括（　　）。

A. 碱度降低

B. 削弱混凝土对钢筋的保护作用

C. 导致钢筋锈蚀

D. 碳化显著增加混凝土的收缩

E. 使混凝土抗压强度减小，抗拉、抗折强度增大

考点：混凝土性能——耐久性

【解析】 选项E说反了，是导致混凝土抗压强度增大，抗拉、抗折强度降低。

35.【生学硬练】混凝土的抗渗性能主要与其（　　）有关。

A. 密实度　　　　　　　　　　　B. 内部孔隙的大小

C. 抗冻性　　　　　　　　　　　D. 内部孔隙的构造

E. 保水性

考点：混凝土性能——耐久性

【解析】 混凝土抗渗性主要与密实度、内部孔隙大小、内部空隙构造有关。

36.【生学硬练】关于烧结砖的说法，正确的有（　　）。

A. 烧结普通砖国内统一外形尺寸是 240mm×115mm×53mm

B. 烧结砖分为烧结普通砖、烧结多孔砖、烧结空心砖

C. 烧结空心砖主要用于框架填充墙和自承重隔墙

D. 烧结多孔砖主要用于承重部位

E. 烧结空心砖的孔洞率不小于40%，烧结多孔砖孔洞率不大于33%

考点：砖的类别——烧结砖

【解析】 选项A，烧结普通砖国内统一外形尺寸为240mm×115mm×53mm。

选项E，烧结空心砖的孔洞率应≥40%，多孔砌块孔洞率≥33%，多孔砖孔洞率≥28%。

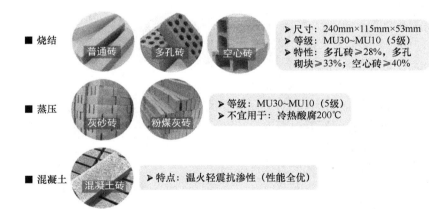

37.【生学硬练】可直接代替烧结普通砖、多孔砖作为承重建筑墙体结构的材料是（　　）。

A. 粉煤灰砖　　　　　　　　　　B. 灰砂砖

C. 混凝土砖　　　　　　　　　　D. 烧结空心砖

考点：砖的类别——混凝土砖

【解析】 砖中"贵族"混凝土砖。其性能全优，可直接代替烧结普通砖！

混凝土实心砖，抗压强度有 MU40、MU35、MU30、MU25、MU20、MU15 六个强度等级。

混凝土多孔砖，抗压强度有 MU10、MU15、MU20、MU25、MU30 五个强度等级。

38.【生学硬练】有关人造砌块的特点，下列说法正确的有（　　）。
A. 表观密度小，可减轻结构自重　　B. 保温隔热性能好
C. 施工速度快　　D. 能充分利用工业废料，价格便宜
E. 广泛运用于高层建筑的承重墙

考点：砌块——小型砌块

【解析】 选项 E 错误。人造砌块其特点为：①表观密度较小；②可减轻结构自重；③保温隔热性能好；④施工速度快；⑤能充分利用工业废料；⑥价格便宜。广泛用于非承重墙。

人造砌块常用三类，即普通混凝土小型空心砌块、轻骨料混凝土小型空心砌块、蒸压加气混凝土砌块。

1）普通混凝土小型空心砌块强度等级：MU20、MMU15、MU10、MMU7.5 和 MU5。

2）轻骨料混凝土小型空心砌块强度等级：MU15、MU10、MU7.5、MU5 和 MU3.5。

3）蒸压加气混凝土砌块，可用作承重、自承重或保温隔热材料。其强度等级有 A2.5、A3.5、A5.0、A7.5。

39.【生学硬练】关于砌块特点的说法，错误的有（　　）。
A. 表观密度较小　　B. 保温隔热性能差
C. 施工速度慢　　D. 充分利用工业废料，价格便宜
E. 是建筑用的天然块材

考点：砌块——小型砌块

40.【生学硬练】抗压强度高、耐久性好，多用于基础和勒脚部位的砌体材料是（　　）。
A. 蒸压砖　　B. 砌块
C. 石材　　D. 混凝土砖

考点：砌块——石材

【解析】 这里的石材指花岗石、砂石、石灰石等天然石材，用于勒脚、房屋基础能充分发挥其强度高、耐久性好的优势。但石材传热性高，想要降低其传热性，就得加大石材厚度，经济性较差，因此不适用于室内墙面。

41.【生学硬练】有关砂浆强度等级的说法正确的有（　　）。
A. 砂浆试块是 70.7mm×70.7mm×70.7mm 的立方体试块
B. 标准养护龄期为 28 天
C. 标准养护温度为（20±2）℃，相对湿度 90%以上
D. 每组取 3 个试块进行抗压强度试验
E. 砂浆试块一组 6 块

考点：砂浆性能及用途

【解析】 选项 E 错误，砌筑砂浆每组取 3 个试块进行抗压强度试验。

二、参考答案

题号	1	2	3	4	5	6	7	8	9	10
答案	ADE	AB	ABC	AE	ABDE	BD	A	A	ADE	CD
题号	11	12	13	14	15	16	17	18	19	20
答案	C	A	ABDE	ABE	ABCD	CDE	C	C	D	C
题号	21	22	23	24	25	26	27	28	29	30
答案	ABC	ABCD	ABCD	ABCD	ACDE	D	ACE	B	CDE	ABCD
题号	31	32	33	34	35	36	37	38	39	40
答案	C	B	A	ABCD	ABD	ABCD	C	ABCD	BCE	C
题号	41									
答案	ABCD									

第二节 装修材料

一、客观选择

1. 【生学硬练】有关花岗石的属性说法正确的是（　　）。
   A. 花岗石属酸性硬石材　　　　　　B. 花岗石属酸性软石材
   C. 花岗石属碱性软石材　　　　　　D. 花岗石属碱性硬石材
   考点：装修石材——花岗石
   【解析】 花岗石属于可能"发火"的酸性硬石材。

2. 【生学硬练】下列天然花岗石特性的说法，正确的是（　　）。
   A. 耐磨　　　B. 属碱性石材　　　C. 质地较软　　　D. 耐火
   考点：装修石材——花岗石
   【解析】 花岗石构造致密、强度高、密度大、吸水率极低、质地坚硬、耐磨，属酸性硬石材。其耐酸、抗风化、耐久性好，使用年限长，但不耐火。

3. 【生学硬练】根据装修材料中天然放射性核素的放射性比活度和外照射指数有限值要求，可用于Ⅰ类民用建筑以外的其他建筑物内饰面的有（　　）类。
   A. A
   B. B
   C. C
   D. D
   E. E
   考点：装修石材——花岗石
   【解析】 天然石材按照放射性核素限量分"A、B、C"三类。
   1）A类石材：放射性物质含量极少，对人影响十分有限，可用于一切建筑物内外饰面。
   2）B类石材：可以用于Ⅰ类民建的外饰面及其他一切建筑的内外饰面。Ⅰ类民建包括五大类："老幼病学宅"——养老院、幼儿园、医院、学校教室、住宅。其余诸如"酒店、商场、图书馆、展览馆、文娱场所等"，都属于Ⅱ类民建。

3）C类石材：只能用于一切建筑的外饰面。

4.【生学硬练】有关大理石的说法正确的有（　　）。
A. 绝大多数大理石品种只宜用于室内
B. 汉白玉、艾叶青可用于室外
C. 绝大多数大理石品种都可用于室内外
D. 汉白玉、艾叶青属于耐久品种
E. 国际和国内板材的通用厚度为20mm，亦称为厚板

考点：装修石材——大理石

【解析】　选项C，大理石容易发生腐蚀，造成表面强度降低、变色掉粉，失去光泽，影响其装饰性能。故除了汉白玉、艾叶青等质纯、性质稳定、耐久性好的品种可用于室外，绝大多数大理石品种只宜用于"室内"。

5.【生学硬练】关于天然大理石的特点及属性，下列说法正确的有（　　）。
A. 质地较密实、抗压强度较高
B. 色调丰富、极富装饰性
C. 质地较软、易加工、开光性好
D. 吸水率低，但容易被腐蚀、失去装饰性
E. 大理石属于酸性硬石材

考点：装修石材——大理石

【解析】　大理石属于"碱性中硬石材"。其质地较密实、抗压强度较高、吸水率低、质地较软，加工、开光性好，常被制成抛光板材，色调丰富、材质细腻、极富装饰性。但其属碱性石材的特质决定了：大理石容易发生腐蚀，造成表面强度降低、变色掉粉，失去光泽，影响其装饰性能。故除了汉白玉、艾叶青等质纯、性质稳定、耐久性好的品种可用于室外，绝大多数大理石品种只宜用于"室内"。

6.【生学硬练】建筑工程中主要应用的木材品种包括（　　）。
A. 松树
B. 榆树
C. 杉树
D. 桦树
E. 柏树

考点：木材及木制品——类别

【解析】　松树、杉树、柏树均为针叶状"软木材"，其性能"全优"，是建筑工程中主要应用的木材品种。

建筑木材				
类别	属性	树种	特点	应用
针叶	软木	松树	树干通直，易得大材	建筑工程中主要应用的木材品种
		杉树	强度较高，体积密度小	
		柏树	胀缩变形小，木质较软，易于加工	
阔叶	硬木	榆树	树干通直部分较短，不易得大材	室内装修或制造家具、胶合板、拼花地板等
		桦树	体积密度较大，胀缩变形大	
		水曲柳	易翘曲开裂，木质较硬，加工困难	
		檀树	具有美丽的天然纹理	

7. 【生学硬练】干缩会导致木材（　　）。

A. 翘曲　　　　　　　　　　　　B. 开裂

C. 接榫松动　　　　　　　　　　D. 拼缝不严

E. 表面鼓凸

考点：木材及木制品——属性

【解析】　干缩会使木材翘曲、开裂、接榫松动、拼缝不严。湿胀可造成表面鼓凸。

8. 【生学硬练】实木复合地板可分为（　　）。

A. 三层复合实木地板　　　　　　B. 多层复合实木地板

C. 双层复合实木地板　　　　　　D. 单层复合地板

E. 锯木板

考点：木材及木制品——实木复合地板

【解析】

9. 【生学硬练】湿法纤维板根据产品密度一般分为硬质纤维板、中密度纤维板和软质纤维板，其中（　　）是装饰工程中广泛应用的纤维板品种。

A. 硬质纤维板　　　　　　　　　B. 低密度纤维板

C. 超低密度纤维板　　　　　　　D. 中密度纤维板

考点：木材及木制品——人造木板（纤维板）

【解析】

1）定义：纤维板，顾名思义——以"植物纤维"为主要原料的板材。

2）类别：按生产工艺可分为湿法纤维板和干法纤维板两大类。

① 湿法纤维板包括：中密度纤维板、软质纤维板；

② 干法纤维板包括：高密度纤维板、中密度纤维板、低密度纤维板、超低密度纤维板。

中密度纤维板简称"密度板"，其性能更加均衡——相较软质纤维板，其强度较高；相比硬质纤维板，保温隔声性更好。

中密度纤维板又分为：普通型密度板、家具型密度板、承重型密度板。

① 普通型密度板：如展览会用的临时展板、隔墙板等；

② 家具型密度板：如家具制造、橱柜制作、装饰装修件、细木工制品等；

③ 承重型密度板：如室内地面铺设、棚架、室内普通建筑部件等。

10. 【生学硬练】中密度纤维板是装饰工程中广泛应用的纤维板品种，分为普通型、家具型和承重型。下列应用场景中属于家具型纤维板的是（　　）。

A. 家具制造　　　　　　　　　　B. 橱柜制作

C. 细木工制品　　　　　　　　　D. 临时展板、隔墙板

E. 室内地面铺设

考点：木材及木制品——人造木板（纤维板）

【解析】 选项 D 属于普通型纤维板，选项 E 属于承重型纤维板。

11.【生学硬练】平板玻璃的特性包括（　　）。
A. 良好的透视、透光性能，可产生"暖房效应"
B. 隔声、有一定的保温性能
C. 抗拉强度远低于抗压强度，是典型的脆性材料
D. 有较高的化学稳定性
E. 热稳定性较好

考点：建筑玻璃——平板玻璃

【解析】 平板玻璃的性能可总结为四句话："急冷急热易炸裂，透光透视易暖房，保温隔声脆性材，压强较高低抗拉"。

12.【生学硬练】有关钢化玻璃特性的说法正确的有（　　）。
A. 机械强度高、弹性好　　　　　　B. 热稳定性好
C. 碎后不易伤人　　　　　　　　　D. 钢化玻璃不能切割、挤压和磨削
E. 不会发生自爆

考点：建筑玻璃——安全玻璃（钢化玻璃）

【解析】 选项 E 错误，钢化玻璃的特性为"高强弹性耐火好，碎不伤人但自爆"。研究发现，玻璃内部存在直径为 0.1~2mm 结晶的小球状的硫化镍。此外，玻璃中的结石、气泡也会引起钢化玻璃的自爆，尤其是结石，是钢化玻璃的薄弱点，也是应力集中处，若结石处在钢化玻璃的张应力区，会是导致炸裂的重要因素。

13.【生学硬练】通过对钢化玻璃进行均质处理可以（　　）。
A. 降低自爆率　　　　　　　　　　B. 提高透明度
C. 改变光学性能　　　　　　　　　D. 增加弹性

考点：建筑玻璃——安全玻璃（钢化玻璃）

【解析】 经过长期研究，钢化玻璃内部存在的硫化镍（NiS）结石是造成钢化玻璃自爆的主因。对钢化玻璃进行均质（第二次热处理工艺）处理，可以大大降低钢化玻璃的自爆率。

14.【生学硬练】夹层玻璃的层数最多可达（　　）层。
A. 2 层　　　　　　B. 3 层　　　　　　C. 5 层　　　　　　D. 9 层

考点：建筑玻璃——安全玻璃（夹层玻璃）

【解析】 夹层玻璃有 2、3、5、7 层，最多可达 9 层。【9 层妖塔夹层玻】

15.【生学硬练】有关着色玻璃的特性说法正确的有（　　）。
A. 吸收辐射热，产生暖房效应　　　B. 柔和阳光，改善室内色泽
C. 吸收紫外线，避免褪色变质　　　D. 色泽艳丽，经久不变
E. 具有一定透明度，视觉清晰

考点：建筑玻璃——节能玻璃（着色玻璃）

【解析】 着色玻璃是通过紫外线的高效反射达到节能的效果，所以也称为着色吸热玻璃。其特性包括：

1）有效吸收太阳的辐射热，产生"冷室效应"；故选项 A 错误。

2）吸收较多的可见光，避免眩光并改善室内色泽。

3）有效防止紫外线造成室内物品褪色、变质。

4）具有一定的透明度,能清晰地观察室外景物。

5）色泽鲜丽,经久不变,能使建筑物的外形更加美观。

16.【生学硬练】有关阳光镀膜玻璃的特性,下列说法正确的有（　　）。

A. 具有双向透视性　　　　　　　B. 产生暖房效应

C. 又称"Low-E"玻璃　　　　　　D. 适用于门窗、幕墙、中空玻璃

E. 安装时,应将膜层面向室内

考点：建筑玻璃——节能玻璃（镀膜玻璃）

【解析】 镀膜玻璃分为：①阳光控制镀膜玻璃；②低辐射镀膜玻璃（"Low-E"玻璃）。镀膜玻璃和着色玻璃的节能原理基本一致,都是通过反射太阳光达到节能效果。

阳光控制镀膜玻璃的特性包括：①有效地屏蔽太阳辐射,避免暖房效应,减少室内降温空调的能源消耗；②镀膜层具有单向透视性,故又称"单反玻璃"。

阳光控制镀膜玻璃可用作：①建筑门窗玻璃；②幕墙玻璃；③高性能中空玻璃。

安装时,膜面应"朝向室内",以提高使用寿命和取得节能效果的最大化。

17. 下列关于低辐射镀膜玻璃的说法正确的有（　　）。

A. 又称"单反"玻璃　　　　　　B. 一般宜单独使用

C. 宜加工成中空玻璃使用　　　　D. 镀膜面应朝向中空气体层

E. 冬暖夏凉,具有良好的保温效果

考点：建筑玻璃——节能玻璃（镀膜玻璃）

【解析】 低辐射镀膜玻璃又称"Low-E"玻璃,对远红外线有较高的反射比。

1）低辐射膜玻璃一般不单独使用,宜加工成中空玻璃使用。

2）镀膜玻璃镀膜面应朝向"中空气体层"。

18.【生学硬练】关于中空玻璃,下列说法正确的有（　　）。

A. 玻璃层间干燥气体导热系数极小,能良好地隔热、有效保温、降低能耗

B. 隔声性能好,有效防结露

C. 中空玻璃的使用寿命一般不少于 15 年

D. 适用于寒冷地区和需要保温隔热、降低采暖能耗的建筑物

E. 一般可使噪声下降 10~20dB

考点：建筑玻璃——节能玻璃（中空玻璃）

【解析】 中空玻璃和前两类节能玻璃的原理不太一样,中空玻璃是基于导热的原理控制室内环境。其特性总结为"隔热隔声防结露"。中空玻璃具有良好的隔声性能,一般可使噪声下降 30~40dB。

二、参考答案

题号	1	2	3	4	5	6	7	8	9	10
答案	A	A	AB	ABDE	ABCD	ACE	ABCD	ABC	D	ABC
题号	11	12	13	14	15	16	17	18		
答案	ABCD	ABCD	A	D	BCDE	DE	CDE	ABCD		

第二章 工程材料

第三节 功能材料

一、客观选择

1.【生学硬练】有关防水卷材主要性能的说法正确的有（　　）。
A. 机械力学性包括拉力、拉伸强度、断裂伸长率
B. 大气稳定性包括耐老化性、老化后性能保持率
C. 防水性包括不透水性和抗渗透性
D. 柔韧性包括柔度、柔性、脆性温度
E. 温度稳定性包括耐热度、耐热性、低温弯折性
考点：防水卷材——卷材性能

2.【生学硬练】防水堵漏灌浆材料按主要成分的不同可分为（　　）。
A. 丙烯酸胺类　　　　　　　　B. 甲基丙烯酸酯类
C. 环氧树脂类　　　　　　　　D. 聚氨酯类
E. 复合类
考点：防水材料——堵漏灌浆材料
【解析】 选项E不存在。堵漏灌浆材料："二丙环氧聚氨酯"。【带着二丙（太阳镜）参加环法自行车赛，赛道面采用聚氨酯地坪材料制作】

3.【生学硬练】有关建筑密封及堵漏灌浆材料的说法正确的是（　　）。
A. 密封材料分为定型、非定型、半定型三种
B. 定型密封材料包括密封膏、密封胶、密封剂
C. 非定型密封材料包括止水带、止水条、密封条
D. 密封胶属于非定型防水密封材料
考点：防水材料——堵漏灌浆材料
【解析】 选项A错误，密封材料分为定型和非定型两大类。
选项B、C说反了。

4.【生学硬练】有关防火涂料的说法错误的是（　　）。
A. 按防火机理，防火涂料分为非膨胀型和膨胀型
B. 钢结构防火涂料应能采用喷涂、抹涂、刷涂、辊涂、刮涂等方法
C. 耐火极限分为0.50h、1.00h、1.50h、2.00h、2.50h和3.00h
D. 膨胀型防火涂料厚度为15mm，非膨胀型防火涂料厚度为1.5mm
考点：防火材料——防火涂料
【解析】 膨胀（发泡）型防火涂料厚度仅为1.5mm，所以预热膨胀（发泡），而非膨胀型厚度是膨胀型的10倍，高达15mm，所以即便遇火也不会发泡。

5.【生学硬练】防火堵料具有（　　）功能。
A. 防火　　　　　　　　　　　B. 防污
C. 隔热　　　　　　　　　　　D. 防盗
E. 便于更换

考点：防火材料——防火堵料

【解析】 防火堵料具有防火、隔热功能，且便于更换。

6.【生学硬练】不属于防火堵料类别的是（　　）。

A. 有机防火堵料　　　　　　　　B. 无机防火堵料

C. 防火包　　　　　　　　　　　D. 复合防火堵料

考点：防火材料——防火堵料

【解析】

防火堵料			
类别	有机防火堵料	无机防火堵料	防（阻）火包
属性	"可塑性"（橡皮泥）	"速固型"（水泥）	纤维织物袋
原料	以合成树脂为胶黏剂，配以防火助剂、填料制成	以快干水泥为基料，混合防火剂、耐火材料	装填膨胀性防火隔热材料
性能	① 长期不硬化，可塑性好 ② 封堵不规则孔洞 ③ 遇火发泡膨胀，具有优异的防火、水密、气密性 ④ 施工、更换方便 ⑤ 可重复使用	① 无毒无味、固化快速 ② 耐火极限与力学强度高，能承受一定重量 ③ 有一定可拆性 ④ 具有较好的防火、水密、气密性能	① 通过垒砌、填塞等方法封堵孔洞 ② 施工、更换较为方便
应用	适合经常更换或增减电缆、管道的场合	适合封堵后基本不变的场合	适合较大孔洞的防火封堵，以及需要经常更换或增减电缆、管道的场合

7.【生学硬练】有关保温材料性能的说法正确的有（　　）。

A. 保温材料的保温性能好坏由导热系数决定，导热系数越小，保温性能越好

B. 导热系数以金属最大，非金属次之，液体较小，气体更小

C. 导热系数小于 0.23W/(m·K) 的材料称为绝热材料

D. 导热系数小于 0.14W/(m·K) 的材料称为保温材料

E. 通常导热系数不大于 0.08W/(m·K) 的材料称为高效保温材料

考点：保温材料——性能

【解析】 选项 E，应为导热系数不超过 0.05W/(m·K) 的材料称为高效保温材料。保温材料最核心的功能性指标是"导热系数"。导热系数越小，意味着热量越不容易传递和流失，继而保温性能越好。

二、参考答案

题号	1	2	3	4	5	6	7
答案	ABC	ABCD	D	D	ACE	D	ABCD

第三章　工程测量及土石方工程

近五年分值排布

题型及总分值	分值				
	2023 年	2022 年	2021 年	2020 年	2019 年
选择题	5	2	7	6	5	6
案例题	5	6	5	7	3	0
总分值	10	8	12	13	8	6

➢ 核心考点

第一节：工程测量及变形观测
　　考点一、工程测量
　　考点二、变形观测
第二节：岩土工程性能要求
　　考点一、岩土类别
　　考点二、岩土性能
第三节：基坑支护及地下水控制
　　考点一、基坑支护
　　考点二、地下水控制
第四节　土方开挖、回填
　　考点一、土方开挖
　　考点二、土方回填
第五节　地基处理
　　考点一、单一地基处理
　　考点二、复合地基处理
　　考点三、验槽及质量通病
第六节　基坑验槽
　　考点一、验槽的程序
　　考点二、验槽的方法
　　考点三、验槽的内容
第七节　桩基工程
　　考点一、预制桩
　　考点二、灌注桩
　　考点三、桩基检测

第一节 工程测量及变形观测

一、客观选择

1.【生学硬练】关于施工项目平面控制测量的说法，正确的有（ ）。
A. 先建立建筑物施工控制网，再建立场区控制网
B. 以平面控制网的控制点测设建筑物的主轴线
C. 根据主轴线进行建筑物的细部放样
D. 规模小或精度高的项目可直接布设建筑物施工控制网
E. 平面控制测量必须遵循"由整体到局部"的组织实施原则

考点：工程测量——基本原则

【解析】 大中型的施工测量应遵循下列顺序：

建立厂区控制网

建立施工控制网

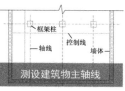
测设建筑物主轴线

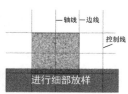
进行细部放样

2.【生学硬练】当建筑场地施工控制网为方格网或轴线形式时，测量方便、精度较高、便于检查的平面测设方法是（ ）。
A. 直角坐标法
B. 极坐标法
C. 角度前方交汇法
D. 距离交汇法

考点：工程测量——平面测设方法

【解析】 建筑场地施工控制网为方格网或轴线形式时，采用直角坐标法放线最方便。

3.【生学硬练】某高程测量，已知 A 点高程为 H_A，欲测得 B 点高程 H_B，安置水准仪于 A、B 之间，后视读数为 a，前视读数为 b，则 B 点高程 H_B 为（ ）。

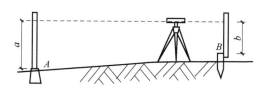

A. $H_B = H_A - a - b$
B. $H_B = H_A + a + b$
C. $H_B = H_A + a - b$
D. $H_B = H_A - a + b$

考点：工程测量——高程测设方法

4.【生学硬练】对某一施工现场进行高程测设，M 点为水准点，已知高程为 12.00m；N 点为待测点，安置水准仪于 M、N 之间，先在 M 点立尺，读得后视读数为 4.500m，然后在 N 点立尺，读得前视读数为 3.500m，N 点高程为（ ）m。
A. 11.000
B. 12.000
C. 12.500
D. 13.000

考点：工程测量——高程测设方法

【解析】 根据公式 $H_M + a = H_N + b$，可得 $12.00 + 4.500 = H_N + 3.500$，即 $H_N = 12.00 + 4.500 -$

3.500＝13.000（m）。

5. 【生学硬练】工程测量用水准仪的主要功能是（　　）。
   A. 直接测量待定点的高程　　　　B. 测量两个方向之间的水平夹角
   C. 测量两点间的高差　　　　　　D. 直接测量竖直角
   考点：工程测量——测量仪器
   【解析】 水准仪主要是测量两点间的高差，不能直接测出待定点的高程（H），可由控制点的已知高程来推算测点的高程。

6. 【生学硬练】用于国家一、二等水准测量及其他精密水准测量的水准仪包括（　　）。
   A. S3　　　　　　　　　　　　　B. S10
   C. S05　　　　　　　　　　　　 D. S1
   E. S6
   考点：工程测量——施工期间变形测量
   【解析】 水准仪按精度分为DS05、DS1、DS3、DS10。其中，S05、S1属于精密水准仪，用于一、二等水准测量及其他精密水准测量；S3型属于普通水准仪，用于国家三、四等水准测量及一般工程水准测量。

7. 【生学硬练】经纬仪由照准部、水平度盘和基座三部分组成，是对水平角和竖直角进行测量的一种仪器，下列属于精密经纬仪的有（　　）。
   A. J07　　　　　　　　　　　　 B. DJ1
   C. J2　　　　　　　　　　　　　D. J6
   E. J10
   考点：工程测量——施工期间变形测量
   【解析】 经纬仪（光学）有DJ07、DJ1、DJ2、DJ6等几种不同精度的仪器，通常在书写时省略字母"D"。其中，DJ07、DJ1、DJ2属于精密经纬仪。

8. 【生学硬练】不能测量水平距离的仪器是（　　）。
   A. 水准仪　　　　B. 经纬仪　　　　C. 全站仪　　　　D. 垂准仪
   考点：工程测量——测量仪器

9. 【生学硬练】关于工程测量仪器性能与应用的说法，正确的是（　　）。
   A. 水准仪可直接测量待定点高程
   B. S3型水准仪可用于国家三等水准测量
   C. 经纬仪不可以测量竖直角
   D. 激光经纬仪不能在夜间进行测量工作
   考点：工程测量——测量仪器
   【解析】 选项A，水准仪主要是测量两点间的高差，不能直接测出待定点的高程（H），可由控制点的已知高程来推算测点的高程。
   选项C，经纬仪的作用总结起来就是"测角、测距、测高差"，既可以量水平夹角，也能够测量竖直角。
   选项D，激光经纬仪能在夜间或黑暗的场地进行测量工作，不受照度的影响。

10. 适合进行烟囱施工中垂直度观测的是（　　）。

A. 水准仪 B. 全站仪
C. 激光水准仪 D. 激光经纬仪

考点：工程测量——测量仪器

【解析】 激光经纬仪特别适合进行以下的施工测量工作：
1) 垂度、准直：高层建筑、高耸构筑（烟囱、塔架）施工中的垂度观测和准直定位。
2) 垂直度测量：结构构件、机具安装的精密测量和垂直度控制测量。
3) 轴线、导向：地下工程施工（管道铺设、隧道）中的轴线测设及导向测量工作。
【语感常识激光好，上下左右两仪器】

11．【生学硬练】民用建筑上部结构沉降观测点宜布置在（ ）。
A. 建筑四角 B. 核心筒四角
C. 大转角处 D. 高低层交接处的两侧
E. 基础梁上

考点：工程测量——施工期间变形观测

【解析】 基础梁不属于上部结构。

12．【生学硬练】施工期间的变形监测，应对高层和超高层建筑、体形狭长的工程结构应进行（ ）等监测。
A. 水平位移 B. 垂直度及倾斜
C. 挠度监测 D. 日照、风振变形
E. 周边环境

考点：工程测量——施工期间变形测量

【解析】 根据《建筑变形测量规范》（JGJ 8—2016）的 3.1.3 节，建筑在使用期间的变形测量应符合下列规定：
1) 对各类建筑，应进行沉降观测。
2) 对高层、超高层建筑及高耸构筑物，应进行水平位移观测、垂直度、倾斜观测。
3) 对超高层建筑，应进行挠度观测、日照变形观测、风振变形观测。
4) 对市政桥梁、博览（展览）馆及体育场馆等大跨度建筑，应进行挠度观测、风振变形观测。

13．【生学硬练】施工期间，应对基坑工程进行（ ）变形检测。
A. 周边环境 B. 收敛 C. 日照 D. 风振

考点：工程测量——变形监测

【解析】 对于基坑工程，应进行基坑及其支护结构变形监测和周边环境变形监测。

14．【生学硬练】变形监测点的布设应根据建筑结构、形状和场地工程地质条件等确定，点位应（ ）。
A. 便于观察 B. 易于保护
C. 标志稳固 D. 方便测量
E. 便于更换

考点：工程测量——施工期间变形测量

【解析】 根据《建筑变形测量规范》（JGJ 8—2016）的 3.3.3 节，建筑变形测量基准点和工作基点的布设及观测应符合本规范第 5 章的规定。变形监测点的布设应根据建筑结构、形状和场地工程地质条件等确定，点位应便于观测、易于保护，标志应稳固。

二、参考答案

题号	1	2	3	4	5	6	7	8	9	10
答案	BCDE	A	C	D	C	CD	ABC	D	B	D
题号	11	12	13	14						
答案	ABCD	ABCD	A	ABC						

三、主观案例及解析

（一）

新建住宅工程，建筑面积12000m²，地下1层，地上11层，混合结构。项目部工程测量专项方案：采用国家现行的平面坐标系统及高程标准和时间基准，明确了建筑测量精度等级，规定了两类变形测量基准点设置均不少于4个。从地下室砌筑完成后开始到正常施工完成期间，按计划定期对工程进行沉降观测。

问题：

1. 采用的时间基准是什么？施工沉降观测周期和时间要求有哪些？
2. 建筑变形测量精度分为几个等级？变形测量基准点分为哪两类？其基准点设置要求有哪些？

（一）

1. （本小题7.0分）

1）将公历纪元、北京时间作为统一时间基准。　　　　　　　　　　　　（1.0分）

2）沉降观测周期和时间要求：

① 在基础完工后和地下室砌筑完成后开始观测。　　　　　　　　　　　（1.0分）

② 民用高层建筑宜以每加高2~3层观测1次。　　　　　　　　　　　　（1.0分）

③ 如果建筑施工均匀增高，应至少在每增加荷载的25%、50%、75%、100%时，各测1次。　　　　　　　　　　　　　　　　　　　　　　　　　　　　　　　（1.0分）

④ 暂时停工、停工及重新开工时要各测1次，停工期间每2~3月测1次。　（1.0分）

⑤ 竣工后运营阶段的观测次数：第一年观测3~4次；第二年观测2~3次；第三年开始每年1次，到沉降达到稳定状态和满足观测要求为止。　　　　　　　　　　　　（2.0分）

2. （本小题6.0分）

1）分为5个等级。　　　　　　　　　　　　　　　　　　　　　　　　（1.0分）

2）沉降基准点和位移基准点。　　　　　　　　　　　　　　　　　　　（2.0分）

3）设置要求包括：在特等、一等沉降观测时，不应少于4个；在其他等级沉降观测时，不应少于3个；沉降观测基准点之间应形成闭合环。　　　　　　　　　　　（3.0分）

（二）

某综合楼工程，地下3层，地上35层，总建筑面积68000m²，地基基础设计等级为甲级，基坑深度为8.5m，灌注桩筏板基础，现浇钢筋混凝土框架-剪力墙结构。

地下结构施工过程中，测量单位按变形测量方案实施监测时，发现基坑周边地表出现明显裂缝，立即将此异常情况报告给施工单位。施工单位立即要求测量单位及时采取相应的检测措施，并根据观测数据制订后续防控对策。

问题：

1. 除了地基基础设计等级为甲级的建筑，还有哪些情况需要在施工期间进行变形观测？
2. 针对变形测量，除基坑周边地表出现明显裂缝外，还有哪些异常情况也应立即报告委托方？

（二）

1．（本小题5.0分）

【重大安全三设计】

1）安全设计等级为一级、二级的基坑。　　　　　　　　　　　　　　　　　　　　　　（1.0分）
2）软弱地基上的地基基础设计等级为乙级的建筑。　　　　　　　　　　　　　　　　　（1.0分）
3）长大跨度或体形狭长的工程结构。　　　　　　　　　　　　　　　　　　　　　　　（1.0分）
4）重要的基础设施工程。　　　　　　　　　　　　　　　　　　　　　　　　　　　　（1.0分）
5）工程设计或施工要求监测的其他对象。　　　　　　　　　　　　　　　　　　　　　（1.0分）

2．（本小题5.0分）

立即报告委托方的异常情况：【双量双边找自然】

1）变形量或变形速率出现异常变化。　　　　　　　　　　　　　　　　　　　　　　　（1.0分）
2）变形量达到或超出预警值。　　　　　　　　　　　　　　　　　　　　　　　　　　（1.0分）
3）周边或开挖面出现塌陷滑坡情况。　　　　　　　　　　　　　　　　　　　　　　　（1.0分）
4）建筑本身及周边建筑物出现异常。　　　　　　　　　　　　　　　　　　　　　　　（1.0分）
5）自然灾害引起的其他异常变形情况。　　　　　　　　　　　　　　　　　　　　　　（1.0分）

（三）

某办公楼工程，地下3层、地上30层，基坑深度为15m，采用灌注式排桩。项目部工程测量专项方案中明确，当基坑监测达到变形预警值时应立即进行预警。

施工过程中，施工总承包单位对支护桩进行变形观测，变形观测精度等级为一等，支护桩结构顶部变形观测点布置如图3-1所示。

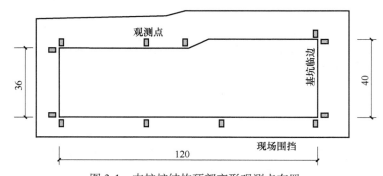

图3-1　支护桩结构顶部变形观测点布置

问题：

1. 基坑围护结构顶部变形观测点布置是否妥当？并说明理由。
2. 基坑重点做好哪些监测内容？除了变形预警值，或基坑支护结构及周边环境出现大的变形，还有哪些情况也需要进行基坑预警？

3. 施工期间的变形监测、环境及效应监测分别包括哪些监测项目？

（三）

1. （本小题4.0分）

基坑围护结构顶部变形观测点布置：不妥当。 (1.0分)

理由：基坑围护墙或基坑边坡顶部变形观测点沿基坑周边布置，周边中部、阳角处、受力变形较大处设点；观测点间距不应大于20m，且每侧边不宜少于3个；水平和垂直观测点宜共用同一点。 (3.0分)

2. （本小题4.0分）

基坑重点监测内容包括：【水土内卫】

① 围护墙或土体深层水平位移。 (1.0分)
② 支护结构内力。 (1.0分)
③ 土压力。 (1.0分)
④ 孔隙水压力支护结构。 (1.0分)

3. （本小题6.0分）

1) 变形监测：基础沉降监测、竖向变形监测、水平变形监测。 (3.0分)
2) 环境监测：风致响应监测、温湿度监测、振动监测。 (3.0分)

（四）

某办公楼工程，劲钢混凝土框筒建筑结构。地下3层、地上46层，建筑高度203m，基坑深度为15m，采用灌注式排桩。首层大堂高度为12m，跨度为28m。

项目部在测量方案中明确，对基坑工程，进行基坑及其支护结构变形监测和周边环境变形监测。建筑的四角、核心筒四角、大转角处及沿外墙每10~20m处或每隔2~3根柱基上等受力较大部位，应布置沉降监测点。

问题：

1. 本工程主体结构应监测哪些项目？本工程沉降观测点布设位置还包括哪些？
2. 周边建筑倾斜监测点的布置应符合哪些规定？高层及高耸结构监测，施工期间和使用期间分别应监测哪些项目？

（四）

1. （本小题10.0分）

1) 包括：【日照两度好风水】

①日照变形监测；②垂直度及倾斜观测；③挠度监测；④风振变形监测；⑤水平位移监测。 (5.0分)

2) 包括：【墙柱基础交接侧】

【内墙周边】①宽度≥15m的建筑，应在承重内隔墙中部设内墙点，并在室内地面中心及四周设地面点。 (1.0分)

【柱基轴线】②框架及钢结构建筑的每个或部分柱基上或沿纵横轴线上。 (1.0分)

【大型柱点】③超高层建筑和大型网架结构的每个大型结构柱监测点宜≥2个，且对称布置。 (1.0分)

【基础四角】④筏形基础、箱形基础底板四角处及其中部位置。 (1.0分)

【交接两侧】⑤高低层建筑、新旧建筑和纵横墙等交接处的两侧。 (1.0分)

2. (本小题 11.0 分)
1) 应符合：
① 监测点宜布置在建筑角点、变形缝两侧的承重柱或墙上。　　　　　　　(1.0 分)
② 监测点沿主体顶部、底部对应布设，上、下监测点应布置在同一竖直线上。(1.0 分)
2) 施工期间：
沉降监测、变形监测、应变监测、风致响应监测。　　　　　　　　　　　(4.0 分)
3) 使用期间：
变形监测、应变监测、风及风致响应监测、地震响应监测、温湿度监测。　(5.0 分)

第二节　岩土工程性能要求

一、客观选择

1. 【生学硬练】反映土体抵抗剪切破坏极限强度的指标是（　　）。
   A. 内聚力　　　　　B. 内摩擦角　　　　C. 黏聚力　　　　D. 土的可松性
   考点：岩土工程性能
   【解析】　土的抗剪强度包括内摩擦力和内聚力，是土体抵抗剪切破坏的极限强度。由此得到，本题的正确答案为选项 A。

2. 下列性能指标属于土的抗剪强度指标，反映土的摩擦特性的是（　　）。
   A. 弹性模量　　　　B. 变形模量　　　　C. 黏聚力　　　　D. 内摩擦角
   考点：岩土工程性能——内摩擦角
   【解析】　内摩擦角，是土的抗剪强度指标，反映了土的摩擦特性。

3. 【生学硬练】用来分析边坡稳定性的岩土物理力学性能指标是（　　）。
   A. 黏聚力　　　　　B. 抗剪强度　　　　C. 密实度　　　　D. 内摩擦角
   考点：岩土工程性能
   【解析】　内摩擦角是土的抗剪强度指标，反映土的摩擦特性，可分析边坡的稳定性。

4. 【生学硬练】通常用来控制土的夯实标准的岩土物理力学性能指标是（　　）。
   A. 黏聚力　　　　　B. 密实度　　　　　C. 干密度　　　　D. 可松性
   考点：岩土工程性能
   【解析】　所谓干密度，是单位体积内土的固体颗粒质量与总体积的比值，即固体颗粒质量/总体积。干密度采用"环刀法"测得，干密度越大，土越坚实。

5. 【生学硬练】下列哪项指标越大，表示土越坚实（　　）。
   A. 干密度　　　　　B. 密实度　　　　　C. 可松性　　　　D. 黏聚力
   考点：岩土工程性能
   【解析】　土的干密度，是单位体积内土的"固体颗粒质量/总体积的比值"。干密度越大，表明土越坚实。

6. 【生学硬练】在进行土方平衡调配时，需要重点考虑的性能参数是土的（　　）。
   A. 密实度　　　　　B. 天然含水量　　　C. 可松性　　　　D. 天然密度
   考点：岩土工程性能

第三章　工程测量及土石方工程

【解析】
1）概念：天然土经开挖后，其体积因松散而增加，虽经振动夯实，仍不能完全恢复到原来的体积，这种性质称为土的可松性。
2）土的可松性是计算"两土两平一运输"的重要参数，即土方机械生产率、回填土方量、运输机具数量、进行场地平整规划竖向设计、土方平衡调配的重要参数。

7.【生学硬练】回填土含水量测试样本质量为142g、烘干后质量为121g，含水量是（　　）。
A. 8.0%　　　　　B. 14.8%　　　　　C. 16.0%　　　　　D. 17.4%
考点：岩土工程性能——干密度
【解析】（142−121）/121＝17.4%。

二、参考答案

题号	1	2	3	4	5	6	7			
答案	A	D	D	C	A	C	D			

第三节　基坑支护及地下水控制

一、客观选择

1.【生学硬练】深基坑支护结构的类型有（　　）。
A. 排桩、咬合桩围护墙　　　　　B. 地下连续墙
C. 水泥土重力式围护墙　　　　　D. 土钉墙
E. 挡土灌注桩支护
考点：深基坑支护
【解析】深基坑支护作为一建考试的重要出题点，要求考生按案例题掌握。

2.【生学硬练】基坑侧壁安全等级为一级，可采用的支护结构有（　　）。
A. 灌注桩排桩　　　　　B. 地下连续墙
C. 土钉墙　　　　　D. 型钢水泥土搅拌墙
E. 水泥土重力式围护墙
考点：土石方工程——深基坑支护
【解析】可用于基坑侧壁安全等级为一级的支护结构包括：灌注式排桩、咬合桩围护墙、地下连续墙、型钢水泥土搅拌墙、板桩围护墙等。

3.【生学硬练】基坑开挖深度8m，基坑侧壁安全等级为一级，基坑支护结构形式宜选（　　）。
A. 水泥土墙　　　B. 原状土放坡　　　C. 土钉墙　　　D. 排桩
考点：基坑支护施工
【解析】可用于基坑侧壁安全等级为一级的支护结构包括：灌注式排桩、咬合桩围护墙、地下连续墙、型钢水泥土搅拌墙、板桩围护墙等。

4. 【生学硬练】某工程采用水泥土桩复合土钉墙，其水泥土桩的桩径为800mm，桩伸入坑底的长度宜为（　　）mm。
   A. 800~1000　　　B. 1000~1500　　　C. 1200~1600　　　D. 1600~2000
   考点：深基坑支护——土钉墙
   【解析】　水泥土桩伸入坑底的长度应满足"双控指标"——大于桩径的2倍且大于1m。纵观四个选项，只有选项D完全满足要求。

5. 【生学硬练】下列土钉墙施工要求正确的是（　　）。
   A. 超前支护，严禁超挖
   B. 全部完成后抽查土钉抗拔力
   C. 同一分段喷射混凝土自上而下进行
   D. 成孔注浆型钢筋土钉采用一次注浆工艺
   考点：深基坑支护——土钉墙
   【解析】　选项A，土钉墙施工原则："超前支护，分层分段，逐层施作，限时封闭，严禁超挖"。
   选项B，每层土钉施工完成后，均应按规范要求抽查土钉的抗拔力。
   选项C，同一分段内应自下而上喷射，一次喷射厚度不宜超过120mm。
   选项D，成孔注浆型土钉采用"两次注浆工艺"。第一次注浆宜为"水泥砂浆"，注浆量不小于钻孔体积的1.2倍。第一次注浆初凝后方可进行第二次注浆；第二次注纯水泥浆，注浆量为第一次的30%~40%，注浆压力值为0.4~0.6MPa。

6. 【生学硬练】关于地下连续墙支护优点的说法，正确的有（　　）。
   A. 施工振动小　　　　　　　　　B. 噪声小
   C. 承载力大　　　　　　　　　　D. 成本低
   E. 防渗性能好
   考点：深基坑支护——地下连续墙
   【解析】　地下连续墙支护特性几乎为"全优"，唯一的缺点就是投资较大、烧钱。

7. 【生学硬练】灌注桩施工前应进行试成孔，试成孔数量应根据工程规模和场地地层特点确定，且不宜少于（　　）个。
   A. 1　　　　　　B. 2　　　　　　C. 3　　　　　　D. 4
   考点：深基坑支护——排桩
   【解析】　根据《建筑地基基础工程施工质量验收标准》（GB 50202—2018）的7.2.2节，灌注桩施工前应进行试成孔，试成孔数量应根据工程规模和场地地层特点确定，且不宜少于2个。

8. 【生学硬练】地下水控制形式主要包括（　　）。
   A. 集水明排　　　　　　　　　　B. 降水
   C. 截水　　　　　　　　　　　　D. 回灌
   E. 导流
   考点：地下水控制——降水
   【解析】　地下水控制，是为保证地下工程、基础工程正常施工，控制和减少对工程环境影响，而采取的排水、降水、截水、回灌等工程措施的统称。

9.【生学硬练】在软土地区,基坑开挖深度超过( )时,一般就要用井点降水。
A. 3m B. 5m C. 8m D. 10m
考点:地下水控制——降水
【解析】 在软土地区,基坑开挖深度>3m,一般就要用井点降水。

10.【生学硬练】设计无要求时,降水工作应持续到( )施工完成。
A. 底板
B. 支护结构
C. 回填土
D. 基础(包括地下水位下回填土)
考点:地下水控制——降水
【解析】 降水工作应持续到基础(包括地下水位下回填土)施工完成。

11.【生学硬练】在地下水位以下挖土施工时,应将水位降低至基底以下至少( )cm。
A. 30~50 B. 50~100 C. 50~150 D. 150~250
考点:地下水控制——降水
【解析】 降水应使地下水位始终处于基底以下50~150cm的位置。

12.【生学硬练】下列关于轻型井点降水构造及降深的说法,正确的是( )。
A. 井点管直径宜为38~50mm,长度为6~9m;水平间距宜为2~4m,排距不宜大于40m
B. 单级井点降水深度一般不超过6m,多级井点最多可达5层,降水深度为8~20m
C. 宜采用PVC管;管壁渗水孔按梅花状布置,孔径宜为12~18mm,渗水段>1.0m
D. 成孔直径满足填充滤料要求,且不宜大于300mm;滤料宜采用中粗砂,滤料上方应使用黏土封堵,封堵至地面的厚度应>1m
考点:地下水控制——降水
【解析】 选项A错误,井点管直径宜为38~55mm,长度宜为6~9m,水平间距宜为0.8~1.6m(不超过2m),排距不宜大于20m。

选项B错误,单级井点降水深度(地面以下)6m以内;多级井点由2~3层轻型井点组

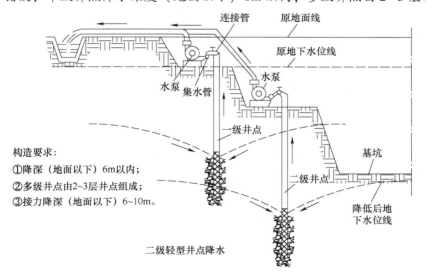

二级轻型井点降水

成，向下接力降水，降水深度（地面以下）6~10m。

选项 C 错误：

① 井管宜采用金属管，渗水孔直径宜取 12~18mm，渗水段长度应大于 1.0m；管壁外应根据土层的粒径设置滤网；

② 真空井管的直径应根据单井设计流量确定，井管直径宜取 38~110mm（或 38~55mm）；井的成孔直径应满足填充滤料的要求，且不宜大于 300mm；

③ 孔壁与井管之间的滤料宜采用中粗砂，滤料上方应使用黏土封堵，封堵至地面的厚度应大于 1m。

13. 【生学硬练】下列关于喷射井点降水构造及降深的说法，错误的是（　　）。
A. 喷射井点管直径宜为 200mm，每套机组井点数不宜大于 30 根
B. 水平间距宜为 2~4m，井点管排距不宜大于 40m
C. 集水总管直径不宜小于 150mm，长度不宜大于 60m
D. 降水深度（地面以下）8~20m

考点：地下水控制——降水

【解析】 喷射井点管直径宜为 75~100mm。

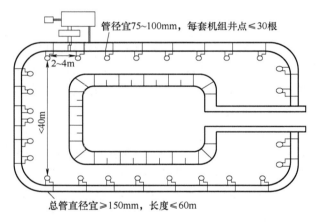

14. 【生学硬练】下列关于管井降水构造及降深的说法，正确的是（　　）。
A. 滤管内径宜大于水泵外径 100mm，外径不宜小于 200mm
B. 管井成孔直径应满足填充滤料的要求，井管与孔壁之间的滤料宜选用角砾
C. 管井的滤管可采用无砂混凝土滤管、钢筋笼、钢管或铸铁管
D. 井点管的距不宜小于 25m

考点：地下水控制——降水

【解析】 选项 A 错误，滤管内径宜大于水泵外径 50mm，外径不宜小于 200mm。

选项 B 错误，井管与孔壁之间填充的滤料宜选用磨圆度好的硬质岩石成分的圆砾，不宜采用棱角形石渣料、风化料或含有其他黏质岩石成分的砾石。

选项 C 正确，管井滤管采用"钢筋铁土"——无砂混凝土滤管、钢筋笼、钢管或铸铁管。

选项 D 错误，井点管的距离不宜大于 25m。

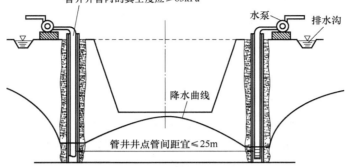

15.【生学硬练】 不宜用于填土土质的降水方法是（　　）。
A. 轻型井点　　　B. 降水管井　　　C. 喷射井点　　　D. 电渗井点
考点： 地下水控制——降水

16.【生学硬练】 工程基坑开挖采用井点回灌技术的主要目的是（　　）。
A. 避免坑底土体回弹
B. 避免坑底出现管涌
C. 减少排水设施，降低施工成本
D. 防止降水井点对周围建筑物、地下管线的影响
考点： 地下水控制——回灌
【解析】 基坑降水往往引起坑外地下水位的降低，从而导致基坑周边建筑物、道路、管线等出现不均匀变形而开裂。在基坑内进行降水，基坑外的回灌井进行注水回灌，就保证了基坑内的地下水位降到坑底以下预定深度，而坑外地下水位保持一定水平，从而使得基坑周边环境不出现有害沉降。

17.【生学硬练】 可以起到防止深基坑坑底突涌的措施有（　　）。
A. 集水明排　　　　　　　B. 水平封底隔渗
C. 土方回填　　　　　　　D. 加快垫层施工
E. 钻孔减压
考点： 地下水控制
【解析】 基坑底为隔水层且层底作用有承压水时，应进行坑底突涌验算。必要时可采取水平封底隔渗或钻孔减压措施，保证坑底土层稳定，避免突涌的发生。

18.【生学硬练】 某基坑降水可能引起邻近建（构）筑物、管线的不均匀沉降或开裂，此基坑宜选用的降水方案是（　　）。
A. 井点回灌　　　B. 板桩隔离　　　C. 土体注浆　　　D. 开挖沟槽
考点： 地下水控制——降水
【解析】 回灌是防止降水危及基坑及周边环境安全而采取的平衡措施。

二、参考答案

题号	1	2	3	4	5	6	7	8	9	10
答案	ABCD	ABD	D	D	A	ABCE	B	ABCD	A	D

题号	11	12	13	14	15	16	17	18
答案	C	D	A	C	B	D	BE	A

三、主观案例及解析

（一）

某公司兴建一幢国贸大楼，建筑面积48000m²，框架-剪力墙结构，地下2层，地上28层，设计基础底标高为-9.0m。土方开挖区域内为粉土，施工单位采用单一土钉墙支护、成孔注浆型土钉等方式。土钉墙具体构造如图3-2所示。

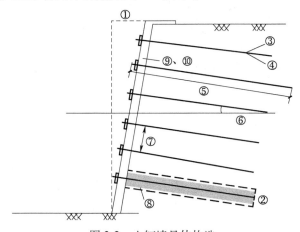

图3-2 土钉墙具体构造

注：①墙面坡度；②成孔孔径；③土钉钢筋；④土钉直径；⑤土钉长度；
⑥土钉倾角；⑦土钉间距；⑧注浆强度；⑨面层厚度；⑩面层强度。

施工单位项目技术负责人组织编制了《土钉墙施工专项方案》，部分内容如下：

1）基坑开挖后，48h内完成土钉安放和喷射混凝土面层。

2）上层土钉注浆工作完成后立即开挖下层土方；全部土钉施工完成后，应对其抗拔力进行检验。

3）成孔土钉采用"二次注浆"法施工。第一次注浆量为钻孔体积的60%，终凝后进行二次注浆；二次注浆量为第一次注浆量的40%。注浆压力控制在0.6MPa以内。

4）面层应设置钢筋网和加强钢筋。钢筋网采用HRB400级φ10mm钢筋，上、下段搭接长度为30cm；面层加强钢筋应通长设置，且应与土钉钢筋绑扎牢固。

5）面层混凝土应自上而下分段、分片喷射。

监理工程师审查《土钉墙专项施工方案》时，指出包括土钉施工、面层喷射、成孔注浆等在内的多处错误，要求施工单位改正后重新上报。

每层施工完成后，施工单位委托具有相应资质的单位对土钉的抗拔力进行了检测试验，并在得到检测合格报告后，开始进行下层土方的开挖施工。

问题：

1. 写出图3-2编号"①~⑩"所对应的构造要求。

2. 请改正《土钉墙专项施工方案》中的错误之处。
3. 土钉墙支护包括哪几类？土钉墙施工过程中应检验哪些内容？

（一）

1. （本小题10.0分）
1）"①"墙面坡度不宜大于1:0.2。 （1.0分）
2）"②"钻孔孔径宜为70~120mm。 （1.0分）
3）"③"土钉宜选用HRB400、HRB500级钢筋。 （1.0分）
4）"④"土钉钢筋直径宜为16~32mm。 （1.0分）
5）"⑤"土钉长度宜为4.5~10.8m。 （1.0分）
6）"⑥"土钉与水平面夹角宜为5°~20°。 （1.0分）
7）"⑦"土钉竖向间距宜为1~2m。 （1.0分）
8）"⑧"孔内注浆强度不宜低于20MPa。 （1.0分）
9）"⑨"面层喷射混凝土厚度宜为80~100mm，且一般不超过120mm。 （1.0分）
10）"⑩"面层喷射混凝土强度不低于C20。 （1.0分）

2. （本小题6.0分）
错误之处：
① 基坑开挖后，48h内完成土钉安放和喷射混凝土面层。 （0.5分）
改正：土钉安放和面层喷射工作应在24h内完成。 （0.5分）
② 上层土钉注浆工作完成后立即开挖下层土方。 （0.5分）
改正：上层土钉注浆完成48h，才可开挖下层土方。 （0.5分）
③ 全部土钉施工完成后，应对其抗拔力进行检验。 （0.5分）
改正：每层土钉施工完成后，均应抽查土钉的抗拔力。 （0.5分）
④ 第一次注浆量为钻孔体积60%，终凝后进行二次注浆。 （0.5分）
改正：第一次注浆量为钻孔体积的1.2倍，初凝后及时进行二次注浆。 （0.5分）
⑤ 面层钢筋应与土钉钢筋绑扎牢固。 （0.5分）
改正：面层加强钢筋应与土钉螺栓连接或钢筋焊接牢固。 （0.5分）
⑥ 面层混凝土应自上而下分段、分片喷射。 （0.5分）
改正：面层混凝土应自下而上喷射。 （0.5分）

3. （本小题6.0分）
1）土钉墙类别：
①单一土钉墙；②预应力锚杆复合土钉墙；③水泥土桩复合土钉墙；④微型桩复合土钉墙。 （2.0分）
2）验收项目：
①放坡系数；②土钉位置；③土钉杆体长度；④钻孔直径；⑤钻孔的深度及角度；⑥注浆配比；⑦注浆压力及注浆量；⑧喷射混凝土面层厚度及强度。 （4.0分）

（二）

某商品住宅项目，地下2层，地上12~18层，装配式剪力墙结构。公司技术部门在审核基坑专项施工方案时，提出以下内容存在不妥之处，要求修改：
1）灌注桩桩身设计强度等级C20，采用水下灌注时提高一个等级。

2) 高压旋喷桩截水帷幕与灌注桩排桩净距小于200mm，先施工截水帷幕，后施工灌注桩。
3) 灌注桩顶部泛浆高度不大于300mm，节约混凝土用量。
4) 基坑内支撑的拆除顺序根据现场施工情况调整。
5) 项目部委托具备相应资质的第三方进行基坑监测。

问题：
写出项目部基坑专项施工方案中不妥之处的正确做法。

（二）

（本小题5.0分）
正确做法：
1) 排桩混凝土灌注桩桩身混凝土强度不应低于C25。　　　　　　　　　　（1.0分）
2) 应先施工灌注桩，后施工截水帷幕。　　　　　　　　　　　　　　　　（1.0分）
3) 灌注桩顶部泛浆高度不应低于500mm。　　　　　　　　　　　　　　　（1.0分）
4) 基坑内支撑的拆除顺序应与支撑结构的设计工况一致。　　　　　　　　（1.0分）
5) 应由建设方委托具备相应资质的第三方进行基坑监测。　　　　　　　　（1.0分）

（三）

某建筑工程建筑面积65000m²，现浇混凝土结构，筏板式基础，地下3层，地上26层，基坑开挖深度15.5m，地下水位位于基坑底以上7.5m，基坑南侧距基坑边26m处有一栋36层住宅楼。该工程位于繁华市区，施工场地狭小。

基坑开挖前，施工单位提出了基坑支护及降水采用"拉锚内撑式排桩支护+三排水泥土搅拌桩截水+喷射井点降水"方案。其中，搅拌桩500根，支护桩350根，支护结构采用"桩墙合一"的方式施工，排桩及冠梁的混凝土设计强度均为C30。建设单位委托具有相应资质的第三方进行基坑的变形观测。

施工单位制订了多个支护桩施工方案，经比选，最终确定最优施工方案。其部分内容如下所示：

（一）截水帷幕
1) 水泥土搅拌桩采用高压旋喷三轴水泥土搅拌工艺成桩，桩径为800mm。
2) 相邻桩有效咬合搭接宽度为200mm。

（二）内撑式排桩
1) 截水帷幕完工后，在其外侧0.5m的位置，采用间隔成桩的顺序施工排桩（排桩的桩径为600mm），已浇筑混凝土的桩与邻桩的间距为2m。
2) 顶部冠梁宽度600mm，高度300mm。
3) 施工过程中，混凝土强度应满足设计要求，且灌注桩顶的泛浆高度不低于800mm。

灌注桩完工后，施工单位采用低应变法对灌注桩的桩身完整性进行了抽检，抽检数量为70根。监理工程师认为抽检数量不足。施工单位按要求再次进行检测时，发现有部分桩存在影响结构承载力的严重缺陷。

土方开挖时，由于边坡顶部堆放了大量的临近建筑施工中使用的模板、脚手架、施工机具……监测过程中发现，基坑支护结构发生墙背土体沉陷，同时基坑底部不同程度地发生渗水、漏水现象。监测单位立即上报相关单位，施工单位随即对该现象展开应急处理，并采取措施保护好基坑周围地下管线。

问题：

1. 除内撑式排桩外，灌注式排桩还有哪些支护形式？水泥土搅拌桩还可采用哪些施工工艺？除水泥土搅拌桩外，截水帷幕还可以采用哪些方法？
2. 基坑支护及截水方案中，存在哪些不妥之处？写出正确做法。
3. 对于拉锚内撑式支护桩发生墙背土体沉陷，可采取哪些应急措施？基坑开挖过程中，出现了渗水或漏水现象应采取哪些措施？对于基坑周围管线保护的应急措施具体有哪些？

（三）

1. （本小题5.5分）

1）支护形式：
①锚拉式排桩；②内撑锚拉式排桩；③悬臂式排桩；④双排桩。　　　　（2.0分）

2）还可采用：
单轴水泥土搅拌桩、双轴水泥土搅拌桩、多轴水泥土搅拌桩。　　　　　（1.5分）

3）还可采用：
①高压喷射注浆；②地下连续墙；③小齿口钢板桩；④咬合式排桩。　　（2.0分）

2. （本小题9.0分）

不妥之处：

① 相邻桩有效咬合搭接宽度为200mm；　　　　　　　　　　　　　　　（0.5分）
正确做法：基坑深度>15m，相邻水泥桩的有效搭接宽度不应小于250mm。　（1.0分）
② 截水帷幕完工后，施工灌注式排桩；　　　　　　　　　　　　　　　（0.5分）
正确做法：高压旋喷桩时，应先施工灌注桩，再施工高压旋喷截水帷幕。　（1.0分）
③ 截水帷幕与外侧排桩距离0.5m；　　　　　　　　　　　　　　　　　（0.5分）
正确做法：灌注式围护桩应在截水帷幕内侧不超过200mm的位置施工。　　（1.0分）
④ 已浇筑混凝土的桩与邻桩的间距为2m；　　　　　　　　　　　　　　（0.5分）
正确做法：已浇筑混凝土的桩与邻桩的桩距不应小于4倍桩径，即不小于2.4m。
　　　　　　　　　　　　　　　　　　　　　　　　　　　　　　　　　（1.0分）
⑤ 冠梁高度300mm；　　　　　　　　　　　　　　　　　　　　　　　（0.5分）
正确做法：冠梁高度不小于梁宽的0.6倍，即不小于360mm。　　　　　　（1.0分）
⑥ 混凝土强度应满足设计要求；　　　　　　　　　　　　　　　　　　（0.5分）
正确做法：排桩混凝土强度应比设计强度提高一级。　　　　　　　　　（1.0分）

3. （本小题6.5分）

1）墙背土体沉陷措施：【坑底坑外三垫层】
①增设坑外回灌井；②进行坑底加固；③垫层随挖随浇；④加厚垫层或采用配筋垫层；
⑤设置坑底支撑。　　　　　　　　　　　　　　　　　　　　　　　　（2.5分）
2）基坑渗水措施：
高压喷射注浆、压密注浆、密实混凝土封堵、引流修补、坑底设沟排水。（2.5分）
3）管线保护措施：
①打设封闭桩；②增设回灌井；③管线架空。　　　　　　　　　　　　（1.5分）

(四)

某建筑工程建筑面积65000m²，现浇混凝土结构，筏板式基础，地下3层，地上26层，基坑开挖深度20.5m，地下水位在地表以下5.5m。深基坑"采用内撑-锚拉式钻孔灌注桩支护+悬挂式三轴水泥土搅拌桩截水帷幕+管井降水"方案。"桩墙合一"构造节点如图3-3所示。

本工程降水结构如图3-4所示。

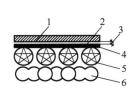

图3-3 "桩墙合一"构造节点

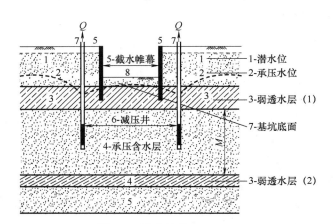

图3-4 降水结构

截水帷幕施工过程中，施工单位对部分水泥土搅拌桩进行钻芯取样，钻芯数量为3根。监理工程师认为抽检数量不足，要求施工单位按要求抽检。

专职安全员在安全"三违"巡视检查时，发现人工拆除钢筋混凝土内支撑施工的安全措施不到位，有违章作业现象，要求立即停止拆除作业。

问题：

1. 指出"桩墙合一"构造节点图中的编号所对应的内容。
2. 如图3-4所示，本工程采用的是哪种降水方式？说明采用这种方式的理由。本工程还可采用哪些降水方案？混凝土内支撑可以采用哪几类拆除方法？

(四)

1. （本小题6.0分）

1） "1"：地下室外墙。 (1.0分)

2） "2"：防水保温层。 (1.0分)

3） "3"：预留施工偏差与围护变形空间。 (1.0分)

4） "4"：挂网喷浆。 (1.0分)

5） "5"：围护桩。 (1.0分)

6） "6"：截水帷幕。 (1.0分)

2. （本小题7.0分）

1） 本工程采用的是坑外降水。 (1.0分)

理由：当截水帷幕未插入承压含水层下方的第二个不透水层，或截水帷幕伸入承压含水层长度较小时，不能形成有效截水，此时应采用坑外降水。 (2.0分)

2） 还可采用：

方案一：悬挂式竖向截水+坑内井点降水。 (1.0分)
方案二：悬挂式竖向截水+水平封底。 (1.0分)
3）机械拆除、爆破拆除。 (2.0分)

第四节　土方开挖、回填

一、客观选择

1.【生学硬练】关于土方开挖的顺序、方法的说法，正确的是（　　）。
A. 开槽支撑，先撑后挖，分层开挖，严禁超挖
B. 支撑开槽，先撑后挖，分层开挖，严禁超挖
C. 开槽支撑，后挖先撑，分层开挖，严禁超挖
D. 支撑开槽，后挖先撑，分层开挖，严禁超挖
考点：土方开挖——原则
【解析】　土方开挖的顺序、方法可考选择题，也可考案例题，考生需要烂熟于心。并且要对比土钉墙的开挖顺序：超前支护，分层分段，逐层施作，限时封闭，严禁超挖。

2.【生学硬练】基坑开挖宽度较大且局部地段无法放坡时，采取加固措施的部位是（　　）。
A. 下部坡脚　　　B. 上部坡顶　　　C. 中部坡面　　　D. 坑顶四周
考点：土方开挖——施工要求
【解析】　下部坡脚承受的力是最大的。当局部地段无法放坡时，应在下部坡脚采取短桩与横隔板支撑或砌砖、毛石或用编织袋、草袋装土堆砌成临时的矮墙，用于保护坡脚。

3.【生学硬练】关于相邻基坑开挖施工程序的说法，错误的是（　　）。
A. 基底标高不同时，宜按先深后浅的顺序进行施工
B. 基坑开挖应分层分段进行
C. 采用土钉墙施工的基坑，可以一次开挖至基底标高
D. 基坑开挖时，应边挖边检查坑底宽度及坡度，不够时及时修整
考点：土方开挖——施工要求
【解析】　选项A的做法是为了减少相邻基坑的相互影响。这些影响主要体现在以下几个方面：
1）"先浅后深"存在安全隐患。若先挖浅基坑，后挖深基坑，深基坑的开挖深度一旦超过浅基坑，就很可能造成浅基坑底部土方的松动，甚至坍塌。
2）深基坑需要更大的工作面。深基坑属于危大工程，需要编制专项方案并组织专家论证，还需要进行降水、排水、支护、监测等一系列工作。

4.【生学硬练】关于基坑开挖预留土层的说法，正确的是（　　）。
A. 人工挖土不能立即进行下道工序时，预留土层厚度为10~15cm
B. 机械开挖在基底标高以上时，应预留一层结合人工挖掘修整
C. 使用铲运机、推土机时，预留土层厚度为15~20cm
D. 使用正铲、反铲或拉铲挖土时，预留土层厚度为30~40cm

考点：土方开挖——施工要求

【解析】 基坑开挖应尽量防止对地基土的扰动：

选项 A 错误，人工挖土，应预留 150~300mm 不挖，待下道工序开始再挖至设计标高。

选项 C、D 错误，采用机械开挖，应在基底标高以上预留 200~300mm 厚土层人工挖除。

5.【生学硬练】深基坑工程无支护结构的挖土方案是（　　）。

A. 放坡　　　　　B. 逆作法　　　　　C. 盆式　　　　　D. 中心岛式

考点：土方开挖——施工方法

【解析】 四种深基坑开挖方式中，只有放坡式开挖，是不需要支护结构的。

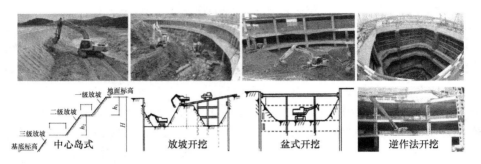

6.【生学硬练】下列对冬期施工土方回填的要求，正确的是（　　）。

A. 预留沉降量应比常温时减少

B. 大面积回填土严禁含有冻土块

C. 铺土厚度应比常温施工时减少 10%~15%

D. 铺填时有冻土块应分散开

考点：地基基础——土方回填

【解析】 选项 A 错误，冬期填方预留沉降量比常温时适当增加。

选项 B 错误，对于大面积回填土和有路面的路基及其人行道范围内的平整场地填方，可采用含有冻土块的土回填，但冻土块的粒径不得大于 150mm，其含量不得超过 30%。铺填时冻土块应分散开，并应逐层夯实。室外的基槽（坑）或管沟可采用含有冻土块的土回填，冻土块粒径不得大于 150mm，含量不得超过 15%，且应均匀分布。

选项 C 错误，回填土应按设计要求预留沉降量，一般不超过填方高度的 3%。冬期填方每层铺土厚度应比常温施工时减少 20%~25%。

7. 冬季填方时，每层铺土厚度应比常温时（　　）。

A. 增加 20%~25%　　　　　　　　　B. 减少 20%~25%

C. 减少 35%~40%　　　　　　　　　D. 增加 35%~40%

考点：地基基础——土方回填

二、参考答案

题号	1	2	3	4	5	6	7				
答案	A	A	C	B	A	D	B				

三、主观案例及解析

（一）

某施工单位承接了某村整体搬迁安置项目，包括 10 栋搬迁安置房，砖混多层安置房。基坑内为粉质黏土，基坑开挖深度为 3.0m，地下水位位于基底以上 2.0m。施工单位采用无支护放坡开挖，灰土换填地基。

施工期间正值雨期，施工单位为加快施工进度，决定依据基础形式、工程规模、现场和机具设备条件以及土方机械的特点，投入 4 台推土机，大面积多点垂直向下一次开挖至设计标高。开挖机械开挖间距约 6m，开挖土方堆置在基坑北侧坑边大约 1m 处，高度约 3m。挖土施工时，推土机由坡脚向上逆坡开挖。

基坑开挖接近坑底标高时，投入三个劳务班组人工清底，作业人员作业间距约 1m。施工单位租赁了 30 辆特重渣土运输汽车外运土方，在城市道路路面遗撒了大量渣土。用于换填的 2∶8 灰土提前 2 天拌好备用。

问题：

1. 选择土方开挖方案时应考虑哪些因素？指出上述背景中的不妥之处，并写出正确做法。
2. 进行土方回填时，选用的回填土料应满足哪些要求？

（一）

1.（本小题 10.0 分）

1）考虑的因素：

①土方量；②土方运距；③土方施工顺序；④地质条件。 （2.0 分）

2）不妥之处：

① 大面积多个点同时作业。 （0.5 分）

正确做法：雨季施工，应分段开挖，挖好一段浇筑一段垫层。 （0.5 分）

② 垂直向下一次开挖至设计标高。 （0.5 分）

正确做法：应根据土质分层分段放坡开挖，接近坑底标高时应预留 20~30cm 厚的土层人工清底。 （0.5 分）

③ 机械开挖间距约 6m。 （0.5 分）

正确做法：机械开挖施工间距应大于 10m。 （0.5 分）

④ 作业人员作业间距约 1m。 （0.5 分）

正确做法：作业人员间距应大于 2.5m。 （0.5 分）

⑤ 开挖土方堆置在坑边大约 1m 处，高度约 3m。 （0.5 分）

正确做法：土方应堆置应与坑边保持一定的距离，当土质良好时，要距坑边 lm 以外，堆放高度不能超过 1.5m。 （0.5 分）

⑥ 挖土施工时，由坡脚向上逆坡开挖。 （0.5 分）

正确做法：挖土施工时，严禁先挖坡脚或逆坡开挖。 （0.5 分）

⑦ 渣土外运时，在城市道路路面遗撒了大量渣土。 （0.5 分）

正确做法：应采取可靠措施，防止渣土遗撒，并设置专人沿途检查。 （0.5 分）

⑧ 2∶8 灰土提前 2 天拌好备用。 （0.5 分）

正确做法：2∶8灰土拌制完成后，应在当日铺填并夯压完毕。　　　　　　(0.5分)
2. (本小题4.0分)
应满足：
1) 填方土料应保证填方的强度和稳定性。　　　　　　　　　　　　　　(1.0分)
2) 填方土应尽量采用同类土。　　　　　　　　　　　　　　　　　　　(1.0分)
3) 一般不能选用淤泥、淤泥质土。　　　　　　　　　　　　　　　　　(1.0分)
4) 不得选用有机质>5%的土以及含水量不符合压实要求的黏性土。　　　(1.0分)

第五节　地　基　处　理

一、客观选择

1. 【生学硬练】地基处理过后，应满足建筑物（　　　）等方面的要求。
   A. 地基承载力　　　　　　　　　B. 变形
   C. 地基稳定性　　　　　　　　　D. 沉降
   E. 回填

考点：地基处理——目的

【解析】　所谓地基"处理"，其主要目的是提高地基强度，解决变形和稳定性的问题。
1) 地基承载力：承受上部荷载的能力，即基土强度。
2) 地基稳定性：指地基在荷载作用下不发生过大变形或滑动的能力，尤其是对于筑于自然边坡或人工边坡上的建筑物。
3) 地基变形：保证建筑物正常使用而确定的变形控制值，即对于地基变形量的控制。

2. 【生学硬练】换填地基按其回填的材料不同可分为（　　　）。
   A. 素土地基　　　　　　　　　　B. 灰土地基
   C. 砂及砂石地基　　　　　　　　D. 粉煤灰地基
   E. 强夯地基

考点：地基处理——单一地基（换填）

【解析】　教材上关于强夯处理的地基有两种类别：
1) 强夯地基：强夯法是反复将夯锤（质量一般为10~60t）提到一定高度（落距一般为10~40m）使其自由落下，给地基以冲击和振动能量，从而提高地基的承载力并降低其压缩性，改善地基性能。
2) 强夯置换法：将重锤提到高处使其自由落下，在地面形成夯坑，反复交替夯击填入夯坑内的砂石、钢渣等粒料，使其形成密实墩体的地基处理方法。

3. 【生学硬练】关于换填地基的适用范围，下列说法错误的是（　　　）。
   A. 换填地基适用于浅层软弱土层
   B. 换填地基也适用于不均匀土层的地基处理
   C. 换填厚度由设计确定，一般宜为0.5~3m
   D. 换填厚度由设计确定，一般宜为3m以上

考点：地基处理——单一地基（换填）

【解析】 换填垫层适用于处理各类浅层不均匀软弱地基，换填深度通常为0.5~3m。深度较大的软弱土层，使用复合地基比使用换填地基更经济。

4. 【生学硬练】有关换填地基的施工要求，下列说法正确的有（   ）。

A. 不得在柱基、墙角及承重墙下接缝

B. 上下两层的缝距不得小于500mm，接缝处应夯压密实

C. 灰土应拌合均匀并应当日铺填夯压，灰土夯压密实后3天内不得受水浸泡

D. 粉煤灰垫层铺填后宜当天压实，每层验收后应及时铺填上层或封层

E. 灰土、粉煤灰换填材料的压实系数应不小于0.97，其他材料压实系数应不小于0.95

考点：地基处理——单一地基（换填）

【解析】 换填地基的施工要求，单选题、多选题、案例题均可考，要求考生务必掌握。

选项A、B正确，简单讲，"受力较大处"不得接缝，凡是接缝（接头）必然错开。这一简单的逻辑贯穿了工程设计、地基基础、主体结构、防水工程乃至整本教材。

选择C正确。

选项D正确，这是为了防止干粉扬尘和受水浸泡。

选项E说反了，灰土、粉煤灰换填压实系数不小于0.95，其他材料不小于0.97。

5. 【生学硬练】有关素土、灰土地基的换填施工要求，下列说法正确的有（   ）。

A. 可采用粉质黏土或砂质黏土

B. 不宜用块状黏土和砂质粉土，不得含有松软杂质

C. 采用新鲜消石灰，粒径不大于5mm，选用2∶8或3∶7灰土

D. 粉质黏土或砂质黏土的粒径不大于15mm

E. 灰土分层夯实厚度为300~500mm

考点：地基处理——单一地基（换填）

【解析】 选项B正确，含有松软杂质的土夯实情况往往不达标。

选项E错误，夯实厚度应根据采用的夯（压）实机械而定。

填土施工时的分层厚度及压实遍数					
压实机具	分层厚度/mm	每层压实遍数/次	压实机具	分层厚度/mm	每层压实遍数/次
平碾	250~300	6~8	柴油打夯机	200~250	3~4
振动压实机	250~350	3~4	人工打夯	<200	3~4

6. 【生学硬练】灰土地基、砂和砂石地基施工后应检查（   ）。

A. 分层铺设的厚度

B. 分段施工时上下两层的搭接长度

C. 夯实时加水量、夯压遍数、压实系数

D. 砂和砂石地基的承载力

E. 灰土地基承载力

考点：地基处理——单一地基（换填）

【解析】

阶段	换填地基施工-检查项目		
	类型		
	灰土、素土地基	砂、砂石地基	粉煤灰地基
施工前	① 配合比 ② 灰土拌合均匀性	① 配合比 ② 砂石拌合均匀性	粉煤灰材料质量
施工中	① 分层铺设的厚度 ② 夯实时的加水量 ③ 夯压遍数 ④ 压实系数	① 分层厚度 ② 搭接区压实程度 ③ 加水量 ④ 压实遍数 ⑤ 压实系数	① 分层厚度 ② 搭接区碾压程度 ③ 施工含水量 ④ 碾压遍数 ⑤ 压实系数
完成后	地基承载力		

7. 关于水泥土搅拌桩复合地基质量管理的说法，正确的是（　　）。
   A. 施工前检查搅拌机的机头提升速度　　B. 施工中应对各种计量设备检定、校准
   C. 施工中应检查水泥及外掺剂的质量　　D. 施工结束后应检查桩体直径

   考点：地基处理——复合地基（水泥土搅拌桩）

   【解析】　根据《建筑地基基础工程施工质量验收标准》的4.11.1节，施工前应检查：水泥及外掺剂的质量、桩位、搅拌机工作性能，并应对各种计量设备进行检定或校准。【桩料桩位桩机备】

   根据《建筑地基基础工程施工质量验收标准》的4.11.2节，施工中应检查：机头提升速度、水泥浆或水泥注入量、搅拌桩的长度及标高。【长度标高速度量】

   根据《建筑地基基础工程施工质量验收标准》的4.11.3节，施工结束后，应检验：桩体强度和直径；单桩与复合地基的承载力。【强度之境承载力】

   本题也可考问答题。

8. 【生学硬练】水泥粉煤灰碎石桩（CFG桩）的成桩工艺有（　　）。
   A. 长螺旋钻孔灌注成桩　　B. 振动沉管灌注成桩
   C. 洛阳铲人工成桩　　D. 长螺旋钻中心压灌成桩
   E. 三管法旋喷成桩

   考点：地基处理——复合地基（CFG桩）

   【解析】　水泥粉煤灰碎石桩，也叫CFG桩，是用于地基处理的一种素混凝土桩。按成桩工艺划分为"护管双钻四成桩"——长螺旋钻孔灌注成桩、长螺旋钻中心压灌成桩、振动沉管灌注成桩和泥浆护壁成孔灌注成桩。

9. 【生学硬练】基坑（槽）验槽时，如有异常部位，必须会同处理的单位有（　　）。
   A. 勘察　　B. 设计
   C. 监理　　D. 施工
   E. 质量监督

   考点：基坑验槽——验槽程序

【解析】 建筑物基坑均应进行施工验槽。基坑挖至基底设计标高并清理后,施工单位必须会同勘察、设计、建设、监理等单位共同进行验槽,合格后方能进行基础工程施工。

二、参考答案

题号	1	2	3	4	5	6	7	8	9
答案	ABC	ABCD	D	ABCD	ABCD	DE	D	ABD	ABCD

三、主观案例及解析

(一)

某施工单位承接了某村整体搬迁安置项目,包括10栋搬迁安置房,砖混多层安置房。地上6层,地下1层,建筑面积30000m²。施工过程中发生了如下事件:

2号楼砂石换填地基施工中,施工单位选用细砂、部分植物残体、垃圾杂质以及10%的碎石(平均粒径为60mm)组成的砂石填料回填;砂石料分层铺设厚度为500mm,采用柴油打夯机2遍成活。每天将回填2~3层的土用环刀法取样统一送检测单位检测压实系数。监理工程师对此提出整改要求。

问题:

1. 灰土地基施工中、施工后分别应检查哪些内容?
2. 指出事件中的错误之处,并写出正确做法。砂石地基还可以采用哪些原材料?

(一)

1.(本小题2.0分)

1)施工中检查:

①分层铺设厚度;②夯实加水量;③夯压遍数;④压实系数。 (1.0分)

2)施工后检查:地基承载力。 (1.0分)

2.(本小题6.5分)

1)错误之处:

① 选用细砂、部分植物残体、垃圾杂质和10%碎石组成的砂石填料; (0.5分)

正确做法:采用细砂作为填料时,应掺加不少于总重30%的碎石作为回填料,不得掺加植物残体、垃圾杂质。 (1.0分)

② 碎石平均粒径为60mm; (0.5分)

正确做法:砂石最大粒径不宜大于50mm。 (0.5分)

③ 砂石料分层铺设厚度为500mm,采用柴油打夯机夯实2遍成活; (0.5分)

正确做法:砂石地基换填,采用柴油打夯机时,分层厚度不得超过250mm(一般为200~250mm),且应夯压3~4遍。 (0.5分)

④ 每天将回填2~3层的土样统一送检测单位检测压实系数; (0.5分)

正确做法:采用分层回填时,下层压实系数试验合格,才能进行上层施工。 (0.5分)

2)还可以采用:中砂、粗砂、砾石、卵石、石屑。 (2.0分)

第六节 基坑验槽

一、客观选择

1.【生学硬练】按照设计和规范要求进行验槽时，下列说法错误的是（   ）。
   A. 验槽时，应具备岩土工程勘察报告、轻型动力触探记录、地基基础设计文件、地基处理或深基础施工质量检测报告
   B. 验槽应在基坑或基槽开挖至设计标高后进行
   C. 槽底应为无扰动的原状土，留置有保护土层时，其厚度不应超过100mm
   D. 主要采用的验槽方法是钎探法

考点：基坑验槽——验槽程序

【解析】 工程建设的基本程序是"先勘察、后设计、再施工"。这里的勘察，是详勘阶段提出的《岩土工程勘察报告》，报告中提出设计所需的工程地质条件的各项技术参数。勘察报告的内容包括：勘察的目的和任务，勘察的手段、方法，场地的地形地貌、地层岩性，水文条件，地下障碍物等。

钎探和轻型动力触探：

1) 钎探，将一定规格的钢钎打入土层，根据一定进尺所需的击数，探测土层情况或粗略估计土层承载力的一种简易的勘探方法。

2) 动力触探。

定义：用一定质量的击锤，以一定的自由落距将一定规格的圆锥探头打入土层，根据打入土中一定深度所需的锤击数，判定土性质的一种方法。

类别：动力触探试验根据击锤质量、落距和探头规格的不同分为轻型动力触探（N10）、重型动力触探（N63.5）和超重型动力触探（N120）。

2.【生学硬练】基坑验槽条件中，必须具备哪些资料方可进行验槽（   ）。
   A. 岩土工程勘察报告   B. 轻型动力触探记录
   C. 施工方案   D. 地基基础设计文件
   E. 地基处理或深基础施工质量检测报告

考点：基坑验槽——验槽程序

【解析】 根据《建筑地基基础工程施工质量验收标准》（GB 50202—2018）的A.1.2节，验槽时，现场应具备：①岩土工程勘察报告；②轻型动力触探记录（可不进行轻型动力触探的情况除外）；③地基基础设计文件；④地基处理或深基础施工质量检测报告等。

3.【生学硬练】采用轻型动力触探进行验槽时，下列说法正确的有（   ）。
   A. 应检查持力层的强度及均匀性
   B. 应检查浅埋的软弱下卧层
   C. 应检查浅埋的突出硬层
   D. 应检查可能影响基础稳定性和地基承载力的古井、墓穴、空洞
   E. 基础持力层为均匀、密实砂层可不对其进行轻型动力触探

考点：基坑验槽——验槽方法

【解析】
1) 轻型动力触探进行基槽检验时，应检查：
① 持力层的强度、均匀性；
② 浅埋软弱下卧层或浅埋突出硬层；
③ 浅埋且影响地基承载力和稳定的古井、墓穴和空洞等。【强度均匀两浅埋】
2) 可不进行轻型动力触探的情形：
① 触探可能造成冒水涌砂时；
② 基底以下砾石、卵石层厚度>1m时；
③ 基底以下的砂层均匀密实，且厚度>1.5m时。【冒水涌砂没必要】

4.【生学硬练】某工程地基验槽采用观察法，验槽时应重点观察的是（　　）。
A. 柱基、墙角、承重墙下
B. 基槽开挖深度
C. 槽壁、槽底的土质情况
D. 槽底土质结构是否被人为破坏
考点：基坑验槽——验槽方法
【解析】简言之，验槽的重点在于观察"受力较大的部位"。

5.【生学硬练】在基坑验槽时，对于基底以下不可见部位的土层，要先辅以配合观察的方法是（　　）。
A. 局部开挖
B. 钎探
C. 钻孔
D. 超声波检测
考点：基坑验槽——验槽方法
【解析】这句话在《建筑地基基础工程施工质量验收标准》中已经删掉，取而代之的是轻型动力触探。

6.【生学硬练】关于观察法验槽的说法，正确的有（　　）。
A. 以观察法为主，基底以下隐蔽部位，辅以钎探法配合完成
B. 观察槽壁、槽底的土质情况，验证基槽开挖深度
C. 观察基槽边坡是否稳定，是否有影响边坡稳定的因素存在
D. 观察基槽内有无旧的房基、洞穴、古井、掩埋的管道和人防设施
E. 在进行直接观察时，可用袖珍式贯入仪作为主要手段
考点：基坑验槽——验槽方法
【解析】选项E应当是辅助手段。袖珍式贯入仪是用于对大面积填方工程碾压后的密实度和均匀性进行检测的工具。

7.【生学硬练】增强体复合地基现场验槽应检查（　　）。
A. 地基均匀性检测报告
B. 水土保温检测资料
C. 桩间土情况
D. 地基湿陷性处理效果
考点：基坑验槽——验收内容
【解析】"专业极偏桩增强，地基处理砂石桩"。机理如下：增强体复合地基，应现场检查"桩头桩位桩间土、复合地基检测报"。

8. 地基验槽重点观察的内容有（　　）。
A. 基坑周边是否设置排水沟
B. 地质情况是否与勘察报告相符
C. 是否有旧建筑基础
D. 基槽开挖方法是否先进合理

E. 是否有浅埋坑穴、古井等

考点：地基基础——验收内容

【解析】

1）观察槽壁、槽底的土质情况，验证基槽开挖深度，初步验证基槽底部土质是否与勘察报告相符，观察槽底土质结构是否被人为破坏。

2）基槽边坡是否稳定，是否有影响边坡稳定的因素存在，如地下渗水、坑边堆载或近距离扰动等。对难于鉴别的土质，应采用洛阳铲挖至一定深度仔细鉴别。

3）基槽内有无旧的房基、洞穴、古井、掩埋的管道和人防设施等。如存在，查明其在基槽内的范围、延伸方向、长度、深度及宽度。

4）进行直接观察时，可用袖珍式贯入仪或其他手段作为验槽辅助。

二、参考答案

题号	1	2	3	4	5	6	7	8
答案	D	ADE	ABCD	A	B	ABCD	C	BCE

三、主观案例及解析

（一）

某办公楼工程，基坑开挖到设计标高后，施工单位组织建设、监理单位的相关技术人员共同进行验槽，对基槽的尺寸、标高、位置等项目进行验收。施工单位按照设计要求在基底进行轻型动力触探，并设置了两排错开的探孔，孔距2.5m，孔深1.5m。触探过程中，在地基东南角发现350m^2软土区。经勘察、设计、施工、监理单位共同协商，最终确定采用3：7灰土换填方案。

问题：

1. 指出施工单位验槽程序的不妥之处，并写出正确做法。
2. 天然地基验槽的内容还包括哪些？
3. 验槽的主要方法是什么？辅助其验槽的方法包括哪些？除了钎探资料，验槽时，还应具备哪些资料？

（一）

1. （本小题5.0分）

不妥之处：

① 施工单位组织验槽； (1.0分)

正确做法：基坑挖至基底设计标高并清底后，施工单位必须会同勘察、设计、建设、监理等单位共同进行验槽，合格后方能进行。 (2.0分)

② 设置了两排错开的探孔，孔距2.5m，孔深1.5m； (1.0分)

正确做法：宽度大于2m的基坑，应按梅花型设置探孔，探孔孔距不应超过1.5m，孔深为2.1m。 (1.0分)

2. （本小题3.0分）

【平面尺寸标高位，边底岩土地下水，井墓暗沟查性状，冰水干裂两扰动】
1) 核对坑底、坑边岩土体及地下水情况。 (1.0分)
2) 检查坑底土质扰动情况、范围、程度。 (1.0分)
3) 检查坑底土质受冰冻、干裂、冲刷、浸泡等扰动情况，以及影响范围和深度。
 (1.0分)

3. （本小题6.0分）
1) 观察法。 (0.5分)
2) 袖珍式贯入仪、钎探法、洛阳铲。 (1.5分)
【解析】 验槽方法通常采用观察法，对于基底以下的不可见部位，辅以钎探法配合共同完成。在进行直接观察时，可用袖珍式贯入仪或其他手段作为验槽辅助。难以鉴别的土质，用洛阳铲等手段挖至一定深度仔细鉴别。
3) 包括：【勘设探报】
地基基础设计文件；岩土工程勘察报告；轻型动力触探记录；地基处理或深基础施工质量检测报告。 (4.0分)

第七节 桩基工程

一、客观选择

1. 【生学硬练】根据打（沉）桩方法的不同，钢筋混凝土预制桩施工分为（　　）。
  A. 锤击沉桩法 B. 静力压桩法
  C. 钻孔成桩法 D. 冲击成孔法
  E. 灌浆法
考点：预制桩——类别
【解析】 两种方法均采用预制桩。
1) 锤击沉桩法贯穿能力强，但施工噪声较大，容易扰民，市区内一般不用。
2) 静力压桩法噪声很小，对周边环境干扰小，可24h连续施工；但施工效率略差。

2. 【生学硬练】混凝土预制桩的吊运下列说法正确的是（　　）。
  A. 混凝土设计强度达到70%及以上方可起吊，达到100%时方可运输和施打
  B. 混凝土设计强度达到100%时方可运输和施打
  C. 混凝土设计强度达到80%及以上方可起吊，达到95%时方可运输和施打
  D. 混凝土设计强度达到70%及以上方可起吊和运输，达到100%时方可施打
考点：预制桩——施工
【解析】 此考点与混凝土板桩相结合——用于工程桩（桩基）时"七吊百运打"；板桩围护墙（支护）"七吊运百打"。

3. 【生学硬练】单节桩采用两支点起吊时，吊点距桩端宜为（　　）。
  A. 0.2L B. 0.3L C. 0.4L D. 0.5L
考点：预制桩——施工
【解析】 单节桩两支点起吊时，吊点距桩端宜为0.2L（桩段长），这个距离下的起吊

受力最为合理；吊运过程中严禁采用拖拉取桩方法。

4.【生学硬练】钢筋混凝土预制桩采用锤击沉桩法施工时，其施工工序包括：①打桩机就位；②确定桩位和沉桩顺序；③吊桩喂桩；④校正；⑤锤击沉桩。通常的施工顺序为（　　）。
A. ①②③④⑤　　　　　　　　B. ②①③④⑤
C. ①②③⑤④　　　　　　　　D. ②①③⑤④
考点：预制桩——锤击沉桩

5.【生学硬练】关于钢筋混凝土预制桩沉桩顺序的说法，正确的是（　　）。
A. 对于密集桩群，从四周开始向中间施打
B. 一侧相邻建筑物时，由毗邻建筑物处向另一方向施打
C. 对基础标高不一的桩，宜先浅后深
D. 对不同规格的桩，宜先小后大、先短后长
考点：预制桩——锤击沉桩
【解析】　预制桩的沉桩顺序为：先深后浅、先大后小、先长后短、先密后疏；密集桩群宜从中间向四周或两边对称施打；当一侧毗邻建筑物时，由毗邻建筑物处向另一方向施打。

注意，砂石地基是例外。由于砂石地基本身比较松散，由外向内施打起不到加固地基的作用，因此砂石地基采用预制桩时，应由外围向内施打。

6.【生学硬练】关于钢筋混凝土预制桩沉桩顺序的说法，正确的有（　　）。
A. 对于密集桩群，从中间向四周或两边对称施打
B. 当一侧毗邻建筑物时，由毗邻建筑物处向另一方向施打
C. 对基础标高不一的桩，宜先浅后深
D. 基坑不大时，打桩可逐排打设
E. 对不同规格的桩，宜先小后大
考点：预制桩——锤击沉桩

7.【生学硬练】采用锤击沉桩的预制桩的接桩方法有（　　）。
A. 焊接　　　　　　　　　　B. 螺纹连接
C. 机械啮合　　　　　　　　D. 铆接
E. 搭接
考点：预制桩——锤击沉桩
【解析】　预制桩接桩方法包括三大类："锤击沉桩焊螺啮"。

8.【生学硬练】预制桩锤击沉桩顺序正确的是（　　）。
A. 先浅后深　　　　　　　　B. 先小后大
C. 先短后长　　　　　　　　D. 先密后疏
考点：桩基工程——预制桩
【解析】　沉桩顺序应按先深后浅、先大后小、先长后短、先密后疏的次序进行。

9.【生学硬练】下列关于钢筋混凝土静力压桩法终止沉桩标准的说法，正确的有（　　）。
A. 静压桩以标高为主，压力为辅

B. 摩擦桩按桩顶标高作为终止沉桩的标准
C. 端承桩以终压力控制为主，标高控制为辅
D. 端承摩擦应以桩顶标高控制为辅，终压力控制为主
E. 端承摩擦应以桩顶标高控制为主，终压力控制为辅

考点：预制桩——静力压桩

【解析】 端承摩擦桩的终止沉桩标准，应以桩顶标高控制为主，终压力控制为辅。

10. 【生学硬练】下列关于钢筋混凝土静力压桩法终止沉桩标准的说法，正确的有（　　）。

A. 不应边挖桩边开挖基坑，密集群桩区静压桩的日停歇时间不宜小于 8h
B. 压桩机提供的最大压桩力应>考虑群桩挤密效应的最大压桩阻力，并应<机架重量及配重之和的 0.9 倍
C. 送桩深度不宜大于 10m；超过时，送桩器应专门设计
D. 同一承台桩数大于 3 根时，不宜连续压桩
E. 桩入土深度<8m 的桩，复压次数可为 3~5 次，稳压压桩力不应小于终力，稳压时间宜为 5~10s

考点：预制桩——静力压桩

【解析】 选项 C 错误，送桩深度不宜大于 10~12m；送桩深度>8m 时，送桩器应专门设计。

选项 D 错误，同一承台桩数大于 5 根时，不宜连续压桩。

选项 E 正确，桩入土深度<8m 的桩，复压次数可为 3~5 次；入土深度>8m 的桩，复压次数可为 2~3 次。

11. 【生学硬练】采用静力压桩的接头方法有（　　）。

A. 焊接法、螺纹式　　　　　　B. 锚栓式
C. 啮合式　　　　　　　　　　D. 卡扣式
E. 抱箍式

考点：预制桩——静力压桩

【解析】 静力压桩的桩接接头包括："螺焊抱合卡扣式"。除了焊接法，剩下的四种均属于快接接头。

12. 【生学硬练】泥浆护壁钻孔灌注桩施工时，浆液面应高出地下水位（　　）。

A. 1.0m　　　　B. 1.5m　　　　C. 0.5m　　　　D. 0.8m

考点：灌注桩——泥浆护壁钻孔灌注桩

【解析】 泥浆护壁钻孔灌注桩，施工时应维持钻孔内泥浆液面高于地下水位 0.5m，受水位涨落影响时，应高于最高水位 1.5m。这是因为灌注桩成桩后，最上层 500mm 范围内泥浆比重很高，这部分是要凿掉的，称为凿桩头。

13. 【生学硬练】沉管注桩施工可选用（　　）。

A. 单打法　　　　　　　　　　B. 复打法
C. 反插法　　　　　　　　　　D. 冲击法
D. 压桩法

考点：灌注桩——沉管灌注桩

【解析】

1）单打法（又称一次拔管法）：是一次将沉管至设计标高，吊放钢筋笼、灌注混凝土；拔管时，每提升 0.5~1.0m，振动 5~10s，再拔管 0.5~1.0m，如此反复至全部拔出。

2）复打法：一次沉管至计标高，吊放钢筋笼、灌注混凝土，逐渐拔管。而后二次沉管或局部二次下沉补灌混凝土，后提升、振动并反复至全部拔出。

3）反插法：一次沉管至设计标高，插钢筋笼、灌注混凝土；钢管每提升 0.5m，再下插 0.3m，如此反复，直至拔出。

14.【生学硬练】人工挖孔灌注桩施工中，应用较广的护壁方法是（　　）。
A. 现浇混凝土护壁　　　　　　　　B. 喷射混凝土护壁
C. 沉井护壁　　　　　　　　　　　D. 钢套管护壁

考点：灌注桩——人工挖孔桩

【解析】 人工挖孔桩的护壁方法包括"混混钢钢木砖井"，即①现浇混凝土护壁；②喷射混凝土护壁；③钢套管护壁；④型钢工具式护壁；⑤木板；⑥砖砌体护壁；⑦沉井护壁。应用较广的护壁方法是"现浇混凝土分段护壁"。

15.【生学硬练】为设计提供依据的试验桩检测，主要确定（　　）。
A. 单柱承载力　　　　　　　　　　B. 柱身混凝土强度
C. 桩身完整性　　　　　　　　　　D. 单桩极限承载力

考点：桩基检测

【解析】 设计极限承载力，验收完整承载力。

16.【生学硬练】仅通过检测桩身缺陷和位置判断桩身完整性的检测方法有（　　）。
A. 钻芯法　　　　　　　　　　　　B. 高应变法
C. 声波透射法　　　　　　　　　　D. 低应变法
E. 静载试验

考点：桩基检测

【解析】 桩基检测技术分为施工前和施工后。

施工前：为设计提供依据的试验桩检测，主要确定单桩极限承载力。

施工后：为验收提供依据的工程桩检测，主要进行单桩承载力和桩身完整性检测。

桩身完整性	低应变法：检测桩身缺陷及其位置，判定桩身完整性类别	
	高应变法：①判定单桩竖向抗压承载力是否满足设计要求；②检测桩身缺陷及其位置，判定桩身完整性类别；③分析桩侧和桩端土阻力，进行打桩过程监控	
	声波透射法：检测灌注桩桩身缺陷及其位置，判定桩身完整性类别	
	钻芯法：①灌注桩桩长；②桩身混凝土强度；③桩底沉渣厚度；④判定或鉴别桩端持力层岩土性状；⑤判定桩身完整性类别	
单桩承载力	抗压：单桩竖向"抗压"静载试验	
	抗拔：单桩竖向"抗拔"静载试验	
	水平：单桩横向"水平"静载试验	

二、参考答案

题号	1	2	3	4	5	6	7	8	9	10
答案	AB	A	A	B	B	ABD	ABC	D	ABCE	ABE
题号	11	12	13	14	15	16				
答案	ACDE	C	ABC	A	D	CD				

三、主观案例及解析

（一）

某新建工业厂区，地处大山脚下，总建筑面积 $16000m^2$，其中包含一幢 6 层办公楼，钢筋混凝土框架结构。基坑土质为砂土，采用摩擦型预应力管桩基础，锤击沉桩法施工，以桩端达到设计标高作为终止沉桩标准。

事件一：正式施工前，施工单位为进一步确定所选桩型的施工可行性，进行了试桩，试桩数量为 2 根。试桩结果满足勘察及设计要求后，开始批量制作预应力管桩。为确保如期完工，技术负责人在预制管桩强度达到 80% 后，便安排相关人员组织桩基施工。期间，由于距离施工地点比较近，操作人员用拖拽的方式将管桩拉到施工地点。

事件二：桩基施工过程中，某一根管桩在桩端接近设计标高时难以下沉。此时，贯入度已达到设计要求，施工单位认为该桩承载力已经能够满足设计要求，则终止沉桩。桩基施工完毕后，施工单位要求桩基检测公司立即对桩基工程进行桩身质量和承载力检验。

问题：

1. 锤击沉桩桩锤选择的依据包括哪些？指出事件一中的不妥之处，并写出正确做法。
2. 事件二中，分析施工单位终止沉桩是否正确？管桩施工过程中，应选择哪些类型的桩进行桩身完整性检测？

（一）

1.（本小题 5.0 分）

1）沉桩依据：【工地单桩密集度】

①施工条件；②地质条件；③桩型；④单桩承载力；⑤桩的密集程度。　　　　（2.0 分）

2）不妥之处：

① 试桩数量为 2 根；　　　　　　　　　　　　　　　　　　　　　　　　　（0.5 分）

正确做法：预制桩试桩数量不少于 3 根。　　　　　　　　　　　　　　　　（0.5 分）

② 管桩强度达到 80% 后，便安排相关人员组织桩基施工；　　　　　　　　 （0.5 分）

正确做法：预制管桩强度达到 70% 可起吊，达到 100% 方可运输和打桩。　 （0.5 分）

③ 操作人员用拖拽的方式将管桩拉到施工地点；　　　　　　　　　　　　　（0.5 分）

正确做法：预制桩吊运过程中，严禁拖拉取桩。　　　　　　　　　　　　　（0.5 分）

2.（本小题 7.0 分）

1）不正确。　　　　　　　　　　　　　　　　　　　　　　　　　　　　　（1.0 分）

理由：应继续锤击 3 阵，按每阵 10 击的贯入度不大于设计规定的数值予以确认是否需

要继续沉桩。 (1.0 分)
2）受检桩型：【三工质异很重要——联想：三公质疑很重要】
① 承载力验收时选择部分Ⅲ类桩； (1.0 分)
② 施工工艺不同的桩； (1.0 分)
③ 施工质量有疑问的桩； (1.0 分)
④ 局部地基条件出现异常的桩； (1.0 分)
⑤ 设计方认为重要的桩。 (1.0 分)

（二）

某综合楼工程，地下 3 层，地上 20 层，总建筑面积 68000m²，地基基础设计等级为甲级，灌注桩筏板基础，钢筋混凝土框剪结构。基础桩设计：桩径 800mm、长度 35~42m，混凝土强度等级 C30，共计 900 根。

桩基础采用泥浆护壁成孔灌注摩擦型桩，导管法水下灌注法施工；灌注时桩顶混凝土面超过设计标高 500mm。正式施工前，施工单位进行工艺性成孔，数量为 1 根，确定满足预期效果后，施工单位用旋挖钻机成孔，原土制备泥浆，泥浆液面高出地下水位 300mm。灌注桩成孔后清孔换浆，施工单位测定桩底沉渣厚度 200mm；然后下放钢筋笼、导管，并第一时间导管法间隔浇筑 C30 混凝土。浇筑面均超出设计桩顶标高 500mm，充盈系数为 0.95。

成桩后，施工单位按总桩数的 10% 对桩身质量（桩身完整性）进行检验，抽检 3 根桩采用静载荷试验法进行地基承载力检验。

问题：
1. 指出泥浆护壁灌注桩施工存在的不妥之处，并分别说明理由。
2. 钻孔灌注桩桩底注浆时，终止注浆的标准是什么？以哪个标准为主？
3. 分别分析施工单位对钻孔灌注桩基础的桩身完整性以及桩基承载力检测的抽检数量是否正确？

（二）

1. （本小题 7.0 分）
不妥之处：
① 灌注时桩顶混凝土面超过设计标高 500mm； (0.5 分)
理由：灌注时，桩顶标高应至少比设计标高超灌 1000mm。 (0.5 分)
② 施工单位进行了工艺性成孔，数量为 1 根； (0.5 分)
理由：泥浆护壁成孔灌注桩施工前工艺性成孔的数量不应少于 2 根。 (0.5 分)
③ 泥浆液面高出地下水位 300mm； (0.5 分)
理由：泥浆液面应高于地下水位 500mm。 (0.5 分)
④ 施工单位测定桩底沉渣厚度 200mm； (0.5 分)
理由：摩擦型灌注桩的沉渣厚度不得超过 100mm。 (0.5 分)
⑤ 下放钢筋笼、导管，开始浇筑混凝土； (0.5 分)
理由：下放钢筋笼及导管后应进行二次清孔，测定的沉渣厚度应为二次清孔后的沉渣厚度。 (0.5 分)
⑥ 采用导管法间隔浇筑 C30 混凝土； (0.5 分)
理由：水下混凝土应采用导管法连续浇筑，且实配混凝土强度应比设计要求提高一个强

度等级。 (0.5分)
⑦浇筑混凝土超出设计桩顶标高500mm，充盈系数为0.95； (0.5分)
正确做法：浇筑混凝土应高于设计桩顶标高1m以上，充盈系数不小于1。 (0.5分)

2.（本小题3.0分）
1）终止注浆标准：
①注浆总量达到设计要求； (1.0分)
②注浆量不低于80%，且压力大于设计值。 (1.0分)
满足上述条件之一，即可停止注浆。
2）以注浆总量达到设计要求为准。 (1.0分)

3.（本小题6.0分）
1）桩身完整性检测数量不正确。 (1.0分)
正确做法：工程桩的桩身完整性抽检数量不应少于总桩数的20%，且不应少于10根，每根柱子承台下的桩，抽检数量不少于1根。 (2.0分)
2）桩基承载力检测数量不正确。 (1.0分)
正确做法：本工程地基基础设计等级为甲级，地基承载力检测桩数不应少于总数的1%，且不少于3根。本工程灌注桩共900根，应至少检测9根桩的桩身承载力试验。
(2.0分)

（三）

某施工企业中标3幢公楼工程，地下2层，地上28层，钢筋混凝土灌注桩基础，上部为框架-剪力墙结构，建筑面积28600m²。

1号楼基础采用静压力压桩法沉桩，施工顺序按照"先深后浅，先长后短，先大后小，先密后疏"的原则进行，采用卡扣式方法接桩，接头高出地面0.3m。进行桩身完整性检测时，发现有部分Ⅱ类桩。

2号楼桩基础采用泥浆护壁钻孔灌注桩施工工艺，施工完成后，项目部采用高应变法按要求进行了工程桩桩身完整性检测，抽检数量按照相关标准规定选取。

问题：

1. 1号楼桩基采用"先深后浅，先长后短，先大后小，先密后疏"的原则是否正确？接头高出地面0.3m是否妥当？说明理由。按桩身完整性划分，工程桩分为几类？对Ⅱ类桩身缺陷特征进行描述。

2. 2号楼泥浆护壁钻孔灌注桩按照成孔工艺可分为哪些类别？施工时，关于泥浆护壁的要求应符合哪些规定？

3. 灌注桩桩身完整性检测方法还有哪些？高应变法和钻芯法除了检测桩身完整性，还能检测哪些项目？

（三）

1.（本小题5.0分）
1）沉桩顺序不正确。 (1.0分)
【解析】 应该是"避免密集"。
2）高出地面0.3m不妥当。 (1.0分)
理由：应高出地面0.5~1.0m。 (1.0分)

3) 桩身的完整性有 4（四、Ⅳ）类。 (1.0 分)
4) Ⅱ类桩：桩身有轻微缺陷，不影响承载力的正常发挥。 (1.0 分)
2. （本小题 5.0 分）
1) 可分为：【挖底循环多支盘】
正、反循环钻机，冲击钻机，旋挖钻机，多支盘灌注桩机，扩底机械钻具。 (3.0 分)
2) 应符合：
① 采取导流沟和泥浆池等排浆及储浆措施； (1.0 分)
② 施工现场应设置专用泥浆池，并及时清理沉淀的废渣。 (1.0 分)
3. （本小题 8.0 分）
1) 还有：钻芯法、低应变法、声波透射法。 (3.0 分)
2) 高应变法：【阻力压力监控性】
① 判定单桩竖向抗压承载力是否满足设计要求； (1.0 分)
② 检测桩身缺陷及其位置，判定桩身完整性类别； (1.0 分)
③ 分析桩侧和桩端土阻力，进行打桩过程监控。 (1.0 分)
3) 钻芯法：检测灌注桩桩长、桩身混凝土强度、桩底沉渣厚度，判定或鉴别桩端持力层岩土性状。 (2.0 分)

（四）

某新建医院工程，地下 2 层，地上 8~16 层，总建筑面积 118000 m²。基坑深度 9.8m，沉管灌注桩基础，钢筋混凝土结构。

施工单位在桩基础专项施工方案中，根据工程所在地含水量较小的土质特点，确定沉管灌注桩选用单打法成桩工艺，其成桩过程包括桩机就位、锤击（振动）沉管、上料等工作内容。方案要求，桩管沉到设计标高并停止振动后应立即浇混凝土。管内灌满混凝土后应先拔管、再振动。拔管过程中，尽量一次性添加混凝土，保持管内混凝土面与地下水位齐平。桩身配钢筋笼时，先放置钢筋笼，再浇混凝土到桩顶标高。沉管灌注桩全长复打桩施工时，第一次灌注混凝土应达到桩身的一半，复打施工应在第一次浇筑的混凝土终凝之前完成。初打与复打的桩中心线应重合。

问题：
1. 沉管灌注桩施工除单打法外，还有哪些方法？成桩过程还有哪些内容？
2. 指出沉管灌注桩施工方案的不妥之处，并写出正确做法。

（四）

1. （本小题 5.0 分）
1) 还包括：复打法、反插法。 (2.0 分)
2) 还包括的内容：
① 边锤击（振动）边拔管，并继续浇筑混凝土。 (1.0 分)
② 下钢筋笼，继续浇筑混凝土及拔管。 (1.0 分)
③ 成桩。 (1.0 分)
2. （本小题 12.0 分）
不妥之处：
① 管内灌满混凝土后应先拔管、再振动； (1.0 分)

正确做法：管内灌满混凝土后应先振动、再拔管。 （1.0分）
② 拔管过程中，尽量一次性添加混凝土； （1.0分）
正确做法：拔管过程中，应分段添加混凝土。 （1.0分）
③ 保持管内混凝土面与地下水位齐平； （1.0分）
正确做法：保持管内混凝土面不低于地表面或高于地下水位 1~1.5m。 （1.0分）
④ 桩身配钢筋笼时，先放置钢筋笼，再浇混凝土到桩顶标高； （1.0分）
正确做法：第一次先浇至笼底标高，然后放置钢筋笼，再浇到桩顶标高。 （1.0分）
⑤ 第一次灌注混凝土应达到桩身的一半； （1.0分）
正确做法：第一次灌注混凝土应达到自然地面。 （1.0分）
⑥ 复打施工应在第一次浇筑的混凝土终凝之前完成； （1.0分）
正确做法：复打施工应在第一次浇筑的混凝土初凝之前完成。 （1.0分）

第四章　主体结构

近五年分值排布

题型及总分值	分值				
	2024 年	2023 年	2022 年	2021 年	2020 年
选择题	4	4	4	8	11	3
案例题	14	8	21.5	18	12	23
总分值	18	12	25.5	26	23	26

> **核心考点**

第一节：现浇混凝土结构
　　考点一、混凝土结构概述
　　考点二、模板工程
　　考点三、钢筋工程
　　考点四、混凝土工程
　　考点五、季节性施工
第二节：混凝土基础
　　考点一、混凝土基础施工
　　考点二、大体积混凝土基础
第三节：装配式混凝土结构
　　考点一、装配式设计
　　考点二、十大新技术
　　考点三、施工准备管理
　　考点四、施工过程管理
　　考点五、施工质量验收
第四节：钢结构
　　考点一、钢结构准备阶段
　　考点二、钢结构焊接管理
　　考点三、钢结构螺栓连接管理
　　考点四、钢结构涂装管理
第五节：砌体结构
　　考点一、结构材料选型
　　考点二、材料抽样检验
　　考点三、砌体结构施工

第一节　现浇混凝土结构

一、客观选择

1.【生学硬练】关于竹、木胶合板模板的优点，其说法正确的有（　　）。
   A. 自重轻　　　　　　　　　B. 板幅大
   C. 板面平整　　　　　　　　D. 施工安装方便
   E. 造价较高
   考点：模板工程——模板体系及其特性
   【解析】得益于胶合板自重轻、板幅大、板面平整、施工方便、质量易控等优点，胶合板成为建筑工程施工中最常见的模板类别。

Ⅰ类：耐候胶合板

Ⅱ类：耐水胶合板

Ⅲ类：不耐潮胶合板

2.【生学硬练】常见工具式现浇墙、壁结构施工模板是（　　）。
   A. 木模板　　　　　　　　　B. 大模板
   C. 组合钢模板　　　　　　　D. 压型钢板模板
   考点：模板工程——模板体系及其特性
   【解析】大模板的特点是以建筑物的开间、进深和层高为大模板尺寸，因此更适合作为现浇墙、壁结构施工模板。

3.【生学硬练】关于组合钢模板的特性说法正确的有（　　）。
   A. 轻便灵活　　　　　　　　B. 拆装方便
   C. 通用性强　　　　　　　　D. 周转率高
   E. 接缝少、严密性好
   考点：模板工程——模板体系及其特性
   【解析】

组合钢模板
组成：支撑件；钢模板；连接件
优点：轻便灵活；拆装方便；通用性强；周转率高
缺点：接缝多，严密性差

4.【生学硬练】钢框木（竹）胶合板模板与组合钢模板比，其特点为（　　）。

A. 自重轻 B. 用钢量少
C. 面积大 D. 模板拼缝少
E. 维修不方便

考点：模板工程——模板体系及其特性
【解析】

5.【生学硬练】某现浇钢筋混凝土梁板跨度为8m，其模板设计时，起拱高度宜为（ ）。
A. 4mm B. 6mm C. 16mm D. 25mm

考点：模板工程——安装要求

【解析】 跨度≥4m的现浇钢筋混凝土梁、板，其模板应按设计要求起拱；设计无具体要求时，起拱高度应为跨度的1/1000~3/1000，即8~24mm。

6.【生学硬练】关于模板安装及拆除的说法，下列正确的有（ ）。
A. 梁柱节点的模板宜在钢筋安装后安装
B. 后浇带的模板及支架应独立设置
C. 板的钢筋在模板安装后绑扎
D. 柱钢筋的绑扎应在柱模板安装前进行
E. 模板应先支后拆、后支先拆，先拆承重部位，后拆非承重部位

考点：模板工程——安装要求

【解析】 先支设的一定是承重部位，后支设的是非承重部位。所以先支后拆、后支先拆，先拆非承重部位，后拆承重部位。

7.【生学硬练】某跨度8m的混凝土楼板，设计强度等级C30，模板采用快拆支架体系，支架立杆间距2m，拆模时混凝土的最低强度是（ ）MPa。
A. 15.0 B. 22.5 C. 30.0 D. 25.5

考点：模板工程——拆除要求

【解析】 本题的重点在于"快拆支架体系"，快拆支架体系的支架立杆间距不应大于2m，对应"板跨≤2m"时的拆模强度。因此混凝土的最低强度是15.0MPa（50%）。

8.【生学硬练】在常温条件下一般墙体大模板，拆除时混凝土强度最少要达到（ ）。
A. $0.5N/mm^2$ B. $1.0N/mm^2$
C. $1.2N/mm^2$ D. $2.0N/mm^2$

考点：模板工程——拆除要求

【解析】 墙体大模板在常温条件下，混凝土强度达到 $1N/mm^2$（1MPa），即可拆除。

9. 【生学硬练】下列关于早拆模板的特点，说法正确的有（　　）。
A. 模板可早拆　　　　　　　　　B. 加快周转
C. 节约成本　　　　　　　　　　D. 费用高
E. 周期长

考点：模板工程——常见模板及其特性

【解析】 早拆模板体系的优点是部分模板可早拆，加快周转，节约成本。

10. 【生学硬练】关于钢筋代换的说法，正确的有（　　）。
A. 钢筋代换时应征得设计单位的同意
B. 同钢号之间的代换，按钢筋代换前后用钢量相等的原则代换
C. 当构件配筋受强度控制时，按钢筋代换前后强度相等的原则代换
D. 当构件受裂缝宽度控制时，代换前后应进行裂缝宽度和挠度验算
E. 当构件按最小配筋率配筋时，按钢筋代换前后截面面积相等的原则代换

考点：钢筋工程——钢筋代换

【解析】 同钢号之间的代换，按钢筋代换前后面积相等的原则代换。

11. 【生学硬练】关于钢筋加工的说法，下列正确的有（　　）。
A. 直接承受动力荷载的结构构件中，纵向钢筋不宜采用绑扎搭接接头
B. 最多的机械连接方式是钢筋套筒挤压连接
C. 钢筋加工时不得冷拉调直和反复弯折
D. 钢筋冷拉率应满足光圆钢筋不超过4%、带肋钢筋不超过1%的规定
E. 钢筋除锈一是在冷拉或调直时除锈，二是除锈机除锈、喷砂、酸洗和手工除锈

考点：钢筋工程——连接接头

【解析】 选项A错误，直接承受动力荷载的结构构件中，纵向钢筋不宜采用焊接接头，不应采用绑扎搭接接头。【不宜焊也不应绑】

选项B错误，钢筋机械连接有钢筋套筒挤压连接、钢筋直螺纹套筒连接。目前最常见、采用最多的机械连接方式是钢筋剥肋滚压直螺纹套筒连接。

选项C错误，钢筋受到交变荷载（反复弯折）作用会导致脆断，所以不得反复弯折，但在允许范围内可以冷拉。

12. 【生学硬练】有关柱钢筋绑扎的要求，规范的做法有（　　）。
A. 柱钢筋绑扎应在模板安装之前进行，梁、牛腿、柱帽等钢筋应放在柱子纵筋外侧
B. 每层柱第一个钢筋接头位置距离楼面高度不宜小于500mm、柱高的1/6和柱截面长边（或直径）中的较大值
C. 柱中纵向受力钢筋直径>25mm时，应在搭接接头两个端面外500mm范围内各设置两个箍筋，其间距宜为250mm
D. 柱的竖向钢筋搭接时，角部钢筋弯钩与模板成45°，中间钢筋弯钩与模板成90°
E. 箍筋绑扎时，绑扣应形成八字形

考点：钢筋施工——钢筋绑扎

【解析】 选项A错误，"梁帽牛腿柱内侧"。
选项C错误，应该是在搭接接头两个端面外100mm范围内，各设置两个箍筋，间距

为 50mm。

13. 【生学硬练】有关墙钢筋的绑扎要求，规范的做法有（　　）。
   A. 墙钢筋的绑扎，应在模板安装前进行
   B. 垂直钢筋不大于 ϕ12mm 时，每段长度不宜超过 4m；大于 ϕ12mm 时，每段长度不宜超过 6m
   C. 采用双层钢筋网时，在两层钢筋间应设置撑铁或绑扎架
   D. 水平钢筋每段长度不宜超过 8m
   E. 钢筋的弯钩应朝向混凝土外
   考点： 钢筋施工——钢筋绑扎
   【解析】 选项 A 的道理和柱钢筋绑扎一样；选项 B、C、D 涉及钢筋及墙体尺寸的问题，要求考生重点关注；选项 E 错误，墙体钢筋弯钩应当朝内。

14. 【生学硬练】有关框架梁、板钢筋的绑扎要求，做法错误的是（　　）。
   A. 连续梁、板上部钢筋接头宜设在跨中 1/3 范围内，下部接头宜设在梁端 1/3 范围内
   B. 梁的纵筋采用双层排列时，两排钢筋之间应垫以直径不小于 25mm 的短钢筋
   C. 梁的箍筋的接头应交错布置在两根架立钢筋上
   D. 板钢筋在上，次梁钢筋居中，主梁钢筋在下
   考点： 钢筋施工——钢筋绑扎
   【解析】 选项 A 正确，但这个说法已经过时了。最新的规定是：框架梁的上部钢筋接头位置宜设置在跨中 1/3 范围内，下部钢筋接头位置宜设置在梁端 1/3 范围内；板的上部钢筋接头位置宜设在跨中 1/2 范围内，下部钢筋接头位置宜设置在梁端 1/4 范围内。

15. 【生学硬练】有关钢筋机械连接和焊接接头说法正确的有（　　）。
   A. 同一构件内的接头宜相互错开
   B. 同一连接区段内，受拉区钢筋的接头面积百分率不宜大于 50%
   C. 同一连接区段内，受拉区钢筋的接头面积百分率不宜大于 25%
   D. 同一连接区段内，受压接头，可不受限制
   E. 直接承受动力荷载的结构构件中，采用机械连接接头时，不应超过 50%
   考点： 钢筋施工——钢筋绑扎
   【解析】 选项 B 正确，选项 C 就是错的。
   选项 D 参照《混凝土结构设计标准》（GB 50010—2010），与平法图集 16G101 有所出入。
   1）同一区段内相邻纵筋接头应相互错开。
   2）位于同一连接区段内的纵筋接头面积百分率不宜大于 50%。

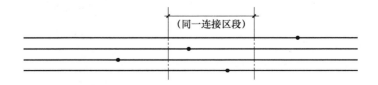

16.【生学硬练】有关钢筋绑扎搭接接头说法正确的有（　　）。
A. 接头的横向净间距不应小于钢筋直径，且不应小于28mm
B. 同一连接区段内，纵向受拉钢筋的接头面积百分率应符合设计要求
C. 设计无要求时，梁类、板类、墙类构件不宜超过50%，基础筏板、柱类不宜超过25%
D. 当工程中确有必要增大接头面积百分率时，对梁类构件，不应大于50%
E. 钢筋接头位置宜设置在受力较小处，同一纵筋不宜设置两个及以上接头；接头末端至钢筋弯起点距离应≥钢筋直径的10倍

考点：钢筋施工——钢筋绑扎

【解析】 当纵向受力钢筋采用绑扎搭接接头时，接头的设置应符合下列规定：
1）接头的横向净间距不应小于钢筋直径，且不应小于25mm。
2）同一连接区段内，纵向受拉钢筋的接头面积百分率应符合设计要求；当设计无具体要求时，应符合下列规定：
① 梁类、板类及墙类构件，不宜超过25%，基础筏板，不宜超过50%；
② 柱类构件，不宜超过50%；
③ 当工程中确有必要增大接头面积百分率时，对梁类构件，不应大于50%。

【梁板墙25，基础柱50；增加百分率，梁不超50】

17.【生学硬练】设计使用年限100年的地下结构，其迎水面钢筋保护层厚度不应小于（　　）mm。
A. 50　　　　　　　　　　　B. 70
C. 40　　　　　　　　　　　D. 80

【解析】 设计使用年限100年的地下结构和构件，其迎水面的钢筋保护层厚度不应小于50mm；当无垫层时，不应小于70mm。

18.【生学硬练】关于抗渗混凝土结构配合比，下列说法正确的有（　　）。
A. 混凝土配合比由现场的试验室进行计算
B. 混凝土配合比应为体积比
C. 每 m^3 混凝土中的胶凝材料用量不宜小于320kg
D. 砂率宜为35%~45%
E. 控制单位体积用水量是抗渗混凝土配合比设计的重要法则

考点：混凝土工程——抗渗混凝土配合比

【解析】 选项A错误，混凝土配合比由具有资质的试验室进行计算，并经试配调整后确定。
选项B错误，混凝土配合比应为重量比。
选项E错误，控制最大水胶比是抗渗混凝土配合比设计的重要法则。

19.【生学硬练】钢筋混凝土结构最小胶凝材料用量（kg/m^3）为320kg时，其最大水胶比为（　　）。
A. 0.60　　　　　　　　　　B. 0.55
C. 0.50　　　　　　　　　　D. 0.45

考点：混凝土工程——水胶比

【解析】

	普通混凝土的最小胶凝材料用量		
最大水胶比	最小胶凝材料用量/(kg/m³)		
	素混凝土	钢筋混凝土	预应力混凝土
0.60	250	280	300
0.55	280	300	300
0.50	320		
≤0.45	330		

20.【生学硬练】关于混凝土浇筑，下列说法正确的是（　　）。
A. 垫层混凝土应在基础开挖至基底标高后立即浇筑
B. 垫层强度达到 1.2N/mm² 后方可进行后续施工
C. 柱墙浇筑前，应在底部填不低于 30mm 厚的同成分水泥砂浆
D. 温度>35℃时，对金属模板洒水降温，不得有积水
考点：混凝土工程——混凝土浇筑
【解析】 选项 A 错误，垫层混凝土应在基础验槽后立即浇筑
选项 B 错误，垫层混凝土强度达到 70% 后方可进行后续施工。
选项 C 错误，应在底部填不超过 30mm 厚的同成分水泥砂浆。

21.【生学硬练】浇筑混凝土时，为避免发生离析现象，混凝土自高处倾落的自由高度应满足（　　）。
A. 粗骨料粒径小于 25mm 时，浇筑高度不宜超过 6m
B. 粗骨料粒径大于 25mm 时，浇筑高度不宜超过 3m
C. 浇筑高度不能满足要求时，应加设串筒、溜管、溜槽等装置
D. 粗骨料粒径不超过 25mm 时，浇筑高度不宜超过 3m
E. 浇筑混凝土时，必须加设串筒、溜槽等装置
考点：混凝土工程——混凝土浇筑
【解析】 控制混凝土的浇筑高度，是为了防止混凝土拌合物产生过大的分层离析。

22.【生学硬练】关于混凝土梁板浇筑的说法，下列错误的是（　　）。
A. 梁和板宜同时浇筑混凝土
B. 有主次梁的楼板宜顺着主梁方向浇筑
C. 单向板宜沿着板的跨度方向浇筑
D. 拱和高度大于 1m 时的梁，可单独浇筑混凝土
考点：混凝土工程——混凝土浇筑
【解析】 选项 B 错误，有主次梁的楼板，应顺着次梁方向浇筑，这是因为要考虑施工缝的留置。施工缝（施工断面）会破坏结构的整体性，因此，当必须留设时，应留在受力较小处。

沿次梁方向浇筑，施工缝应留在次梁跨中 1/3 的部位，这样既能确保主梁已经浇完，又能避开箍筋加密区。因此，这是个两害相权取其轻的办法。

23. 【生学硬练】关于混凝土施工缝的说法，下列正确的有（　　）。
A. 施工缝和后浇带的留设位置应在混凝土浇筑前确定，且宜留设在结构承受压力较小、便于施工的位置
B. 受力复杂的或有抗渗要求的结构构件，施工缝留设位置应经监理单位审核确认
C. 柱的水平施工缝与结构上表面距离宜为 0~100mm，墙的宜为 0~300mm
D. 柱、墙施工缝与结构下表面距离宜为 0~50mm，板下有梁托时可留在梁托下 0~20mm
E. 高度较大的柱、墙、梁及厚度较大的基础，可在上部留水平施工缝

考点：混凝土工程——施工缝

【解析】 选项 A 错误，施工缝和后浇带应留在受剪力较小且便于施工的位置。

选项 B 错误，受力复杂的或有抗渗要求的结构构件，施工缝留设位置应经设计单位确认。

选项 E 错误，高度较大的柱、墙、梁及厚度较大的基础，可在中部留水平施工缝。

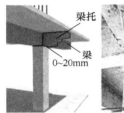  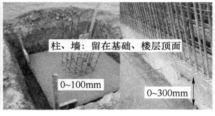 

24. 【生学硬练】混凝土施工缝留置位置的说法错误的是（　　）。
A. 单向板在平行于板长边的任何位置
B. 有主次梁的楼板在次梁跨中 1/3 范围内
C. 墙在纵横墙的交接处
D. 楼梯梯段施工缝宜设置在梯段板跨度端部的 1/3 范围内

考点：混凝土工程——混凝土浇筑

【解析】 单向板在平行于板短边的任何位置留置施工缝。

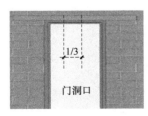  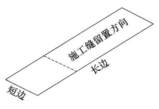 

"墙体"施工缝的留置　　　　"板"施工缝的留置　　　　"梯段"施工缝的留置

25. 【生学硬练】关于混凝土的养护，下列说法正确的有（　　）。
A. 矿渣硅酸盐水泥配制的混凝土，不应少于 7 天
B. 掺缓凝型外加剂、矿物掺合料配制的混凝土，不应少于 14 天
C. 硅酸盐水泥配制的混凝土，不应少于 14 天
D. 粉煤灰水泥配制的混凝土，不应少于 14 天
E. 大体积混凝土养护时间应根据施工方案确定

考点：混凝土工程——混凝土浇筑

【解析】 混凝土的养护时间应符合下列规定：

① 采用硅酸盐水泥、普通硅酸盐水泥或矿渣硅酸盐水泥配制的混凝土，不应少于7天；采用其他品种水泥时，养护时间应根据水泥性能确定；

② 采用缓凝型外加剂、矿物掺合料配制的混凝土，不应少于14天；

③ 抗渗混凝土、强度等级C60及以上的混凝土，不应少于14天；

④ 后浇带混凝土的养护时间不应少于14天；

⑤ 地下室底层墙、柱和上部结构首层墙、柱，宜适当增加养护时间；

⑥ 大体积混凝土养护时间应根据施工方案确定。

26.【生学硬练】混凝土结构宜适当增加养护时间的部分有（　　）。
A. 地下室底层梁、板　　　　　　　　B. 地下二层墙、柱
C. 上部结构二层墙、柱　　　　　　　D. 上部结构首层墙、柱
E. 地下室底层墙、柱

考点：混凝土工程——混凝土浇筑

【解析】 地下室底层和上部结构首层墙、柱，宜适当增加养护时间。

27.【生学硬练】冬期浇筑有抗冻耐久性能要求的C50混凝土，其混凝土受冻临界强度不宜低于设计强度等级的（　　）。
A. 20%　　　　B. 30%　　　　C. 40%　　　　D. 50%

考点：混凝土浇筑

【解析】

1）受冻临界强度：冬期施工中浇筑的混凝土在受冻以前，必须达到的最低强度。

2）综合蓄热法：指掺早强剂或复合型早强外加剂的混凝土浇筑后，利用原材料加热及水泥水化放热，并采取适当保温措施延缓混凝土冷却，使混凝土温度降到0℃以前达到受冻临界强度的施工方法。

3）负温养护法：指在混凝土中掺入防冻剂，使其在负温环境下能够不断硬化，在混凝土温度降到防冻剂规定温度前，达到受冻临界强度的施工方法。

28.【生学硬练】浇筑与柱和墙连成整体的梁和板时，应在柱和墙浇筑完毕后停歇（　　）h，再继续浇筑。
A. 0.5~1.0　　　　　　　　　　　　B. 1.0~1.5
C. 1.5~2.0　　　　　　　　　　　　D. 2.0~2.5

考点：混凝土浇筑

【解析】 竖向构件（柱、墙）浇筑完毕后，停歇1.0~1.5h，让混凝土初步沉实并产生一定强度后，再继续浇筑施工。

29. 关于先张法预应力的说法，正确的是（　　）。
A. 预应力靠锚具传递给混凝土
B. 对轴心受压构件，所有预应力筋不宜同时放张
C. 对受弯构件，应先放张预应力较大区域，再放张预应力较小区域
D. 施加预应力宜采用一端张拉工艺

考点：预应力结构——先张法

【解析】 选项A错误,台座在先张法生产中,承受预应力筋的全部张拉力。

选项B错误,预应力筋宜缓慢放张,对轴心受压构件,所有预应力筋宜同时放张。

选项C错误,"偏心受弯先小后大"——受弯或偏心受压构件,先同时放张预压应力较小区域的预应力筋,再同时放张预压应力较大区域的预应力筋。

二、参考答案

题号	1	2	3	4	5	6	7	8	9	10
答案	ABCD	B	ABCD	ABCD	C	ABCD	A	B	ABC	ACDE
题号	11	12	13	14	15	16	17	18	19	20
答案	DE	BDE	ABCD	A	ABDE	BDE	A	CD	C	D
题号	21	22	23	24	25	26	27	28	29	
答案	ABC	B	CD	A	ABE	DE	B	B	D	

三、主观案例及解析

(一)

某群体工程,主楼地下2层,地上8层,总建筑面积26800m²,现浇钢筋混凝土框剪结构。

1号楼会议室主梁跨度为10.5m,截面尺寸($b×h$)为450mm×900mm。施工单位按规定编制了模板工程专项方案。

2号楼施工作业班组在一层梁、板混凝土强度达到拆模标准(见表4-1)的情况下,进行了部分模板拆除。

表4-1 底模及支架拆除的混凝土强度要求

构建类型	构建跨度/m	达到设计的混凝土立方体抗压强度标准的百分率(%)
板	≤2	≥A
	>2, <8	≥B
	≥8	≥100
梁	≤8	≥75
	≥8	≥C

注:混凝土板采用快拆体系。

问题:

1. 该梁跨中底模的最小起拱高度、跨中混凝土浇筑高度分别是多少(单位:mm)?
2. 写出表4-1中A、B、C处要求的数值。混凝土板在快拆时,应满足哪些要求?

(一)

1. (本小题4.0分)

1)梁跨中底模的最小起拱高度:跨度的1/1000,即10.5mm。   (2.0分)

2)跨中混凝土浇筑高度:900mm。   (2.0分)

2. (本小题 5.0 分)
1)"A"50;"B"50;"C"100。 (2.0 分)
2)应满足:
① 支架立杆间距不应大于 2m; (1.0 分)
② 拆模时应保留立杆并顶托支承楼板; (1.0 分)
③ 拆模时的混凝土强度可取构件跨度为 2m。 (1.0 分)

（二）

某住宅小区工程，项目部针对不同的工程结构或构件分别采用砖胎模、铝合金模板、钢大模板和胶合板模板等模板体系。对部分结构的清水混凝土及装饰混凝土构件，要求能达到设计装饰效果的模板。各类模板体系施工记录图片如图 4-1~图 4-4 所示。

图 4-1

图 4-2

图 4-3

图 4-4

问题：

分别答出图 4-1~图 4-4 代表的模板体系（如：图 4-1 胶合板模板）。钢大模板、铝合金模板由哪些部分构成？具有哪些优点？

（二）

(本小题 10.0 分)
1)名称：图 4-1 胶合板模板；图 4-2 钢大模板；图 4-3 铝合金模板；图 4-4 砖胎模。
(2.0 分)
2)构成：
钢大模板，包括操作平台、支撑系统、附件、板面结构。 (2.0 分)
铝合金模板，包括端板、主次肋、带肋面板。 (2.0 分)
3)优点：
钢大模板整体性好、抗震性强、无拼缝。 (2.0 分)
铝合金模板重量小、拼缝严、周转快、成型误差小、利于早拆模体系。 (2.0 分)

大模板
组成：操作平台；支撑系统；附件；板面结构
特点：以建筑物的开间、进深、层高作为大模板尺寸
优点：整体性好；抗震性强；无拼缝
缺点：重量大；需要起吊运输安装

组合铝合金模板
组成：端板；主次肋；带肋面板
优点：重量小；拼缝严；周转快；成型误差小；利于早拆模体系
缺点：成本高；强度不如钢模板；产品规格少

（三）

新建住宅楼工程，地下1层，地上15层，裙房3层。主楼为剪力墙结构，裙房为混凝土+框架结构，裙房在结构施工期间，外围搭设了落地式作业钢管脚手架，脚手架的设计考虑了永久荷载和可变荷载，包括：脚手板、安全网、栏杆等附件的自重，其他永久荷载和其他可变荷载等。脚手架在进行安全性计算时，选取"跨距、间距变化和几何形状、承力特性改变部位的杆件、构配件"作为计算单元，以此满足脚手架的承载力设计要求。

问题：
1. 脚手架设计永久荷载和可变荷载还包括哪些？作业脚手架还有哪些类型？
2. 除了满足承载力设计要求，脚手架还应满足哪些性能要求？
3. 脚手架的结构设计计算应以什么作为计算条件？其结果应满足哪些要求？脚手架在选取计算单元时还应符合哪些要求？

（三）

1. （本小题5.0分）
1）永久荷载：脚手架结构件自重、支撑脚手架所支撑的物体自重。 （2.0分）
2）可变荷载：施工荷载、风荷载。 （2.0分）
3）作业脚手架：悬挑脚手架、附着式升降脚手架等。 （1.0分）
2. （本小题3.0分）
【用力不破坏】
1）不应发生影响正常使用的变形。 （1.0分）
2）满足使用要求，具有安全防护功能。 （1.0分）
3）附着或支承在结构上的脚手架，不应使结构受到损害。 （1.0分）
3. （本小题5.0分）
1）最不利截面和最不利工况。 （1.0分）

2) 满足强度、刚度、稳定性。 (1.0分)
3) 还应符合:【大大变弱】
① 选择受力最大的杆件、构配件; (1.0分)
② 选择架体构造变化处或薄弱处的杆件、构配件; (1.0分)
③ 选择集中荷载作用范围内受力最大的杆件、构配件。 (1.0分)

(四)

某筒中筒工程,层高为3.6m。混凝土模板支架采用落地式钢管脚手架,钢管直径取48.3mm。

施工前,施工单位要求混凝土模板支架按安全等级为Ⅰ级进行设计,其荷载标准值详见表4-2。钢管支架顶部可调托座的具体构造如图4-5所示,施工单位专门进行了设计。

表4-2 支撑脚手架施工荷载标准值

类别		施工荷载标准值/(kN/m²)
混凝土结构模板支撑脚手架	一般	A
	有水平泵管设置	B
钢结构安装支撑脚手架	轻钢结构、轻钢空间网架结构	2.0
	普通钢结构	3.0
	重型钢结构	C

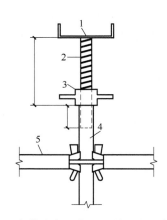

图4-5 钢管支架顶部可调托座的具体构造

问题:

1. 安全等级为Ⅰ级的混凝土支撑式脚手架的判定标准是什么?写出表4-2中A、B、C处要求的数值。
2. 可调顶托的外露长度、调节螺杆插入脚手架立杆内的长度、插入脚手架立杆钢管内的间隙分别是多少?写出图4-5中数字1~5对应的名称(如:4-立杆)。

(四)

1. (本小题6.0分)
1) 判定标准:
① 搭设高度>8m; (1.0分)

② 荷载标准值>15kN/m² 或>20kN/m 或>7kN/点。 (2.0分)
2）"A"2.5；"B"4；"C"3.5。 (3.0分)
2.（本小题8.0分）
1）500mm；150mm；2.5mm。 (3.0分)
2）1-可调托撑；2-螺杆；3-调节螺母；4-立杆；5-水平杆。 (5.0分)

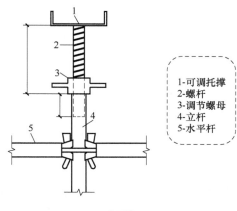

（五）

某企业新建办公楼工程，地下1层，地上16楼，建筑高度55m，地下建筑面积3000m²，总建筑面积21000m²。现浇钢筋混凝土框架结构。1层大厅高12m、长32m，大厅处有3道后张预应力混凝土梁。合同约定："……工程开工日期为2016年7月1日，竣工日期为2017年10月31日，总工期488天；冬期停工35天。"

大厅后张预应力混凝土梁浇筑完成25天后，生产经理凭经验判定混凝土强度已达到设计要求，随即安排作业人员拆除了梁底模板并准备进行预应力张拉。

问题：
预应力混凝土梁底模拆除工作有哪些不妥之处？并说明理由。

（五）

（本小题5.0分）
不妥之处：
① 生产经理凭经验判定混凝土强度已达到设计要求； (1.0分)
理由：应根据相应的同条件养护试块强度是否达到规定要求来判定。 (1.0分)
② 拆除了梁底模板，并准备进行预应力张拉； (1.0分)
理由：梁底混凝土拆模前应办理拆模申请手续；且后张法预应力构件底模应在张拉后，待同条件混凝土达到拆模强度，经技术负责人批准方可拆除。 (2.0分)

（六）

某新建保障性住房工程，总建筑面积48000m²，由12栋12层住宅楼及地下车库组成。基础采用钢筋混凝土灌注桩基础，地下车库为现浇钢筋混凝土框架-剪力墙结构。

地下车库施工中，质检人员对钢筋分项工程进行隐蔽验收，检查内容包括受力钢筋接头的连接方式、接头位置和箍筋的牌号、规格、数量、位置等。框架柱箍筋采用φ8mm盘圆钢筋冷拉调直后制作，经测算，其中KZ1的箍筋每套下料长度为2350mm。

问题：

1. 在不考虑加工损耗和偏差的前提下，列式计算 100m 长 φ8mm 盘圆钢筋经冷拉调直后，最多能加工多少套 KZ1 的柱箍筋？
2. 钢筋分项工程受力钢筋接头和箍筋隐蔽工程检查验收内容有哪些？

（六）

1．（本小题 2.0 分）

100×（1+4%）/2.35＝44（套）。　　　　　　　　　　　　　　　　　　　　(2.0 分)

2．（本小题 6.0 分）

1）受力分项：【三头两锚一连搭】　　　　　　　　　　　　　　　　　　　　(3.0 分)

连接方式、接头位置、接头质量、接头面积百分率、搭接长度、锚固方式、锚固长度。

2）箍筋分项：【品数规位间弯钩】

牌号、规格、数量、间距、位置，箍筋弯钩的弯折角度及平直段长度。　　　　(3.0 分)

（七）

某新建住宅工程，地下 1 层，地上 17 层，建筑高度 53m，面积 28000m²。

项目部对直径 20mm 的 HRB 400E 级钢筋强度检测值为：抗拉强度 650MPa，屈服强度 510MPa，最大力下总伸长率为 12%。对直径 10mm 的 HPB 300 级钢筋现场调直后检测合格率为 3.5%。三个重量检测试件测量值为：长度 801mm、795mm、810mm，总重量 1325g。

问题：

分别判断背景资料中直径 10mm、20mm 钢筋的检测结果是否合格，并说明理由。（直径 10mm 钢筋理论重量 0.617kg/m）

（七）

（本小题 6.5 分）

1）直径 10mm 钢筋：

① 重量偏差不合格；　　　　　　　　　　　　　　　　　　　　　　　　　　(0.5 分)

理由：10mm 的 HPB 300 级钢筋的理论重量为 0.617×(801+795+810)＝1485（g）；重量偏差为（1325−1485）/1485×100%＝−10.77%，小于规范要求的−10%。　　　　(1.5 分)

② 冷拉调直率合格；　　　　　　　　　　　　　　　　　　　　　　　　　　(0.5 分)

理由：HPB300 级光圆钢筋的冷拉率不宜超过 4%。　　　　　　　　　　　　(1.0 分)

【解析】

钢筋牌号	断后伸长率（%）	重量偏差（%）	
		直径 6~12mm	直径 14~16mm
HPB300	≥21	≥−10	—
HRB335、HRBF335	≥16	≥−8	≥−6
HRB400、HRBF400	≥15	≥−8	≥−6
RRB 400	≥13	≥−8	≥−6
HRB 500、HRBF500	≥14	≥−8	≥−6

2）直径 20mm 钢筋：

① 强屈比检测合格； (0.5分)
理由：抗拉强度/屈服强度=650/510=1.27>1.25。 (0.5分)
② 超屈比检测合格； (0.5分)
理由：屈服强度实测值/屈服强度标准值=510/400=1.28<1.30。 (0.5分)
③ 最大力下的总伸长率合格； (0.5分)
理由：实测最大力下总伸长率为12%，大于规范要求的9%。 (0.5分)

（八）

某新建保障房项目，单位工程为地下2层，地上9~12层，总建筑面积1550000m^2，施工总承包单位按照合同组建项目进场施工项目部，根据工程计划进场的混凝土搅拌运输车、串筒、部分混凝土和土方施工机具照片如图4-6所示。

图4-6 现场施工照片

问题：

1. 写出图4-6中B~F处的施工机具名称（如：A-混凝土搅拌运输车）。
2. 写出图4-6中用于混凝土浇筑施工的机具使用先后顺序（表示为：A-B）。混凝土浇筑自由倾落高度不满足要求时，除串筒外，可以使用的机具还有哪些？

（八）

1. （本小题5.0分）
B-混凝土固定泵；C-布料机；D-串筒；E-振捣棒；F-反铲挖掘机。 (5.0分)
2. （本小题4.0分）
1）A-B-C-D-E。 (2.0分)
2）溜管、溜槽。 (2.0分)

（九）

某施工总承包企业承担某市区住宅楼项目。建筑面积43457m^2，筏板基础，框架-剪力墙结构，地下2层，地上10层。2015年10月1日开工，2017年6月1日竣工。该地区冬期施工期限为2015年11月15日至2016年3月15日，采用硅酸盐水泥配制的混凝土，泵送加热法施工。

工程开始施工正值冬季，A施工单位项目部编制了冬期施工专项方案，根据现场条件、当地的气候条件、温度湿度，采用综合蓄热法对底板混凝土进行养护，并对底板混凝土的测温方案和温差控制、温降梯度，以及混凝土养护时间提出了控制指标要求。监理工程师要求项目部密切关注施工环境温度和灌浆部位温度，底板混凝土在达到受冻临界强度后方可停止测温。

问题：

1. 冬期施工混凝土养护方法还有哪些？冬期施工，混凝土养护期间，其温度测量应满足哪些要求？

2. 混凝土的养护方式应根据哪些因素进行确定？答出基础底板抗渗混凝土的最小受冻临界强度值。

（九）

1．（本小题6.5分）

1）养护方法：

①蓄热法；②加热法；③暖棚法；④负温养护法；⑤掺外加剂法。　　　　（2.5分）

2）测温要求：

① 蓄热法或综合蓄热法养护：达到受冻临界强度前，每4~6h测量一次；　（1.0分）

② 负温法养护：达到受冻临界强度前，每2h测量一次；　　　　　　　　（1.0分）

③ 加热法养护：升温和降温阶段应每1h测一次，恒温阶段每2h测一次；　（1.0分）

④ 混凝土在达到受冻临界强度后，可停止测温。　　　　　　　　　　　（1.0分）

2．（本小题4.5分）

1）现场条件、环境温度湿度、构件特点、技术要求、施工操作。　　　　（2.5分）

2）抗渗混凝土的最小受冻临界强度值为20MPa。　　　　　　　　　　　（2.0分）

（十）

某施工单位承建一高档住宅楼工程。钢筋混凝土剪力墙结构，地下2层，地上26层，建筑面积36000m²。

首层楼板混凝土出现明显的塑态收缩现象，造成混凝土结构表面收缩裂缝。项目部质量专题会议分析其主要原因是骨料含泥量过大和水泥及掺合料的用量超出规范要求等，要求及时采取防治措施。

七层混凝土构件浇筑施工过程中，监理工程师对混凝土浇筑作业进行旁站监理时，发现局部、梁、板主筋位置偏差过大，随即要求施工单位停工整改。混凝土浇筑完成后，建设单位委托第三方法定检测机构对结构混凝土的强度进行了检验，结果显示混凝土强度偏低，不满足设计要求。

问题：

1. 除塑态收缩外，还有哪些收缩现象易引起混凝土表面收缩裂缝？收缩裂缝产生的原因还有哪些？

2. 钢筋错位和结构混凝土强度偏低的原因分别包括哪些？

（十）

1．（本小题6.0分）

1）还包括：沉陷收缩、干燥收缩、碳化收缩、凝结收缩等收缩裂缝。　　（2.0分）

2) 原因：
① 混凝土原材料质量不合格，如骨料含泥量大； (1.0分)
② 水泥或掺合料量超出规范规定； (1.0分)
③ 混凝土水胶比、坍落度偏大，和易性差； (1.0分)
④ 表面抹压收面不规范，养护不及时或养护差； (1.0分)

2. （本小题8.0分）
1) 钢筋错位。
① 翻样：钢筋现场翻样时，未合理考虑主筋的相互位置及避让关系； (1.0分)
② 工装：钢筋未按照设计或翻样尺寸进行加工和安装； (1.0分)
③ 校正：混凝土浇筑过程中钢筋被碰撞移位后，在初凝前，没及时校正； (1.0分)
④ 垫块：保护层垫块尺寸或安装位置不准确。 (1.0分)
2) 混凝土强度偏低。
① 材料：配置混凝土所用原材料的材质不符合国家标准的规定； (1.0分)
② 配比：拌制混凝土时没有法定检测单位提供的混凝土配合比试验报告，或操作中未能严格按混凝土配合比进行规范操作； (1.0分)
③ 计量：拌制混凝土时投料计量有误； (1.0分)
④ 工艺：混凝土搅拌、运输、浇筑、养护不符合规范要求。 (1.0分)

第二节　混凝土基础

一、客观选择

1. 【生学硬练】关于混凝土基础钢筋施工要求的说法，正确的有（　　）。
A. 底部钢筋采用HPB 300级钢筋时，端部弯钩应朝上
B. 双层钢筋网的上层钢筋弯钩应朝下
C. 钢筋弯钩统一倒向一边
D. 独立柱基础为双向钢筋网时，底面短边钢筋应放在长边钢筋上
E. 在上层钢筋网下面应设置钢筋撑脚
考点：混凝土结构——钢筋工程
【解析】　C错误，钢筋弯钩应朝上，不要倒向一边；双层钢筋网的上层钢筋弯钩应朝下。

2. 【生学硬练】关于基础钢筋绑扎，下列说法正确的有（　　）。
A. 绑扎钢筋时，底部钢筋应绑扎牢固，采用HPB 300级钢筋时，端部弯钩应朝下
B. 柱的锚固钢筋下端应用90°弯钩与基础钢筋绑扎牢固
C. 基础底板采用双层钢筋网时，在上层钢筋网下面应设置钢筋撑脚
D. 钢筋的弯钩应朝上，不要倒向一边；但双层钢筋网的上层钢筋弯钩应朝下
E. 独立柱基础为双向钢筋网时，其底面短边的钢筋应放在长边钢筋的下面
考点：混凝土基础——基础钢筋
【解析】　选项A错误，绑扎钢筋时，底部钢筋应绑扎牢固，采用HPB 300级钢筋时，端部弯钩应朝上。

选项 E 错误，独立柱基础为双向钢筋时，其底面短边的钢筋应放在长边钢筋的下面。

二、参考答案

题号	1	2								
答案	ABDE	BCD								

三、主观案例及解析

（一）

某商品房地上 26 层，地下 2 层，采用筏板基础。砖混多层安置房地上 6 层，地下 1 层，采用独立（台阶式）基础。

关于混凝土施工缝，施工单位单独编制了技术处理方案，其部分内容如下：

施工冷缝在混凝土浇筑前应清除表面的浮浆、松动的石子和软弱层，将结合面冲毛或人工凿毛，以增加结合面混凝土的摩擦力。为避免已浇筑的混凝土因固结力小于振动的影响力，而破坏已初凝混凝土内部的凝结及钢筋与混凝土的黏结，应待已浇筑的混凝土强度达到 1.2MPa 再重新浇筑混凝土。

监理人员现场对独立（台阶式）混凝土基础进行旁站时发现，基础混凝土浇筑过程中，出现"吊脚"现象。监理工程师向施工单位签发了整改通知单，要求其按要求整改。

"后浇带施工专项方案"中确定：地下室后浇带附近水平模板随其他模板一起拆除后回顶后浇带两边楼板；剔除模板用钢丝网；因设计无要求，基础底板后浇带 10 天后封闭。

问题：
1. 补充说明施工缝处继续浇筑的注意事项。
2. 指出"后浇带专项方案"中的不妥之处？后浇带和施工缝可采用什么作为侧模？后浇的留置要求有哪些？

（一）

1.（本小题 2.0 分）

注意事项：
① 清除混凝土表面的浮浆杂物；并充分浇水湿润，但不得有积水；　　　　　　（0.5 分）
② 铺设一层水泥浆或同配合比的水泥砂浆；　　　　　　　　　　　　　　　　（0.5 分）
③ 混凝土振捣密实，使其新旧混凝土面紧密结合；　　　　　　　　　　　　　（0.5 分）
④ 及时进行保温保湿养护，养护时间不少于 14 天。　　　　　　　　　　　　（0.5 分）

2.（本小题 5.0 分）

1）不妥之处：
① 地下室后浇带附近水平模板随其他模板一起拆除后回顶后浇带两边楼板；　　（1.0 分）

【解析】 后浇带附近的水平模板及支撑严禁随其他模板一起拆除，待后浇带浇筑并达到拆模要求后方可拆除。

② 基础底板后浇带 10 天后封闭。　　　　　　　　　　　　　　　　　　　　（1.0 分）

【解析】 基础底板后浇带 14 天后封闭。

2）快易收口网、钢板网、铁丝网、小木板。 （1.0分）
3）要求：
① 后浇带的留设位置应在混凝土浇筑前确定； （1.0分）
② 宜留设在结构受剪力较小且便于施工的位置。 （1.0分）

（二）

某工程的钢筋混凝土基础底板，长度120m、宽度100m、厚度2.0m，混凝土设计强度等级P6C35，设计无后浇带。施工单位采用跳仓法施工方案。

基础底板大体积混凝土浇筑方案确定了包括环境温度、底板表面与大气温差等多项温度控制指标；根据设计规定、温度裂缝控制等因素，确定了水平施工缝的位置及间歇时间；明确了温控检测点布置方式，要求沿底板厚度方向的测温点间距不大500mm。

问题：
1. 采用跳仓法施工时，存在哪些技术要求？
2. 大体积混凝土浇筑前，应对混凝土浇筑体的哪些项目进行试算？确定哪些指标？
3. 大体积混凝土设置水平施工缝时，其位置及间歇时间还应考虑哪些方面？大体积混凝土的各项温控指标有哪些具体要求？
4. 大体积混凝土沿底板厚度方向的测温点应布置在什么位置？每条测试轴线上，监测点位不宜少于几处？混凝土浇筑体的里表温差、降温速率、环境温度和入模温度的测量次数如何确定？

（二）

1. （本小题4.0分）
1）超长大体积混凝土，宜留设后浇带或采用跳仓法施工。 （1.0分）
2）采用跳仓法时，最大分块单向尺寸≤40m。 （1.0分）
3）跳仓间隔施工的时间宜≥7天。 （1.0分）
4）跳仓接处应按施工缝要求设置和处理。 （1.0分）

【解析】

2. （本小题3.0分）
1）混凝土浇筑体的温度、温度应力、收缩应力。 （1.5分）
2）温升峰值、里表温差、降温速率。 （1.5分）
3. （本小题5.0分）
1）混凝土供应能力、钢筋工程施工、预埋管件安装。 （1.0分）

【解析】 当大体积混凝土施工设置水平施工缝时，位置及间歇时间应根据设计规定、温度裂缝控制规定、混凝土供应能力、钢筋工程施工、预埋管件安装等因素确定。

2）还包括：
① 混凝土的中心温度与表面温度的差值不应高于25℃；　　　　　　　　（1.0分）
② 拆除保温覆盖时混凝土浇筑体表面与大气温差不应高于20℃；　　　　（1.0分）
③ 温降梯度不得大于2℃/天；　　　　　　　　　　　　　　　　　　　（1.0分）
④ 混凝土浇筑体在入模温度基础上的温升值不宜高于50℃。　　　　　　（1.0分）

4. （本小题5.0分）
1）应至少布置表层、底层和中心温度测点，测温点间距不宜大于500mm。（2.0分）
2）4处。　　　　　　　　　　　　　　　　　　　　　　　　　　　　（1.0分）
3）里表温差、降温速率、环境温度的测试，在混凝土浇筑后，每昼夜不应少于4次；入模温度测量，每台班不应少于2次。　　　　　　　　　　　　　　　　（2.0分）

第三节　装配式混凝土结构

一、客观选择

1. 混凝土预制柱适宜的安装顺序是（　　）。
A. 角柱→边柱→中柱　　　　　　　　B. 角柱→中柱→边柱
C. 边柱→中柱→角柱　　　　　　　　D. 边柱→角柱→中柱
考点：装配式混凝土结构——构件起吊、运输、安装
【解析】 宜按照角柱、边柱、中柱的顺序进行安装，与现浇部分连接的柱宜先行安装。

2. 宜采用立式运输预制构件的是（　　）。
A. 外墙板　　　　B. 叠合板　　　　C. 楼梯　　　　D. 阳台
考点：装配式混凝土结构——构件起吊、运输、安装
【解析】 外墙板宜采用立式运输，梁、板、楼梯、阳台宜采用水平运输。

3. 预制构件吊装的操作方式是（　　）。
A. 慢起、慢升、快放　　　　　　　　B. 慢起、稳升、缓放
C. 快起、慢升、快放　　　　　　　　D. 快起、慢升、缓放
考点：装配式混凝土结构——构件起吊、运输、安装
【解析】 预制构件吊装应采用慢起、稳升、缓放的操作方式。

4. 装配式混凝土结构连接节点浇筑混凝土前，进行隐蔽工程验收的内容有（　　）。
A. 混凝土粗糙面的质量　　　　　　　B. 预制构件出厂合格证
C. 钢筋的牌号　　　　　　　　　　　D. 钢筋的搭接长度
E. 保温及其节点施工
考点：装配式混凝土结构——验收管理
【解析】 装配式混凝土结构连接节点及叠合构件浇筑混凝土前，应进行隐蔽工程验收，包括：
① 混凝土粗糙面的质量，键槽的尺寸、数量、位置；
② 钢筋牌号、规格、数量、位置、间距、箍筋弯钩的弯折角度及平直段长度；
③ 钢筋连接方式、接头位置、接头数量、接头面积百分率、搭接长度、锚固方式、锚

固长度；

④ 预埋件、预留管线的规格、数量、位置；

⑤ 预制混凝土构件接缝处防水、防火等构造做法。

5. 混凝土预制构件钢筋套筒灌浆连接的灌浆料强度试件要求有（　　）。

A. 每工作班应制作 1 组
B. 边长 70.7mm 的立方体
C. 每层不少于 3 组
D. 40mm×40mm×160m 的长方体
E. 同条件养护 28 天

考点：装配式混凝土结构——套筒灌浆连接

【解析】 每班 1 组每层 3 组，水泥试件 28 天。机理如下：

钢筋套筒灌浆连接及浆锚搭接连接的灌浆料强度应符合标准的规定和设计要求：每工作班应制作 1 组且每层不应少于 3 组 40mm×40mm×160mm 的长方体试件，标养 28 天后进行抗压强度试验。

6. 关于装配式预制构件采用钢筋套筒灌浆连接，下列说法正确的有（　　）。

A. 据施工条件、操作经验可选择连通腔灌浆施工或坐浆法施工
B. 高层建筑混凝土剪力墙宜采用坐浆法施工，有可靠经验时也可采用连通腔灌浆施工
C. 竖向构件连通腔灌浆区域的部分区域应预留灌浆孔、出浆孔
D. 连通灌浆区域内任意两个灌浆孔套筒间距不宜大于 2.5m，连通腔内底部与下方已完结构上表面的最小间隙不得小于 20mm
E. 钢筋水平连接时，灌浆套筒应各自独立灌浆，并采用封口装置使灌浆套筒端部密闭

考点：装配式混凝土结构——套筒灌浆连接

【解析】 选项 B 错误，高层建筑装配混凝土剪力墙宜采用连通腔灌浆施工，当有可靠经验时也可采用坐浆法施工。

选项 C 错误，竖向构件采用连通腔灌浆施工时，应合理划分连通灌浆区域；每个区域应预留灌浆孔、出浆孔、排气孔，并形成密闭空腔，不应漏浆。

选项 D 错误，"1510 灌浆孔"——连通灌浆区域内任意两个灌浆孔套筒的间距不宜大于 1.5m；连通腔内底部与下方已完结构上表面的最小间隙不得小于 10mm。

7. 关于钢筋套筒灌浆连接中灌浆料的说法，下列正确的有（　　）。

A. 任何情况下灌浆料拌合物温度不应低于 5℃，不宜高于 35℃
B. 当灌浆施工过程的气温低于 5℃时，不得采用常温型灌浆料施工
C. 连续 3 天施工环境温度、灌浆部位温度的最高值均低于 10℃，可采用低温型灌浆料及封浆料
D. 当连续 3 天平均气温>10℃时，可换回常温型灌浆料及常温型封浆料
E. 采用低温型灌浆料，灌浆施工环境温度、灌浆部位温度不应高于 10℃

考点：装配式混凝土结构——套筒灌浆连接

【解析】 选项 A 错误，任何情况下灌浆料拌合物温度不应低于 5℃，不宜高于 30℃（5～30℃）。

选项 B 错误，当灌浆施工过程的气温低于 0℃时，不得采用常温型灌浆料施工。

选项 D 错误，"3105 高低温"——连续 3 天施工环境温度、灌浆部位温度的最高值均<10℃，可采用低温型灌浆料及封浆料；当连续 3 天平均气温>5℃时，可换回常温型灌浆料

及封浆料。

8. 日平均气温低于10℃时，可不测量（　　）温度。
A. 施工环境
B. 灌浆料拌合物
C. 灌浆部位
D. 灌浆养护

考点：装配式混凝土结构——套筒灌浆连接

【解析】　灌浆料测温要求如下：

温度	项目
日平均气温>25℃	施工环境温度、灌浆料拌合物温度
日最高气温<10℃	施工环境温度、灌浆部位温度、灌浆料拌合物温度

9. 关于钢筋套筒灌浆连接施工的说法，下列正确的有（　　）。
A. 宜采用压力、流量可调节的专用灌浆设备，灌浆速度宜先快后慢
B. 竖向钢筋套筒灌浆连接作业，应采用灌浆法施工
C. 竖向钢筋套筒灌浆连接采用连通腔灌浆时，可采用多点灌浆的方式
D. 灌浆料宜在加水后30min内用完，剩余拌合物、散落的灌浆料不得再次使用
E. 连通腔灌浆施工时，构件安装就位后宜及时灌浆，可以两层及以上集中灌浆

考点：装配式混凝土结构——套筒灌浆连接

【解析】　选项B错误，竖向钢筋套筒灌浆连接，灌浆作业应采用压浆法从灌浆套筒下灌浆孔注入，当灌浆料拌合物从构件其他灌浆孔、出浆孔平稳流出后应及时封堵。

选项C错误，竖向钢筋套筒灌浆连接采用连通腔灌浆时，应采用一点灌浆的方式；当一点灌浆遇到问题而需要改变灌浆点时，各灌浆套筒已封堵的下部灌浆孔、上部出浆孔宜重新打开，待灌浆料拌合物再次平稳流出后进行封堵。

选项E错误，连通腔灌浆施工时，构件安装就位后宜及时灌浆，不宜两层及以上集中灌浆；当两层及以上集中灌浆时，应经设计确认，专项施工方案应进行技术论证。

二、参考答案

题号	1	2	3	4	5	6	7	8	9
答案	A	A	B	ACDE	ACD	AE	CE	D	AD

三、主观案例及解析

（一）

某新建工程为5栋地下1层、地上16层的高层住宅，主楼为桩基承台梁和筏板基础。主体结构为装配整体式剪力墙结构，建筑面积为103300m²。施工过程中，项目经理组织相关人员编制《装配式混凝土专项施工方案》，并针对大型预制构件的运输和存放制订了质量保证措施，编制了《装配式混凝土预制构件安装工程专项施工方案》。专项施工方案的部分重要内容如下：

1）预制构件运输前，应先在阿里巴巴平台采购通用尺寸的靠放架、插放架和托架。
2）装配式构件不得长期悬挂空中，吊索水平夹角不得超过40°。

3）外墙板采用靠放架立式运输，且应对称靠放，每层不大于 3 层。墙面与车面倾角不大于 60°，为防止构件相互碰撞，构件之间应设置隔离垫块。

4）预制梁、柱、板构件水平运输叠放，均不得超过 6 层。

为方便统一管理，装配式预制构件进场后，施工单位将构件运至尚未硬化的场地集中存放。剪力墙预埋吊件朝向外侧、标示牌朝向内侧，墙板应立式存放，门窗洞口应采取临时加固措施，防止变形开裂；现场叠合板、阳台栏板上、下层垫块错开设置；预制柱、梁集中靠放在闲置的靠放架上。

问题：

1. 除工程概况、编制依据，进度计划、质量管理、安全管理外，《装配式混凝土结构专项施工方案》还应包括哪些内容？《装配式混凝土预制构件安装工程专项施工方案》中存在哪些不妥之处？写出正确做法。

2. 指出预制构件现场存放的不妥之处，并写出正确做法。

（一）

1．（本小题 8.0 分）

1）【工编计划四管理，绿色安装放场地】

还应包括：①应急预案管理；②信息化管理；③绿色施工；④安装与连接施工；⑤预制构件运输与存放处；⑥施工场地布置。　　　　　　　　　　　　　　　　　　（3.0 分）

2）不妥之处：

① 在阿里巴巴平台采购通用尺寸的靠放架、插放架和托架；　　　　　　　　（0.5 分）

正确做法：用于运输预制构件的靠放架、插放架和托架应进行专项设计。　（0.5 分）

② 吊索水平夹角不得超过 40°；　　　　　　　　　　　　　　　　　　　　（0.5 分）

正确做法：吊索水平夹角不宜小于 60°，不应小于 45°。　　　　　　　　（0.5 分）

③ 构件应对称靠放，且每层不大于 3 层；　　　　　　　　　　　　　　　　（0.5 分）

正确做法：装配式预制构件采用靠放架靠放时，每层不得超过 2 层。　　　（0.5 分）

④ 墙面与车面倾角不大于 60°；　　　　　　　　　　　　　　　　　　　　（0.5 分）

正确做法：预制构件采用靠放架放置时，与车面的倾角应大于 80°。　　　（0.5 分）

⑤ 构件水平运输叠放，均不得超过 6 层；　　　　　　　　　　　　　　　　（0.5 分）

正确做法：板类构件叠放层数不宜超过 6 层。　　　　　　　　　　　　　　（0.5 分）

2．（本小题 5.0 分）

不妥之处：

① 将构件运至尚未硬化的场地；　　　　　　　　　　　　　　　　　　　　（0.5 分）

正确做法：预制构件存放场地应平整坚实，并有排水措施。　　　　　　　（0.5 分）

② 将预制构件集中存放；　　　　　　　　　　　　　　　　　　　　　　　（0.5 分）

正确做法：预制构件应根据产品品种、规格型号、检验状态分类存放。　（0.5 分）

③ 剪力墙预埋吊件朝向外侧、标示牌朝向内侧；　　　　　　　　　　　　（0.5 分）

正确做法：剪力墙预埋吊件应朝上，标示牌应朝向外侧。　　　　　　　　（0.5 分）

④ 现场叠合板、阳台栏板上、下层垫块错开设置；　　　　　　　　　　　（0.5 分）

正确做法：叠合板、阳台栏板每层构件之间的垫块应上下对齐。　　　　（0.5 分）

⑤ 预制柱、梁集中靠放在闲置的靠放架上；　　　　　　　　　　　　　　（0.5 分）

正确做法:预制柱、梁等细长构件应平放,且用两条垫木支撑。 (0.5分)

(二)

某新建高层住宅工程,2层以下为现浇钢筋混凝土结构,2层以上为装配式混凝土结构,竖向构件采用钢筋套筒灌浆连通腔施工工艺,并合理划分了连通灌浆区域。

监理工程师在检查第4层竖向钢构件钢筋套筒连接时发现,留置了3组边长为70.7mm的立方体灌浆料标准养护试件,留置了1组边长为150mm的立方体坐浆料标准养护试件,对此要求整改。

冬期施工方案中规定:①基础底板采用C40/P6抗渗混凝土,养护期间按规定进行温度测量;②预制墙板钢筋套筒灌浆连接采用低温型灌浆料。监理工程师要求项目部密切关注施工环境温度和灌浆部位温度,底板混凝土在达到受冻临界强度后方可停止测温。

监理人对8层受弯构件和梁、柱等节点后浇混凝土进行现场检查时,发现预制构件结合面疏松部分的混凝土没有完全剔除,随即要求施工单位按要求清理干净。

问题:

1. 竖向构件每个连通灌浆区域应预留哪些孔道?竖向钢筋套筒灌浆连通腔灌浆,应采用何种方式?当必须改变灌浆点时,应满足哪些技术要求?
2. 指出上述背景中的不妥之处,并说明正确做法(本小题2处不妥,多写不得分)。钢筋采用套筒灌浆连接时,灌浆质量应满足哪些要求?
3. 分别答出低温型灌浆料施工开始24h内的灌浆部位温度、施工环境温度最低要求值。
4. 受弯构件和后浇混凝土的施工应满足哪些要求?

(二)

1. (本小题4.5分)
1)灌浆孔、出浆孔、排气孔。 (1.5分)
2)一点灌浆。 (1.0分)
3)各灌浆套筒已封堵的下部灌浆孔、上部出浆孔宜重新打开,待灌浆料拌合物再次平稳流出后进行封堵。 (2.0分)

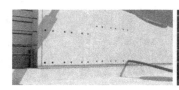

2. (本小题6.0分)
1)不妥之处:
① 留置3组边长70.7mm的立方体灌浆料标准养护试件; (1.0分)
正确做法:每层应留3组40mm×40mm×160mm的灌浆料标准养护试件。 (1.0分)
② 留置1组边长150mm的立方体坐浆料标准养护试件; (1.0分)
正确做法:每层应留3组边长70.7mm的立方体坐浆料标准养护试件。 (1.0分)
2)饱满、密实,所有出口均应出浆。 (2.0分)

3. (本小题2.0分)
1)低温型灌浆料施工开始24h内的灌浆部位温度不低于-5℃。 (1.0分)

2）灌浆施工过程中施工环境温度不低于0℃。　　　　　　　　　　　　（1.0分）
4. （本小题7.0分）
1）受弯构件：【荷载支撑结合面】
① 临时支撑与施工荷载应满足设计和施工方案要求；　　　　　　　　（1.0分）
② 浇筑前，应检查结合面粗糙度及预制构件外露钢筋；　　　　　　　（1.0分）
③ 构件在后浇混凝土强度达到设计要求后，撤除临时支撑。　　　　　（1.0分）
2）后浇混凝土：【清理安装洒水料】
① 预制构件结合面疏松部分的混凝土应剔除并清理干净；　　　　　　（1.0分）
② 模板安装尺寸及位置应正确，并应防止漏浆；　　　　　　　　　　（1.0分）
③ 在浇筑混凝土前应洒水湿润，结合面混凝土应振捣密实；　　　　　（1.0分）
④ 连接部位后浇混凝土与灌浆料强度达到设计要求，方可撤除临时固定措施。
　　　　　　　　　　　　　　　　　　　　　　　　　　　　　　　　（1.0分）
【解析】

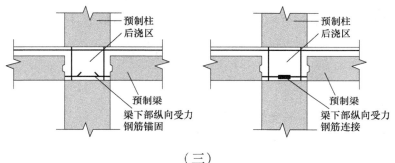

（三）

某新建高层住宅工程，地下1层，地上12层，2层以下为现浇钢筋混凝土结构，2层以上为装配式混凝土结构。

叠合板预制构件未进行结构性能检验，无驻厂监督生产。进场后，项目部会同监理工程师按规定对叠合板预制构件主要受力钢筋规格等项目进行实体检验，合格后批准使用。

施工结束后，施工单位选取第4层外墙板进行现场淋水试验。

问题：
1. 预制叠合板混凝土和预埋件分别应验收哪些内容？叠合板预制构件进场后的实体检验项目还有哪些？
2. 外墙板淋水性能试验的抽检要求包括哪些？

（三）
1. （本小题8.0分）
1）混凝土：粗糙面的质量，键槽的尺寸、数量、位置。　　　　　　　（2.0分）
2）预埋件：规格、数量、位置。　　　　　　　　　　　　　　　　　（2.0分）
3）主要受力钢筋数量、间距、保护层厚度、混凝土强度。　　　　　　（4.0分）
2. （本小题5.0分）
1）每1000m² 外墙（含窗）面积应划分为一个检验批，不足1000m² 时也应划分为一个检验批，每个检验批应至少抽查一处。　　　　　　　　　　　　　　　（3.0分）

2）抽查相邻两层 4 块墙板形成的水平、竖向十字接缝，面积≥10m²。　　　　（2.0分）

第四节　钢　结　构

一、客观选择

1.【生学硬练】目前钢结构中，高强度螺栓广泛采用的基本连接形式是（　　）。
   A. 摩擦连接　　　　　　　　　　B. 张拉连接
   C. 承压连接　　　　　　　　　　D. 焊缝连接
   考点：钢结构——螺栓连接
   【解析】
   1）摩擦连接：利用高强螺栓与被连接件之间产生的摩擦力，达到紧密连接的效果。
   2）承压连接：是依靠螺栓本身良好的抗剪能力以及孔壁承压传力的一种形式。
   3）张拉连接：在螺栓拧紧后，外力完由螺栓承担的连接方式，一般用于预应力索节点。

2.【生学硬练】高强度螺栓连接处的摩擦面的处理方法通常有（　　）等。
   A. 喷砂（丸）法　　　　　　　　B. 酸洗法
   C. 砂轮打磨法　　　　　　　　　D. 人工除锈法
   E. 碱洗法
   考点：钢结构——螺栓连接
   【解析】"酸打砂丸"——喷砂、喷丸、砂轮、打磨法。
   强干扰是"人工除锈"，这属于钢筋的除锈方法。
   不可碱洗！摩擦面处理的目的是增加高强螺栓的摩擦力；碱洗起到的是反作用，会让螺栓变得光滑。

3.【生学硬练】钢结构螺栓连接紧固的要求有（　　）。
   A. 普通螺栓紧固应从中间开始，对称向两边进行
   B. 永久性普通螺栓外露丝扣不应少于 2 扣
   C. 高强度螺栓不能穿过螺栓孔时，可用气割扩孔
   D. 高强度螺栓不得兼作安装螺栓
   E. 普通螺栓作为永久性连接螺栓时，头侧放置的垫圈不应多于 2 个
   考点：钢结构——螺栓连接
   【解析】高强度螺栓应能自由穿入螺栓孔，不能穿过时可用铰刀或锉刀修孔，不应气割扩孔。

 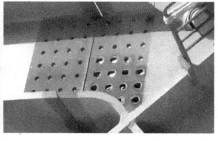

4. 【生学硬练】关于钢结构高强度螺栓安装的说法,正确的有(　　)。
A. 应从螺栓群中部开始向四周扩展逐个拧紧
B. 应从螺栓群四周开始向中部集中逐个拧紧
C. 应从刚度大的部位向不受约束的自由端进行
D. 应从不受约束的自由端向刚度大的部位进行
E. 同一个接头中高强度螺栓初拧、复拧、终拧应在24h内完成
考点：钢结构——螺栓连接
【解析】 选项A、C、E正确,应力外扩原理。高强度螺栓连接副初拧、复拧和终拧的顺序原则上是从接头刚度较大的部位向约束较小的部位、从螺栓群中央向四周进行。

5. 【生学硬练】钢结构普通螺栓作为永久性连接螺栓施工时,其施工做法错误的是(　　)。
A. 每个螺栓头侧放置的垫圈不应多于1个,螺母侧垫圈不应多于2个
B. 螺母应和结构构件表面的垫圈密贴
C. 因承受动荷载而设计要求放置的弹簧垫圈必须设置在螺母一侧
D. 螺栓紧固质量可采用锤击法检查
考点：钢结构——螺栓连接
【解析】 选项A错误,说反了,应该是每个"螺栓头侧"放置不超过2个垫圈,螺母侧垫圈不超过1个。

选项C,"垫圈"是设置在螺母和被连接件之间的零件,用来保护被连接件表面不被螺母擦伤,分散螺母与被连接件的压力。

弹簧垫圈,是"防止螺母松动"的一种弹垫。弹簧垫圈应放置在螺母侧,有防松作用,而平垫没有。此外,弹簧垫圈还能在螺母拧紧之后,给螺母一个力,增大螺母与螺栓之间的摩擦力。

6. 【生学硬练】关于钢柱的安装,下列说法正确的是(　　)。
A. 柱脚安装时,锚栓宜使用导入器或护套
B. 首节钢柱安装后应及时进行垂直度、标高和轴线位置校正,钢柱的垂直度可采用水准仪测量
C. 5层的钢柱定位轴线应从4层控制轴线直接引上
D. 柱基基础分批交接时,每次交接验收不应少于2个安装单元
考点：钢结构——钢柱安装
【解析】 选项B错误,钢柱垂直度可采用经纬仪或线锤测量(角度测量)。

选项C错误,首节以上钢柱定位轴线,从地面控制线直接引上,不得从下层柱轴线往上引。

选项D错误,柱基基础分批交接时,每次交接验收不应少于1个安装单元。

7. 【生学硬练】在多层及高层钢结构工程进行柱安装时,每节柱的定位轴线应从(　　)直接引上。
A. 地面控制桩　　　　　　　　　　B. 地面控制轴线
C. 首层柱轴线　　　　　　　　　　D. 下层柱的轴线?
考点：钢结构——钢柱安装
【解析】 安装柱时,每节柱的定位轴线应从"地面控制轴线"直接引上,不得从下层

柱的轴线引上。这么做主要是为了防止误差积累。

8.【生学硬练】关于钢梁吊装，下列说法正确的有（   ）。

A. 钢梁宜采用一点起吊

B. 长度超过20m的单根钢梁，宜采用平衡梁或设置3~4个吊装带吊装

C. 吊点位置可根据经验确定

D. 钢梁可采用一机一吊或一机串吊

E. 钢梁面标高及两端高差可用水准仪与标尺测量，校正完应进行永久性连接

考点：钢结构——钢梁安装

【解析】 选项A错误，钢梁宜采用两点起吊。

选项B错误，单根钢梁长度>21m，两点起吊不满足构件强度和变形要求时，宜设置3~4个吊装点吊装或采用平衡梁吊装。【2134平衡梁】

选项C错误，吊点位置应通过计算确定。

9.【生学硬练】关于单层钢结构安装的说法，下列正确的是（   ）。

A. 单跨必须按中间向两端的顺序进行吊装

B. 多跨结构，宜先吊副跨、后吊主跨

C. 多台起重设备共同作业时，可多跨同时吊装

D. 单层钢结构，可先扩展安装面积，再形成稳定的空间结构体系

考点：钢结构——单层钢结构安装

【解析】 选项A错误，单跨结构宜从跨端一侧向另一侧、从中间向两端或两端向中间的顺序进行吊装。

选项B错误，多跨结构，宜先吊主跨、后吊副跨。

选项D错误，单层钢结构在安装过程中，应及时安装临时柱间支撑或稳定缆绳，应在形成空间结构稳定体系后再扩展安装。

10.【生学硬练】钢结构安装过程中形成的临时空间结构稳定体系应能承受（   ）。

A. 结构自重   B. 风荷载、雪荷载

C. 施工荷载   D. 吊装完成后可能出现的冲击荷载

E. 火灾

考点：钢结构——单层钢结构安装

【解析】 单层钢结构安装过程中形成的临时空间结构稳定体系应能承受结构自重、风荷载、雪荷载、施工荷载以及吊装过程中冲击荷载的作用。

11.【生学硬练】关于大跨度钢结构，下列说法正确的有（   ）。

A. 高空散装法适用于全支架拼装的各种空间网格结构，高空悬拼安装法适用于大悬挑空间钢结构

B. 分条或分块安装法适用于分割后结构刚度和受力状况改变较大的空间网格结构

C. 滑移法适用于能设置平行滑轨的各种空间网格结构，尤其适用于跨越施工或场地狭窄、起重运输不便等情况

D. 整体提升法适用于平板空间网格结构

E. 整体顶升法适用于支点较少的空间网格结构，整体吊装法适用于中小型空间网格结构

考点：钢结构——大跨度钢结构安装

【解析】 分条或分块安装法适用于分割后结构刚度和受力状况改变较小的空间网格结构。【散装全支架，悬拼大悬挑；滑移场地窄，分分受力小。提升看平板，顶升支点少；最后看吊装，适用网格小】

高空散装法

定义
指网格结构的杆件和节点或事先拼成的小拼单元直接在设计位置总拼，拼装时一般要搭设全支架，有条件时，可选用局部支架的悬挑法安装，以减少支架的用量
特点
脚手架用量大，高空作业多，工期较长，技术上有一定难度
应用
适用于全支架拼装的各种类型的空间网格结构，尤其适用于螺栓连接、销轴连接等非焊接连接的结构

分条、分块安装法

定义
分条分块安装法，是将整个空间网格结构的平面分割成若干条状或块状单元，吊装就位后再在高空拼成整体。分条一般是在网格结构的长跨方向上分割。条状单元的大小，视起重机起重能力而定
特点
有利于提高工程质量，可节省大量拼装支架
应用
适用于分割后刚度和受力状况改变较小的网架

整体顶升法

整体提升法

定义
整体顶升法或整体提升法只能垂直起升，不能水平移动。顶升与提升的区别是：空间网格结构在起重设备的上面称为顶升；空间网格结构在起重设备的下面称为提升
特点
采用顶升法，应特别注意由于顶升的不同步、顶升设备作用力的垂直度等原因而引起的偏移问题，应采取措施尽量减少偏移；但对提升法来说，则不是主要问题。因此，起升、下降的同步控制，顶升法要求更严格

12. 【生学硬练】钢结构涂装施工正确的有（　　）。
A. 施工环境温度宜为 5~30℃，相对湿度应≤80%
B. 涂装时构件表面不应有结露，涂装后 4h 内应保护免受雨淋
C. 厚涂型防火涂料 80% 及以上面积应符合耐火极限要求
D. 厚涂型防火涂料最薄处厚度应不小于设计要求的 85%

E. 薄涂型防火涂料最薄处厚度应不小于设计要求的75%

考点： 钢结构——涂装工程

【解析】 选项A错误，结构涂装的施工环境温度为5~38℃，相对湿度为85%以下。

选项B正确，钢结构涂装至少得4h才能晾干，性能才能逐渐趋于稳定。

选项C、D正确，这叫"面积厚度两维度，8085双标控"。

二、参考答案

题号	1	2	3	4	5	6	7	8	9	10
答案	A	ABC	ABDE	ACE	A	A	B	DE	C	ABC
题号	11	12								
答案	ACDE	BCD								

三、主观案例及解析

（一）

某高校图书馆工程，项目部计划采用高空散装法施工屋面网架，监理工程师审查时认为高空散装法施工高空作业多、安全隐患大，建议修改为分条安装法施工。

钢结构网架构件加工前，施工单位进行了施工图纸审查、施工图详图设计等工作（高强度螺栓连接详图如图4-7所示）。

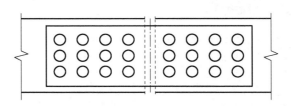

图4-7 高强度螺栓连接详图

钢结构进行防火涂装前，监理工程师发现经处理后的钢材表面存在焊渣、焊疤等外观缺陷，随即要求施工单位按要求整改。防火涂装验收合格后，施工单位采用涂刷法进行防腐涂装。

问题：

1. 监理工程师的建议是否合理？网架安装方法还有哪些？（至少写出4个）

2. 钢结构网架构件加工前，施工单位还应进行哪些准备工作？请将图4-7右侧母板所示高强螺栓连接图绘制在答题卡上，用数字"1~12"表示其施拧顺序。

3. 经处理后的钢结构连接摩擦面不应有哪些现象？防腐涂装方法还有哪些？

（一）

1. （本小题4.0分）

1）监理工程师的建议合理。 （1.0分）

2）网架安装方法还有：

①滑移法；②整体吊装法；③整体提升法；④整体顶升法。 (3.0分)

【评分标准：写出3项，即可得3.0分】

2．（本小题7.0分）

1）加工前，还应：

①提料备料；②进行工艺试验；③编制工艺规程；④进行技术交底。 (4.0分)

2） 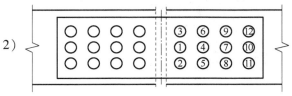 (3.0分)

3．（本小题9.0分）

1）污垢、焊疤、氧化铁皮、毛刺、飞边、焊接飞溅物。 (6.0分)

2）手工滚涂法、空气喷涂法、高压无气喷涂法。 (3.0分)

第五节　砌 体 结 构

一、客观选择

1．【生学硬练】采用普通砂浆砌筑填充墙时，烧结空心砖、轻骨料混凝土小型空心砌块应（　　）。

A．当天浇水湿润　　　　　　　　B．提前1~2天浇水湿润

C．不应浇水　　　　　　　　　　D．可以喷水湿润表面，但不浇水

考点：砌体结构——砌筑块材

【解析】　采用普通砂浆砌筑填充墙时，烧结空心砖、轻骨料混凝土小型空心砌块应提前1~2天浇水湿润；蒸压加气块采用专用砂浆或普通砂浆砌筑时，应在砌筑当天对砌块砌筑面浇水湿润。

2．【生学硬练】墙体底部宜现浇混凝土坎台的厨房、卫生间，其高度宜为（　　）mm。

A．200　　　　　B．150　　　　　C．100　　　　　D．50

考点：砌体结构——砌筑要点

【解析】　在厨房、卫生间、浴室等处采用轻骨料混凝土小型空心砌块、蒸压加气混凝土砌块砌筑墙体时，墙底部宜现浇混凝土坎台，其高度应为150mm。

3．【生学硬练】关于砖墙留置临时施工洞口的说法，正确的是（　　）。

A．侧边距交接处墙面不应小于400mm，洞口净宽不应超过1.2m

B．临时洞口顶部宜设过梁，也可在洞口上部逐层挑砖封口，并预埋水平拉结筋

C．抗震设防烈度为7度及以上地震区，临时洞口位置应会同设计单位确定

D．墙梁构件的墙体不宜留临时洞口，当需要留置时，应会同监理单位确定

考点：砌体结构——砌筑要点

【解析】　选项A错误，临时洞口净宽应≤1m，其侧边距交接处墙面应≥500mm。选项C错误，抗震设防烈度为9度及以上地震区，临时洞口位置应会同设计单位确定。

选项 D 错误，墙梁构件的墙体不宜留临时洞口，当需要留置时，应会同设计单位确定。

4.【生学硬练】关于抗震多层砖房钢筋混凝土构造柱施工技术的说法，正确的是（　　）。

A. 墙与柱应沿高度方向每 500mm 设 1φ6 钢筋，且竖向偏差不应超过 100mm
B. 墙体拉结筋埋入长度从留槎处算起，6、7 度地区不应小于 1000mm；末端设 90°弯钩
C. 砖墙应砌成马牙槎，马牙槎应先退后进，马牙槎沿高度方向的尺寸不宜超过 500mm，凹凸尺寸宜为 60mm
D. 多孔砖的孔洞应平行于受压面砌筑

考点： 砌体结构——砌筑要点

【解析】 选项 A 错误，墙与柱应沿高度方向每 500mm 设 2φ6 钢筋，长度不小于 1m。

选项 C 错误，砖墙应砌成马牙槎，马牙槎沿高度方向的尺寸不宜超过 300mm。

选项 D 错误，多孔砖的孔洞应垂直于受压面砌筑。

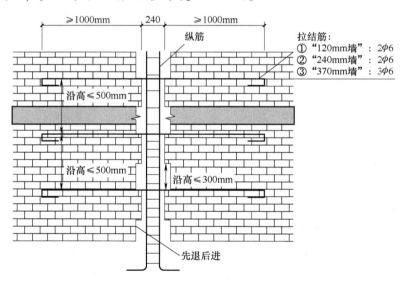

5.【生学硬练】设有钢筋混凝土构造柱的抗震多层砖房，施工顺序正确的是（　　）。

A. 砌砖墙→绑扎钢筋→浇筑混凝土
B. 绑扎钢筋→浇筑混凝土→砌砖墙
C. 绑扎钢筋→砌砖墙→浇筑混凝土
D. 浇筑混凝土→绑扎钢筋→砌砖墙

考点： 砌体结构工程施工

【解析】 多层砌体房屋基本施工顺序：先绑钢筋，再砌砖墙，最后浇筑混凝土。

6. 【生学硬练】关于砌体工程施工，下列说法正确的有（　　）。
A. 正常施工条件下，每日砌筑高度不宜超过 1.2m
B. 冬季施工，每日砌筑高度不宜超过 1.5m
C. 砂浆拌合水温不宜超过 80℃
D. 砂加热温度不宜超过 40℃
E. 水泥不得与 80℃ 以上的热水直接接触

考点：砌体结构——砌筑要点
【解析】
1）正常施工条件下，砖砌体每日砌筑高度宜控制在 1.5m 或一步脚手架高度内；冬季施工应控制在 1.2m 内。因此，选项 A、B 说反了。
2）水泥不得与 80℃ 以上的热水直接接触，这是肯定的。

7. 【生学硬练】关于砌筑空心砖墙的说法，正确的有（　　）。
A. 空心砖墙底部宜砌 2 皮烧结普通砖
B. 空心砖孔洞应沿墙呈垂直方向
C. 拉结钢筋在空心砖墙中的长度不小于空心砖长加 200mm
D. 空心砖墙的转角、交接处应同时砌筑，不得留直槎
E. 空心砖墙的转角、交接处留斜槎时，高度不大于 1.2m

考点：砌体结构——砌筑要点
【解析】 选项 A 错误，空心砖墙底部宜砌 3 皮烧结普通砖。
选项 B 错误，空心砖孔洞应沿墙呈水平方向。
选项 C 错误，拉结钢筋在空心砖墙中的长度不小于空心砖加长 240mm。

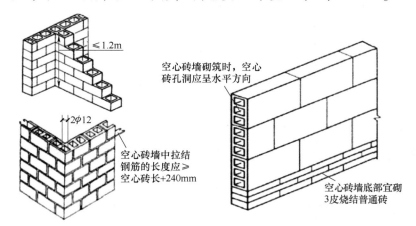

8. 【生学硬练】关于混凝土小砌块砌体的施工要点，下列说法正确的有（　　）。
A. 单排孔小砌块搭接长度应为块体长度的 1/3
B. 不满足搭砌要求的部位，水平灰缝中设 φ4mm 钢筋网片，网片两端与竖缝距离不得小于 400mm，或采用配块
C. 墙体竖向通缝不应大于 3 皮小砌块，独立柱竖向通缝不得大于 2 皮砖
D. 砌筑墙体时，小砌块产品龄期不应少于 28 天，小砌块应底面朝上反砌于墙上
E. 小砌块不得与其他材料混砌，局部嵌砌时，采用不小于 C25 的预制混凝土砌块

考点： 砌体结构工程施工

【解析】 选项 A 错误，单排孔小砌块搭接长度应为块体长度的 1/2；多排孔小砌块搭接长度宜≥块体长度的 1/3。

选项 C 错误，墙体竖向通缝应≤2 皮小砌块，独立柱不得有竖向通缝。

选项 E 错误，小砌块墙内不得混砌黏土砖或其他墙体材料。当需要局部嵌砌时，应采用强度等级不低于 C20 的适宜尺寸的配套预制混凝土砌块。

单排孔小砌块砌筑

砌体通缝

混凝土小砌块-砌筑要点

搭砌：单排孔小砌块搭接长度应为块体长度的 1/2；多排孔小砌块搭接长度宜≥块体长度的 1/3

网片：不满足搭砌要求的部位，水平灰缝中设 φ4mm 钢筋网片，网片两端与竖缝距离≥400mm 或采用配块

通缝：墙体竖向通缝应≤2 皮小砌块，独立柱不得有竖向通缝

9.【生学硬练】混凝土小砌块砌体的铺浆长度及砌筑要点，下列说法正确的有（　　）。

A. 砌筑小砌块时，宜使用专用铺灰器铺放砂浆，且应随铺随砌

B. 未采用专用铺灰器时，一次铺灰长度不宜大于 3 块主规格块体的长度

C. 小砌块每日砌筑高度宜控制在 1.5m 或一步脚手架高度内

D. 临时间断处可砌成直槎，但必须是凸槎

E. 临时施工洞口可预留直槎补砌洞口，小砌块孔洞用 Cb20 或 C20 的混凝土灌实

考点： 砌体结构工程施工

【解析】 选项 B 错误，未采用专用铺灰器时，一次铺灰长度不宜大于 2 块主规格块体的长度。

选项 C 错误，小砌块每日砌筑高度宜控制在 1.4m 或一步脚手架高度内。

选项 D 错误，临时间断处应砌成斜槎，水平投影长度不应小于斜槎高度。

二、参考答案

题号	1	2	3	4	5	6	7	8	9
答案	B	B	B	B	C	CDE	DE	BD	AE

三、主观案例及解析

（一）

某乡镇 16 村集体搬迁安置项目工程，建筑面积 163000m²。工程分四个标段，每个标段包括 5 幢结构形式为全现浇框架-剪力墙结构的商品房和 10 幢多层砌体结构安置房。

3号楼主体结构封顶后,进行二次结构施工。二次结构填充墙砌体采用轻骨料小型混凝土砌块和蒸压加气混凝土砌块,蒸压加气混凝土砌体采用专用粘结砂浆"薄灰法"砌筑。监理工程师现场检查时发现以下问题:

1)蒸压加气块和局部采用多孔砖和混凝土砖的部位,提前浇水湿润。
2)加气块错缝搭砌,长度仅为砌块长度的1/4。
3)经测量,填充墙砌体水平及竖向灰缝宽度为12mm。
4)小砌块墙体孔洞填充隔热、隔声材料,砌筑完成后全部填满并捣实。
5)卫生间120mm厚砖墙施工时,沿墙高500mm设置1φ6拉结筋;埋入长度从留槎处算起,只有500mm;末端设90°弯钩。
6)纵横墙交接处及转角处未同时砌筑,且留成直槎。
7)填充墙砌筑7天后进行顶砌施工。
8)砌块与拉结筋的连接,钢筋直接铺设在砌块上。

监理工程师再检查带壁柱墙砌筑时,发现施工单位不按要求施工,随即要求其整改。

问题:
1. 指出填充墙砌体施工的不妥之处,并写出正确做法。
2. 砖柱和带壁柱墙砌筑应符合哪些要求?

(一)

1.(本小题8.0分)

不妥之处:

① 蒸压加气块、多孔砖、混凝土砖,提前浇水湿润; (0.5分)

正确做法:采用专用粘结砂浆不得浇水湿润,混凝土多孔砖及混凝土实心砖不宜浇水湿润,气候干燥炎热的情况下,宜在砌筑前对其浇水湿润。 (0.5分)

② 加砌块错缝搭砌,长度仅为砌块长度的1/4; (0.5分)

正确做法:蒸压加气块错缝搭砌长度不应小于砌块长度的1/3,且不应小于150mm,当无法满足时,应采用加强钢筋网片。 (0.5分)

③ 砌体砂浆水平及竖向灰缝宽度为12mm; (0.5分)

正确做法:采用"薄灰法"砌筑时,灰缝宽度为2~4mm。 (0.5分)

④ 填充隔热、隔声材料时,砌筑完成后全部填满并捣实; (0.5分)

正确做法:小砌块墙体孔洞填充隔热、隔声材料时,应砌一皮填充一皮,且应填满,不得捣实。 (0.5分)

⑤ 设置1φ6拉结筋,埋入长度只有500mm; (0.5分)

正确做法:应沿高每隔500mm设2φ6拉结筋,并锚入墙内不小于1000mm。 (0.5分)

⑥ 纵横墙交接处及转角处未同时砌筑,且留成直槎; (0.5分)

正确做法:纵横墙交接处及转角处同时砌筑;不能同时筑,应留成斜槎,其水平投影长度应≥高度的2/3。 (0.5分)

⑦ 填充墙砌筑7天后进行顶砌施工; (0.5分)

正确做法:填充墙梁下口最后三皮砖应在下部墙体砌完至少14天后,从中间向两边斜砌施工。 (0.5分)

⑧ 砌块与拉结筋的连接,钢筋直接铺设在砌块上; (0.5分)

正确做法：砌块与拉结筋的连接，应预先在砌块上表面开设凹槽；砌筑时，钢筋居中放置在凹槽砂浆内。　　　　　　　　　　　　　　　　　　　　　　　　(0.5分)

【解析】

2．（本小题3.0分）

1）砖柱不得采用包心砌法。　　　　　　　　　　　　　　　　　　　　(1.0分)

2）带壁柱墙的壁柱应与墙身同时咬槎砌筑。　　　　　　　　　　　　　(1.0分)

3）异形柱、垛用砖，应根据排砖方案事先加工。　　　　　　　　　　　(1.0分)

（二）

某施工单位中标新建教学楼工程，建筑面积24600m²，地上4层钢筋混凝土框架-剪力墙结构，部分楼板采用预制钢筋混凝土叠合板，砌体采用空心混凝土砌块，外立面为玻璃和石材幕墙，部分内墙采用装饰抹灰工艺。

项目部在自检中发现填充墙与主体结构交接处出现裂缝，技术人员制订了在柱边设置间距500mm的2ϕ6钢筋、里口用半砖斜砌墙等专项防治措施，要求现场严格执行。

问题：

填充墙与主体结构交接处的裂缝一般出现在哪些部位？其防治措施还有哪些？

（二）

（本小题4.0分）

1）框架梁底、柱边。　　　　　　　　　　　　　　　　　　　　　　　(1.0分)

2）防治措施还有：

① 填充墙梁下口最后3皮砖应在下部墙砌完14天后砌筑；　　　　　　　(1.0分)

② 外窗下为空心砖墙时，将窗台改为细石混凝土并加配钢筋；　　　　　(1.0分)

③ 柱与填充墙接触面应设加强网片。　　　　　　　　　　　　　　　　(1.0分)

第五章　防水工程

近五年分值排布

题型及总分值	分值				
	2024 年	2023 年	2022 年	2021 年	2020 年
选择题	2	1	1	1	0	1
案例题	0	5	5	0	0	0
总分值	2	6	6	1	9	1

➢ 核心考点

第一节：地下防水工程
　　考点一、防水通用规范
　　考点二、混凝土防水
　　考点三、砂浆防水
　　考点四、卷材防水
　　考点五、涂料防水
第二节：屋面防水工程
　　考点一、防水等级
　　考点二、防水构造
　　考点三、防水验收
第三节：防水工程通病治理
　　考点一、防水混凝土漏水
　　考点二、防水卷材起鼓

第一节　地下防水工程

一、客观选择

1.【生学硬练】下列构造层中，（　　）不应作为一道防水层。
A. 混凝土屋面板　　　　　　　　B. 塑料排水板
C. 注浆加固　　　　　　　　　　D. 装饰瓦和防水垫层
E. 水泥基渗透结晶防水材料
考点：《建筑与市政工程防水通用规范》

【解析】 根据《建筑与市政工程防水通用规范》的4.1.2节，下列构造层不应作为一道防水层：①混凝土屋面板；②塑料排水板；③不具备防水功能的装饰瓦和不搭接瓦；④注浆加固。

2.【生学硬练】工程防水的基本原则包括（　　）。
A. 因地制宜　　　　　　　　B. 以防为主
C. 以排为主　　　　　　　　D. 防排结合
E. 综合治理

考点：《建筑与市政工程防水通用规范》

【解析】 根据《建筑与市政工程防水通用规范》的2.0.1节，工程防水应遵循因地制宜、以防为主、防排结合、综合治理的原则。

3.【生学硬练】关于中埋式止水带施工规定，下列说法正确的是（　　）。
A. 钢板止水带采用焊接连接时应电焊
B. 橡胶止水带应采用冷粘搭接，连接接头可设在结构转角处，且转角处呈圆弧状
C. 自粘丁基橡胶钢板止水带自粘搭接长度不应小于80mm，机械固定时不应小于50mm
D. 钢边橡胶止水带铆接时，铆接部位应采用热熔胶带密封

考点： 地下防水——防水施工

【解析】 中埋式止水带施工的规定如下：
1）钢板止水带采用焊接连接时应满焊。
2）橡胶止水带应采用热硫化连接，连接接头不应设在结构转角部位，转角部位应呈圆弧状。
3）自粘丁基橡胶钢板止水带自粘搭接长度不应小于80mm，当采用机械固定搭接时，搭接长度不应小于50mm。
4）钢边橡胶止水带柳接时，柳接部位应采用自粘胶带密封。

4.【生学硬练】下列有关防水混凝土材料选用及混凝土浇筑的说法，正确的有（　　）。
A. 宜选用硅酸盐、普通硅酸盐，试配时的抗渗等级应比设计要求提高2MPa
B. 石子最大粒径不宜大于40mm，砂子含泥量不超过1%，泥块含量不超过3%
C. 防水混凝土应分层连续浇筑，分层厚度不超过500mm
D. 尽量少留施工缝，混凝土应机械振捣，搅拌时间为2min
E. 高温期施工时，入模温度不应高于30℃；防水混凝土设计强度龄期宜为60天或90天

考点： 防水混凝土——施工

【解析】 选项A错误，防水混凝土试配时的抗渗等级应比设计要求提高0.2MPa。
选项B错误，砂子含泥量不超过3%，泥块含量不超过1%。
选项E错误，掺粉煤灰的防水混凝土设计强度龄期宜为60天或90天。

5.【生学硬练】关于防水混凝土施工缝留置技术要求的说法中，正确的有（　　）。
A. 墙体水平施工缝应留在高出底板表面不小于300mm的墙体上
B. 拱（板）墙结合的水平施工缝，宜留在拱（板）墙接缝线以下150~300mm处

第五章　防水工程

C. 墙体有预留洞时，施工缝距孔洞边缘不应小于300mm

D. 垂直施工缝应避开变形缝

E. 垂直施工缝应避开地下水和裂隙水较多的地段

考点：防水混凝土——施工

【解析】 选项D错误，垂直施工缝应结合变形缝设置，避开地下水和裂隙水较多的地段。

6. 【生学硬练】关于水泥砂浆防水层施工环境限制，下列说法正确的有（　　）。

A. 用于地下工程主体结构的迎水面或背水面

B. 不得在雨天、6级及以上大风中施工

C. 养护温度不宜低于5℃，保持砂浆表面湿润，养护不得少于14天

D. 宜采用多层抹压法施工，表面提浆压光

E. 必须留设施工缝时，应采用阶梯坡形槎，但离阴阳角处的距离应≥200mm

考点：防水混砂浆——施工

【解析】 选项B错误，不得在雨天、5级及以上大风中施工。

选项D错误，宜采用多层抹压法施工，最后一层表面提浆压光。

7. 【生学硬练】铺贴厚度小于3mm的地下工程改性沥青卷材时，严禁采用（　　）。

A. 热粘法　　　　　　　　　　B. 热熔法

C. 满粘法　　　　　　　　　　D. 空铺法

考点：卷材防水——防水施工

【解析】 铺贴厚度小于3mm的改性沥青卷材，采用热熔法很容易就焊透了。

8. 【生学硬练】关于防水卷材施工的说法正确的有（　　）。

A. 地下室底板混凝土垫层上铺防水卷材采用满粘

B. 地下室外墙外防外贴卷材采用点粘法

C. 基层阴阳角做成圆弧后再铺贴

D. 铺贴双层卷材，同层相邻两幅卷材搭接缝错开不应小于500mm，上下层卷材长边搭接缝错开不应小于幅宽的1/3

E. 铺贴双层卷材时，上下两层卷材接缝应错开

考点：卷材防水——防水施工

【解析】 地下防水卷材施工：

选项A、B说反了，底板混凝土卷材应采用空铺或点粘法，侧墙采用外防外贴法的卷材、顶板卷材应采用满粘法施工。

选项D错误，描述成屋面卷材施工了。地下防水铺贴双层卷材时，上下两层和相邻两幅卷材的接缝应错开1/3~1/2幅宽，且两层卷材不得垂直铺贴。

二、参考答案

题号	1	2	3	4	5	6	7	8
答案	ABC	ABDE	C	CD	ABCE	ACE	B	CE

三、主观案例及解析

（一）

某高层钢结构工程，建筑面积 28000m²，地下 1 层，地上 20 层。明挖法地下工程现浇混凝土结构防水设计等级为一级（详见表 5-1）。地下室采用外防外贴法铺贴防水卷材，墙体竖向施工缝和下口施工缝采用具有缓胀性的遇水膨胀止水（胶）条密贴。

表 5-1 明挖法地下工程现浇混凝土结构防水要求

防水等级	防水做法	防水混凝土	外设防水层			现浇混凝土结构最低抗渗等级
			防水卷材	防水涂料	水泥基防水材料	
一级	A	B	C			D
二级	≥2 道	1 道，应选	不少于 1 道；任选			P8
三级	≥1 道	1 道，应选	—			P6

进行地下防水工程质量检查验收时，监理工程师对地下防水施工工艺、防水混凝土强度和细部节点构造等内容进行了检查：

1）浇筑底板防水混凝土时，施工单位采用"不分层连续浇筑法"。
2）试配的混凝土抗渗等级与设计强度一致。
3）采用改性沥青外防外贴法施工时，卷材接槎的搭接长度为 100mm。
4）双层卷材施工，上层卷材未能覆盖下层卷材。

然后监理工程师提出了整改要求。

外放外贴法卷材防水层构造如图 5-1 所示。

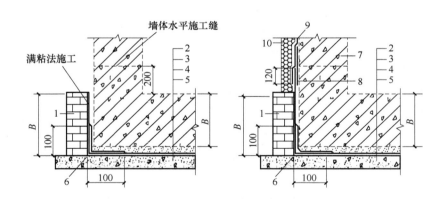

图 5-1 外放外贴法卷材防水层构造
1—永久保护墙　2—细石混凝土保护层　3、9—卷材防水层　4—水泥砂浆找平层　5—混凝土垫层
6、8—卷材加强层　7—结构墙体　10—卷材保护层

问题：

1. 工程防水应遵循哪些原则？写出表 5-1 中 A、B、C、D 处要求的各项内容。
2. 指出地下防水施工的不妥之处，并写出正确做法。指出图 5-1 中存在的错误之处。

第五章 防水工程

(一)

1. (本小题9.0分)
1)【因为合理】
因地制宜、以防为主、防排结合、综合治理。 (4.0分)
2) 要求：
"A" 3道。 (1.0分)
"B" 1道。 (1.0分)
"C" 不应少于2道，防水卷材或防水涂料不应少于1道。 (2.0分)
"D" P8。 (1.0分)

2. (本小题9.0分)
1) 不妥之处：
① 施工单位采用"不分层连续浇筑法"； (0.5分)
正确做法：防水混凝土应分层连续浇筑，分层厚度不得大于500mm。 (0.5分)
② 试配的混凝土抗渗等级与设计强度一致； (0.5分)
正确做法：试配的防水混凝土抗渗等级应比设计要求提高0.2MPa。 (0.5分)
③ 卷材接槎的搭接长度为100mm； (0.5分)
正确做法：改性沥青外防外贴法施工，卷材接槎搭接长度不低于150mm。 (0.5分)
④ 上层卷材未能覆盖下层卷材； (0.5分)
正确做法：双层卷材施工，上层卷材应盖过下层卷材。 (0.5分)
2) 错误之处：
① 未设置临时性保护墙，卷材顶端未用临时性保护墙固定。 (1.0分)
② 底面折向立面、与永久性保护墙的接触部位，应采用空铺法施工。 (1.0分)
③ 阴角处卷材加强层的宽度应为500mm，且加强层应该设置成圆弧形。 (1.0分)
④ 采用高聚物改性沥青防水卷材时，卷材接槎的搭接长度应为150mm。 (1.0分)
⑤ 墙体水平施工缝，应留在高出底板表面不小于300mm的墙体上。 (1.0分)

(二)

某新建住宅工程项目，建筑面积23000m²，地下2层，地上18层，现浇钢筋混凝土剪力墙结构。

监理工程师检查过程中发现：地下室墙体防水混凝土拆模后，墙体表面存在轻微的蜂窝、麻面；墙底则存在比较严重的夹渣和烂根现象；施工缝处混凝土松散，骨料集中，接槎明显，沿缝隙处存在渗漏水现象。

问题：
地下防水子分部的分项有哪些内容？防水混凝土验收时，需要检查哪些部位的设置和构造做法？

(二)

(本小题7.5分)
1) 分项有：【特细体注水】
① 特殊施工法结构防水； (1.0分)
② 细部构造防水； (1.0分)

③ 主体结构防水; (1.0分)
④ 注浆; (1.0分)
⑤ 排水。 (1.0分)

2) 检查的部位:
①变形缝;②施工缝;③后浇带;④穿墙管道;⑤埋设件。 (2.5分)

(三)

某新建住宅工程,建筑面积22000m²,地下1层,地上16层,框架-剪力墙结构,抗震设防烈度7度。

地下防水层施工前,项目部对地下室M5水泥砂浆防水层施工提出了技术要求:采用普通硅酸盐水泥、自来水、中砂、防水剂等材料拌合,中砂含泥量不得大于3%;防水层施工前应采用强度等级M5的普通砂浆将基层表面的孔洞、缝隙堵塞抹平;防水层施工要求一遍成型,铺抹时应压实、表面应提浆压光,并及时进行保湿养护7天。

问题:

1. 找出项目部对地下室水泥砂浆防水层施工技术要求的不妥之处,并写出正确做法。

2. 常用高分子防水卷材有哪些(如三元乙丙)?常用的改性沥青防水卷材有哪些[如弹性体(SBS)改性沥青防水卷材]?

(三)

1. (本小题5.0分)
不妥之处:
① 采用自来水拌合; (0.5分)
正确做法:应采用不含有害物质的洁净水。 (0.5分)
② 中砂含泥量不得大于3%; (0.5分)
正确做法:中砂含泥量不得大于1%。 (0.5分)
③ 防水层施工前应采用强度等级M5的普通砂浆将基层表面的孔洞、缝隙堵塞抹平;
 (0.5分)
正确做法:应采用强度等级M5的防水砂浆。 (0.5分)
④ 防水层施工要求一遍成型; (0.5分)
正确做法:防水砂浆宜采用多层抹压法施工。 (0.5分)
⑤ 及时进行保湿养护7天; (0.5分)
正确做法:养护时间不得少于14天。 (0.5分)

2. (本小题4.5分)
1) 包括:【三乙三元丁橡胶】
聚氯乙烯防水卷材;氯化聚乙烯防水卷材;氯化聚乙烯-橡胶共混防水卷材;三元丁橡胶防水卷材。 (2.0分)

2) 包括:【胎胎用AB胶(太太用AB胶)】
塑性体(APP)改性沥青防水卷材、沥青复合胎柔性防水卷材、自粘橡胶改性沥青防水卷材、改性沥青聚乙烯胎防水卷材、道桥用改性沥青防水卷材。 (2.5分)

第二节 屋面防水工程

一、客观选择

1. 【生学硬练】明挖法地下工程现浇混凝土主体结构防水,防水等级为二级时的防水构造做法正确的有( )。

A. 不应少于 2 道

B. 外设防水层不少于 1 道

C. 外设防水层的防水卷材或防水涂料不应少于 1 道

D. 防水混凝土为 1 道

E. 现浇混凝土结构最低抗渗等级为 P6

考点:《建筑与市政工程防水通用规范》

【解析】 明挖法地下工程现浇混凝土主体结构的防水要求如下:

防水等级	防水做法	防水混凝土	外设防水层			现浇混凝土结构最低抗渗等级
			防水卷材	防水涂料	水泥基防水材料	
一级	≥3 道	1 道,应选	≥2 道;防水卷材或防水涂料应≥1 道			P8
二级	≥2 道	1 道,应选	不少于 1 道;任选			P8
三级	≥1 道	1 道,应选	—			P6

2. 【生学硬练】平屋面工程的防水等级为一级时,下列说法正确的是( )。

A. 卷材防水层不应少于 2 道

B. 卷材防水层不应少于 1 道

C. 卷材防水层或防水涂料任选

D. 防水涂料不应少于 1 道

考点:《建筑与市政工程防水通用规范》

【解析】 平屋面工程的防水要求如下:

防水等级	防水做法	防水层	
		防水卷材	防水涂料
一级	不应少于 3 道	卷材防水层不应少于 1 道	
二级	不应少于 2 道	卷材防水层不应少于 1 道	
三级	不应少于 1 道	任选	

3. 【生学硬练】关于屋面防水基本构造要求,下列说法正确的有( )。

A. 屋面防水应以排为主,以防为辅;防水设计工作年限不应低于 20 年

B. 当设备放置在防水层上时,应设附加层

C. 天沟、檐沟、天窗、雨水管、伸出屋面的管井管道等部位泛水处的防水层应设附加层或进行多重防水处理

D. 屋面雨水天沟、檐沟不应跨越变形缝，屋面变形缝泛水处的防水层应设附加层，防水层应铺贴或涂刷至变形缝挡墙顶面

E. 高低跨变形缝在立墙泛水处，应采用有足够变形能力的材料和构造做密封处理

考点：《建筑与市政工程防水通用规范》

【解析】 选项 A 错误，屋面防水应以防为主，以排为辅；防水设计工作年限不应低于 20 年。

选项 B 正确，设置附加层是为了避免设备安装和使用过程中造成防水层损坏。

选项 C 正确，细部构造设置附加层是为了增强节点密封防水。

选项 D 正确，跨变形缝设置天沟或檐沟，变形缝处容易漏水。

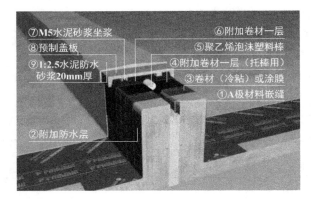

4. 【生学硬练】大跨度建筑屋面，应优先选用（　　）防水材料。

A. 耐穿刺的　　　　　　　　　　B. 耐腐蚀的

C. 耐候性好　　　　　　　　　　D. 耐霉变的

考点： 屋面防水——选材

【解析】 根据《屋面工程技术规范》的 4.1.4 节，防水材料的选择应符合下列规定：

1）外露使用的防水层，应选用耐紫外线、耐老化、耐候性好的防水材料。

2）上人屋面，应选用耐霉变、拉伸强度高的防水材料。

3）长期处于潮湿环境的屋面，应选用耐腐蚀、耐霉变、耐穿刺、耐长期水浸等性能的防水材料。

4）薄壳、装配式结构、钢结构及大跨度建筑屋面，应选用耐候性好、适应变形能力强的防水材料。

5）倒置式屋面应选用适应变形能力强、接缝密封保证率高的防水材料。

6）坡屋面应选用与基层黏结力强、感温性小的防水材料。

7）屋面接缝密封防水，应选用与基材黏结力强和耐候性好、适应位移能力强的密封材料。

5. 【生学硬练】有关屋面防水层施工坡度的基本要求，下列说法正确的有（　　）。

A. 屋面防水应以防为主，以排为辅

B. 混凝土结构层宜采用结构找坡，坡度不应小于 3%

C. 混凝土结构层采用材料找坡时，坡度宜为 2%

D. 檐沟、天沟纵向找坡不应大于 1%

E. 找坡层最薄处厚度不宜小于 40mm

考点：屋面防水——防水构造

【解析】 选项 A 正确，这个主要是针对平屋面。平屋面排水坡度不大，屋面排水过程中，容易产生爬水和尿墙现象（爬水现象，又称毛细现象，指水沿着有孔隙的材料往上"爬"或向四周扩散的现象；尿墙现象，是指墙体之间存在阴水）。因此，屋面防水要在完善防水构造的基础上，选择正确的排水坡度。

选项 B 正确，这个主要是针对坡屋面。坡屋面就是坡度≥3%的屋面；否则局部沟槽当中的阴水排不出去，时间长了容易造成渗漏。

选项 C 正确，材料找坡2%最合适；太小影响排水效果，太大会造成较大的荷载，同时可能影响节能效果。

选项 D 错误，应该是檐沟、天沟纵向找坡不应小于1%，坡度太小了，水排不出去。

选项 E 错误，找坡层最薄处厚度宜≥20mm。

6. 种植平屋面坡度不应小于（　　）。

A. 2%　　　　　　B. 5%　　　　　　C. 10%　　　　　　D. 20%

考点：建筑设计——设计类别

【解析】 种植平屋面排水坡度不宜小于2%；天沟、檐沟的排水坡度不宜小于1%。

7. **【生学硬练】** 有关屋面找平层分格缝施工的说法，下列正确的有（　　）。

A. 找平层应在水泥初凝前压实抹平，终凝后二次压光，并及时取出分格条

B. 找平层的分格缝缝宽宜为5~20mm，分格缝可兼作排汽道，排汽道宽度宜为40mm

C. 排汽道纵横间距宜为6m，屋面面积每36m² 宜设置一个排汽孔

D. 排气道应纵横贯通，并做防水处理

E. 找平层砂浆的养护时间不应少于 14 天

考点：防水施工——找平层

【解析】 找平层应在终凝前二次压光，这叫做"一次抹压初凝前，二次压光终凝前"。

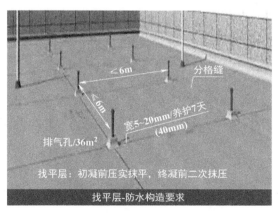

8. **【生学硬练】** 采用有机防水涂料时，基层阴阳角处应做成圆弧，在（　　）等部位应增加胎体增强材料和增涂防水涂料。

A. 转角处　　　　　　　　　　　B. 变形缝、施工缝

C. 穿墙管　　　　　　　　　　　D. 水落口

E. 设备基础

考点：屋面防水——防水构造

【解析】 采用有机防水涂料时，基层阴阳角处应做成圆弧；在转角处、变形缝、施工缝、穿墙管等部位应增加胎体增强材料和增涂防水涂料。

9. 【生学硬练】关于屋面卷材防水施工要求的说法，正确的有（　　）。
   A. 先施工大面，再施工细部
   B. 平行屋脊搭接缝应顺流水方向
   C. 大坡面铺贴应采用满粘法
   D. 上下两层卷材长边搭接缝错开
   E. 上下两层卷材应垂直铺贴

   考点：屋面防水——防水施工

   【解析】 选项 A 错误，卷材施工，先施工细部，即对阴阳角、变形缝、施工缝、水落口等防水关键部位先进行处理，一般是要按规定设置加强层的。而加强层是设置在防水卷材的下方的，因此要先施工细部，后施工大面。

   选项 E 错误，上下层卷材应平行铺贴，不得垂直铺贴。

10. 【生学硬练】屋面防水卷材平行屋脊的卷材搭接缝，其方向应（　　）。
    A. 顺流水方向
    B. 垂直流水方向
    C. 顺年最大频率风向
    D. 垂直年最大频率风向

    考点：屋面防水——防水施工

    【解析】 屋面防水卷材应顺流水方向铺贴，这样水才能顺利排走。

11. 【生学硬练】当屋面坡度达到（　　）时，卷材必须采取满粘和钉压固定措施。
    A. 3%
    B. 10%
    C. 15%
    D. 25%

    考点：屋面防水——防水施工

    【解析】 屋面坡度>25%时，卷材应采取满粘和钉压固定措施。

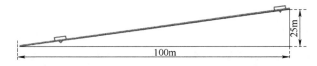

12. 【生学硬练】关于屋面水落口防水构造的说法，正确的是（　　）。
    A. 防水层贴入水落口杯内不应小于30mm，周围直径500mm 范围内的坡度不应小于3%
    B. 防水层贴入水落口杯内不应小于30mm，周围直径500mm 范围内的坡度不应小于5%
    C. 防水层贴入水落口杯内不应小于50mm，周围直径500mm 范围内的坡度不应小于3%
    D. 防水层贴入水落口杯内不应小于50mm，周围直径500mm 范围内的坡度不应小于5%

    考点：屋面防水——防水施工

    【解析】 承重结构555。

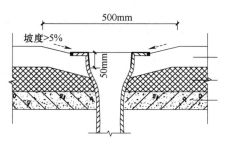

13. 【生学硬练】立面铺贴防水卷材适宜采用（   ）。
A. 空铺法　　　　　　　　B. 点粘法
C. 条粘法　　　　　　　　D. 满粘法

考点： 屋面防水——防水施工

【解析】　立面防水卷材采用空铺法、点粘法、条粘法不够牢固，容易掉落。

14. 【生学硬练】关于屋面分格缝的说法，下列正确的有（   ）。
A. 块体保护层的分格缝纵横间距不应大于10m，分格缝宽度宜为20mm
B. 水泥砂浆保护层，分格面积宜为1m^2
C. 细石混凝土保护层，分格缝纵横间距不应大于6m
D. 保温层上的找平层留设的分格缝，缝宽宜为40mm
E. 保温层上的找平层分格缝兼作排汽道时，宽度宜为40mm，纵横缝间距不宜大于6m

考点： 屋面防水——防水施工

【解析】　保温层上的找平层留设的分格缝，缝宽宜为 5～20mm，兼作排汽道时，宽度宜为 40mm，纵横缝间距不宜大于 6m。屋面防水构造分格缝要求如下：

保温层上的找平层	保护层		
	块体保护层	细石混凝土保护层	水泥砂浆保护层
缝宽宜为 5～20mm；兼作排汽道时，宜为 40mm；纵横缝间距宜≤6m	纵横间距应≤10m；缝宽宜为 20mm	纵横间距不应大于 6m	面积宜为 1m^2

二、参考答案

题号	1	2	3	4	5	6	7	8	9	10
答案	ABD	B	BCDE	C	ABC	A	BCD	ABCD	BCD	A
题号	11	12	13	14						
答案	D	D	D	ABCE						

三、主观案例及解析

（一）

某工程，屋面防水层施工前，项目经理部编制的《屋面工程施工方案》中明确的部分内容如下：

1）6号楼（超高层）屋面防水层选用三元乙丙高分子防水卷材，12号楼（高层）防水层选用2mm厚改性沥青防水卷材。

2）铺贴顺序和方向按平行于屋脊、上下层相互垂直，采用热熔法施工。

问题：

1. 找出《屋面工程施工方案》中的不妥之处。常用不上人屋面保护层材料有哪些？
2. 屋面防水卷材铺贴方法还有哪些？屋面卷材防水铺贴顺序和方向要求还有哪些？卷

材搭接缝的铺贴应满足哪些要求？

（一）

1．（本小题4.0分）

1）不妥之处：

① 上下层相互垂直铺贴； (1.0分)

【解析】 卷材铺贴方向宜平行于屋脊，且上下层卷材不得相互垂直铺贴。

② 采用热熔法进行铺贴。 (1.0分)

【解析】 厚度小于3mm的改性沥青防水卷材，严禁采用热熔法施工。

2）不上人屋面保护层材料：

浅色涂料、铝箔、矿物粒料、水泥砂浆。 (2.0分)

2．（本小题8.5分）

1）铺贴方法还有：

①冷粘法；②热熔法；③自粘法；④焊接法；⑤机械固定法。 (2.5分)

2）要求还有：

① 应先进行细部构造处理，然后由屋面最低标高向上铺贴； (1.0分)

② 宜顺檐沟、天沟方向铺贴，搭接缝应顺流水方向。 (1.0分)

3）卷材搭接缝的铺贴要求

① 平行屋脊的卷材搭接缝应顺流水方向； (1.0分)

② 相邻两幅卷材短边搭接缝应错开，且不得小于500mm； (1.0分)

③ 上下层两幅卷材长边搭接缝应错开，且不得小于幅宽的1/3； (1.0分)

④ 各层卷材在天沟与屋面的交接处，应采用叉接法搭接，搭接缝应错开；搭接缝宜留在屋面与天沟侧面，不宜留在沟底。 (1.0分)

第三节 防水工程通病治理

主观案例及解析

（一）

某施工企业中标新建一办公楼工程，地下2层，地上28层，钢筋混凝土灌注桩基础，上部为框架-剪力墙结构，建筑面积28600m²。

项目部质量员在现场发现屋面卷材有流淌现象，经质量分析讨论，对卷材流淌现象的原因分析如下：

1）胶结料耐热度偏低。

2）找平层的分格缝设置不当。

3）胶结料黏结层过厚。

4）屋面板因温度变化产生胀缩。

5）卷材搭接长度太小。

针对原因分析，整改方案采用钉钉子法：在卷材上部离屋脊200~300mm处钉一排20mm长圆钉，钉孔涂防锈漆。

监理工程师认为屋面卷材流淌现象的原因分析和钉钉子法存在问题,要求施工单位按要求整改。

问题:

写出屋面卷材流淌原因分析中的不妥之处(本小题3项不妥之处,多答不得分)。写出钉钉子法的正确做法。

(一)

(本小题5.0分)

1)不妥之处:

① 找平层的分格缝设置不当; (1.0分)
② 屋面板因温度变化产生胀缩; (1.0分)
③ 卷材搭接长度太小。 (1.0分)

2)钉钉子法的正确做法:

① 当施工后不久,卷材有下滑趋势时,可在卷材的上部离屋脊300~450mm范围内钉三排50mm长圆钉,钉孔上灌胶结料; (1.0分)

② 卷材流淌后,横向搭接若有错动,应清除边缘翘起处的旧胶结料,重新浇灌胶结料,并压实刮平。 (1.0分)

【解析】 质量缺陷——卷材流淌

(1)现象

1)严重流淌:流淌面积占屋面50%以上,大部分流淌距离超过卷材搭接长度。卷材大多折皱成团,垂直面卷材拉开脱空,卷材横向搭接有严重错动。某些脱空和拉断处发生漏水。

2)中等流淌:流淌面积占屋面20%~50%,大部分流淌距离在卷材搭接长度范围之内,屋面有轻微折皱,垂直面卷材被拉开100mm左右,只有天沟卷材脱空竽肩。

3)轻微流淌:流淌面积占屋面20%以下,流淌长度仅2~3cm,屋架端坡处有轻微折皱。

(2)原因分析

1)胶结料耐热度偏低。

2)胶结料黏结层过厚。

3)屋面坡度过陡,而采用平行屋脊铺贴卷材;或采用垂直屋脊铺贴卷材,在半坡进行短边搭接。

下面所示为钉钉子法制止卷材流淌的平面(左)和大样(右)。

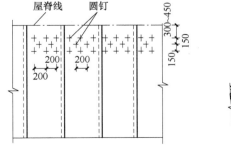
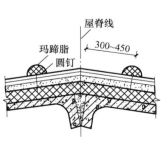

当施工后不久,卷材有下滑趋势时,可在卷材的上部离屋脊300~450mm范围内钉三排50mm长圆钉,钉孔上灌玛蹄脂。卷材流淌后,横向搭接若有错动,应清除边缘翘起处的旧玛蹄脂,重新浇灌玛蹄脂,并压实刮平。

(二)

某新建住宅工程项目,建筑面积23000m²,地下2层,地上18层,现浇钢筋混凝土剪力墙结构。

施工过程中,项目部针对屋面卷材防水层出现的起鼓(直径约260mm)问题,制订了处理方案。方案规定了修补工序,并要求先铲除鼓泡处的保护层等修补工序。并在整改合格后,按要求向监理机构提交了质量控制资料,申请地下防水隐蔽工程验收。监理工程师对防水混凝土强度、抗渗性能和细部节点构造进行了检查,提出了整改要求。

问题:

卷材鼓泡采用割补法治理的工序依次还有哪些?

(二)

(本小题4.0分)

1)用刀将鼓泡按斜十字形割开,放出鼓泡内气体,擦干水分。　　　　　　　　　(1.0分)
2)清除旧胶结料,用喷灯把卷材内部吹干。　　　　　　　　　　　　　　　　　(1.0分)
3)按顺序把旧卷材分片粘好,新贴一块方形卷材压入卷材下。　　　　　　　　　(1.0分)
4)最后粘贴覆盖好卷材,四边搭接好,并重做保护层。　　　　　　　　　　　　(1.0分)

【解析】

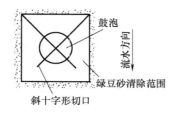
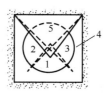

直径100~300mm的鼓泡可用"开西瓜"法治理:

1)先按左图铲除鼓泡处的"绿豆砂",用刀将鼓泡按斜十字形割开,放出鼓泡内气体,擦干水分,清除旧玛蹄脂,再用喷灯把卷材内部烘干。

2)随后按右图"1~3"的顺序把旧卷材分片重新粘贴好,再新贴一块方形卷材"4"[其边长比开刀范围大出50~60mm(与教材说法不一致,但不重要)],压入卷材"5"下。

3)最后粘贴覆盖好卷材"5",四边搭接处用铁熨斗加热抹压平整后,重做绿豆砂保护层。

总结:上述分片铺贴顺序是按屋面流水方向"先下→再左右→后上"。

第六章　建筑节能

近五年分值排布

题型及总分值	分值				
	2024 年	2023 年	2022 年	2021 年	2020 年
选择题	0	2	3	1	0	3
案例题	4	0	0	0	0	0
总分值	4	2	3	1	9	3

➢ 核心考点

第一节：节能构造及施工要求
　考点一、节能材料
　考点二、屋面节能
　考点三、墙体节能
第二节：节能材料及实体检验
　考点一、节能材料检验复验
　考点二、围护结构现场实体检验

第一节　节能构造及施工要求

一、客观选择

1.【生学硬练】下列哪些属于板状保温材料（　　　）。
A. 现浇泡沫混凝土　　　　　　　　B. 硬质聚氨酯泡沫塑料
C. 防水保温岩棉板　　　　　　　　D. 膨胀珍珠岩制品
E. 泡沫玻璃制品

考点： 节能材料——板状

【解析】 选项 A 属于整体保温材料，选项 C 属于纤维保温材料。

板状-材料保温层

聚苯乙烯泡沫塑料、硬质聚氨酯泡沫塑料、膨胀珍珠岩制品、泡沫玻璃制品、加气混凝土砌块、泡沫混凝土砌块

纤维-材料保温层

玻璃棉、岩棉、矿渣棉制品

整体-材料保温层

喷涂硬质聚氨酯泡沫 现浇泡沫混凝土

2. 【生学硬练】屋面保温层施工，若设计有隔汽层，应先施工隔汽层后施工保温层。隔汽层四周应向上沿墙面连续铺设，并至少高出保温层表面（　　）mm。

　　A. 100　　　　B. 150　　　　C. 200　　　　D. 250

　　考点：正置式屋面——隔汽层

　　【解析】　隔汽层的主要作用是"防潮"，即防止保温层受潮。为了加大对保温层的保护，规范要求隔汽层全面覆盖保温层（沿四周墙面连续铺设），并比保温层高出150mm。

3. 【生学硬练】防火隔离带应与基层墙体可靠连接，不得产生（　　）。

　　A. 空鼓　　　　　　　　　　B. 裂缝

　　C. 渗透　　　　　　　　　　D. 不平整

　　E. 污染

　　考点：墙体节能——防火隔离带

　　【解析】　根据《建筑外墙外保温防火隔离带技术规程》的3.0.4节，防火隔离带应与基层墙体可靠连接，应能适应外保温系统的正常变形而不产生渗透、裂缝、空鼓；应能承受自重、风荷载和室外气候的反复作用而不产生破坏。

　　这是为了兼顾墙体的安全性、防水性和外观质量。防火隔离带应能承受自重、风荷载和室外气候的反复作用而不产生破坏；且防火隔离带的设置，不得降低外保温系统的安全性能、抗渗防水等使用功能和外观质量。

4. 【生学硬练】关于建筑外墙保温防火隔离施工工艺要求，下列说法正确的有（　　）。

　　A. 施工前可编制施工技术方案

　　B. 采用的保温材料的燃烧性能不低于B_1级

　　C. 隔离带宽度不小于300mm，密度不大于100kg/m³

　　D. 防火隔离带的施工应与保温材料的施工同步进行

　　E. 防火隔离带面层材料应与外墙外保温一致

　　考点：墙体节能——防火隔离带

　　【解析】　本题涉及防火隔离带综合考点：

　　选项A错误，不是"可编制"，而是"必须"编制施工技术方案。

　　选项B错误，防火隔离带的保温材料必须是A级。

　　选项C错误，应是密度不小于100kg/m³。

防火隔离带构造要求

5. 【生学硬练】根据《外墙外保温工程技术标准》,在正确使用和正常维护的条件下,外墙外保温工程的使用年限不应少于( )年。
A. 5　　　　　　　　B. 10　　　　　　　　C. 15　　　　　　　　D. 25

考点: 外墙外保温——保修年限

【解析】 根据《外墙外保温工程技术标准》的3.0.8节,在正确使用和正常维护的条件下,外墙外保温工程的使用年限不应少于25年。

6. 【生学硬练】关于喷涂硬质聚氨酯泡沫内保温施工及构造要求的说法,下列说法错误的有( )。
A. 其构造包括界面层、保温层、界面层、找平层、防护层
B. 界面层第一层为专用界面砂浆或专用界面剂,第二层为水泥砂浆聚氨酯防潮底漆
C. 施工环境温度不应低于-10℃,空气相对湿度宜<85%
D. 硬质聚氨酯泡沫应分层喷涂,每遍厚度宜≤15mm,当日的施工作业面应在当日连续喷涂完毕,喷涂完毕后保温层平整度偏差宜≤6mm
E. 阴阳角及不同材料基层墙体交接处,保温层连续不留缝

考点: 外墙内保温——喷涂硬质聚氨酯泡沫内保温系统

【解析】 选项B错误,界面层的第一层为水泥砂浆聚氨酯防潮底漆,第二层为专用界面砂浆或专用界面剂。

选项C错误,喷涂硬质聚氨酯泡沫内保温施工环境温度不应低于10℃,空气相对湿度宜<85%。

7. 【生学硬练】外墙外保温系统施工过程中的防火要求,包括( )。
A. 外保温专项施工方案中,对施工现场消防措施可不做出明确规定
B. 可燃、难燃保温材料的施工应分区段进行,各区段应保持足够的防火间距
C. 粘贴保温板薄抹灰外保温系统中的保温材料施工上墙后应及时做抹面层
D. 防火隔离带的施工应与保温材料的施工同步进行
E. 外保温工程施工期间现场不应有高温或明火作业

考点: 外墙外保温系统——施工要求

【解析】 选项A错误,外保温专项施工方案中,应对施工现场消防措施做出明确规定。

二、参考答案

题号	1	2	3	4	5	6	7
答案	BDE	B	ABC	DE	D	BC	BCDE

三、主观案例及解析

(一)

某高层钢结构工程,建筑面积28000m^2,地下1层,地上20层,外围护结构为玻璃幕墙和石材幕墙,外墙保温材料为新型材料。

本工程外墙采用某新型保温材料,按规定进行了评审、鉴定和备案,同时施工单位完成

相应程序性工作后，经监理工程师批准后投入使用。

外墙外保温节能时，监理工程师发现如下错误：
1）对穿透隔汽层的部位未采取措施。
2）墙面保温板材未经试验直接大面积施工。
3）施工前只对操作人员口头交代，无书面交底资料。

监理单位责令施工单位立即改正。

问题：
1. 外墙新型保温材料使用前，施工单位还应做好哪些程序性工作？
2. 外墙外保温节能监理工程师发现的错误之处，施工单位应如何改正。

（一）

1. （本小题3.0分）
还应做好下列工作：
1）对新的或首次采用的施工工艺进行评价。（1.0分）
2）制订专门的施工技术方案。（1.0分）
3）对作业人员进行技术交底和必要的实际操作培训。（1.0分）

2. （本小题3.0分）
对错误之处的改正：
1）墙体隔汽层施工时，穿透隔汽层的部位应采取密封措施。（1.0分）
2）墙面保温板施工前应先做现场拉拔试验，合格后方可大面积施工。（1.0分）
3）施工前，应对操作人员书面交底，且应按规定签字确认。（1.0分）

第二节 节能材料及实体检验

一、客观选择

1. 【生学硬练】屋面纤维保温材料的进场复试项目包括（　　）。
A. 表观密度　　　　　　　　　　B. 导热系数
C. 燃烧性能　　　　　　　　　　D. 压缩强度
E. 抗压强度

考点： 屋面节能验收

屋面保温材料的进场复试项目

1) 板状保温材料检查：
①表观密度或干密度
②压缩强度或抗压强度
③导热系数
④燃烧性能

2) 纤维状保温材料检查：
①表观密度
②导热系数
③燃烧性能

2. 【生学硬练】屋面板状保温材料进场应检验下列（   ）等项目。
A. 表观密度或干密度 B. 压缩强度或抗压强度
C. 导热系数 D. 燃烧性能
E. 抗拉强度

考点：屋面节能验收

【解析】 保温材料检测项目涉及：外在质量、节能性能、防火性能、强度四个方面。

1）外在质量：品种、规格、数量、尺寸和外观质量本身。

2）节能性能：表观密度或干密度；导热系数——材料密度越大，导热系数越高，节能性能越差，反之则节能性能越好。

3）防火性能：燃烧性能——是否能够达到规范要求（A级或B_1级）。

4）强度：抗压强度或压缩强度——这只是针对板状保温材料，若是纤维或颗粒保温材料则不存在此项。

3. 【生学硬练】关于屋面节能工程的说法，正确的是（   ）。
A. 纤维保温材料应检验表观密度、导热系数、燃烧性能
B. 先施工保温层再施工隔汽层
C. 干铺的保温材料不可在负温下施工
D. 种植屋面宜设计为倒置式屋面

考点：节能工程

【解析】 选项A正确，纤维保温材料应检验表观密度、导热系数、燃烧性能，无压缩强度或抗压强度。

选项B错误，设计有隔汽层时，先施工隔汽层，再施工保温层。

选项C错误，干铺的保温材料可在负温度下施工。

选项D错误，种植屋面不宜设计为倒置式屋面；屋面坡度大于50%时，不宜做种植屋面。

4. 【生学硬练】保温层可在负温下施工的是（   ）。
A. 水泥砂浆粘贴块状保温材料 B. 喷涂硬质聚氨酯泡沫
C. 现浇泡沫混凝土 D. 干铺保温材料

考点：正置式屋面——保温层

【解析】 语感常识湿怕冷，一眼认定D选项。

5. 【生学硬练】墙体复合保温砌块进场复验的内容有（   ）。
A. 传热系数 B. 单位面积质量
C. 抗压强度 D. 吸水率
E. 拉伸黏结强度

考点：建筑节能验收

【解析】 保温砌块等墙体节能定型产品的传热系数或热阻、抗压强度、吸水率。

6. 【生学硬练】墙体节能施工，当采用保温浆料做保温层时，应在施工中制作同条件养护试件，见证取样送检其（   ）。
A. 导热系数 B. 干密度
C. 压缩强度 D. 燃烧性能

E. 防水性能

考点：墙体节能验收

【解析】 根据《建筑节能工程施工质量验收标准》的4.2.9节，外墙采用保温浆料做保温层时，应在施工中制作同条件试件，检测其导热系数、干密度和抗压强度。保温浆料的试件应见证取样检验。

保温浆料又称"保温砂浆"，由无机胶凝材料、添加剂、填料与轻骨料等混合而成。

7. 【生学硬练】夏热冬暖地区，门窗节能工程应复验的节能项目包括（　　　）。
   A. 气密性、水密性、抗风压性　　　　B. 玻璃遮阳系数
   C. 可见光透射比　　　　　　　　　　D. 传热系数
   E. 燃烧性能

考点：节能工程实体检验——门窗

【解析】 门窗（包括天窗）节能工程施工采用的材料、构件和设备进场时，除核查质量证明文件、节能性能标识证书、门窗节能性能计算书及复验报告外，还应对下列内容进行复验：

① 严寒、寒冷地区门窗的传热系数及气密性能；
② 夏热冬冷地区门窗的传热系数、气密性能，玻璃的太阳导热系数及可见光透射比；
③ 夏热冬暖地区门窗的气密性能，玻璃的太阳得热系数及可见光透射比。

8. 【生学硬练】根据《建筑节能工程施工质量验收标准》，下列建筑的外窗无须进行气密性能实体检验的是（　　　）。
   A. 寒冷、严寒地区　　　　　　　　　B. 夏热冬冷地区
   C. 有集中供暖或供冷的建筑　　　　　D. 夏热冬暖地区

考点：节能工程实体检验——门窗

【解析】 根据《建筑节能工程施工质量验收标准》的17.1.3节，建筑外窗气密性能现场实体检验的方法应符合国家现行有关标准的规定，下列建筑的外窗应进行气密性能实体检验：

1）严寒、寒冷地区建筑。
2）夏热冬冷地区高度大于或等于24m的建筑和有集中供暖或供冷的建筑。
3）其他地区有集中供冷或供暖的建筑。

二、参考答案

题号	1	2	3	4	5	6	7	8
答案	ABC	ABCD	A	D	ACD	AB	BC	D

三、主观案例及解析

（一）

某新建工程为5栋地下1层、地上16层的高层住宅，主楼为桩基承台梁和筏板基础。主体结构为装配整体式剪力墙结构，建筑面积为103300m²。

3号楼围护节能系统施工前,施工单位进场了一批保温复合一体板和一批门窗断桥隔热型材,并与监理单位共同清点和进场检验。

问题:

门窗断桥隔热型材进场前,应检验哪些书面资料?保温复合板进场后需要复验哪些项目?

(一)

(本小题8.0分)

1)应检验:【两书一证一报告】

质量证明文件;节能性能标识证书;门窗节能性能计算书;复验报告。　　(4.0分)

2)需要复验:【三代单传燃伸性】

传热系数或热阻;单位面积质量;拉伸黏结强度;燃烧性能。　　(4.0分)

(二)

某住宅工程由7栋单体组成,地下2层,地上10~13层,总建筑面积15000m²。本工程采用倒置式屋面。

对建筑节能工程围护结构子分部工程进行检查时,抽查了墙体节能分项工程中保温隔热材料复验报告。复验报告表明该批次酚醛泡沫塑料板的导热系数(热阻)等各项性能指标合格。

问题:

1. 写出倒置式屋面各构造层的名称。
2. 建筑节能工程中的围护结构子分部工程包含哪些分项工程?墙体保温隔热材料进场时需要复验的性能指标有哪些?

(二)

1.(本小题3.0分)

保护层、保温层、防水层、找平层、找坡层、结构层。　　(3.0分)

2.(本小题9.0分)

1)围护结构子分部工程:墙体节能工程;幕墙节能工程;门窗节能工程;屋面节能工程;地面节能工程。　　(5.0分)

2)复验的性能指标:密度;导热系数或热阻;压缩强度或抗压强度;垂直于板面方向的抗拉强度;吸水率;燃烧性能。　　(4.0分)

第七章　装饰装修工程

近五年分值排布

题型及总分值	分值				
	2024 年	2023 年	2022 年	2021 年	2020 年
选择题	7	7	4	5	2	0
案例题	5	0	13	5	4	0
总分值	12	7	17	10	6	0

> 核心考点

第一节：装饰装修十二大子分部
　　考点一、抹灰工程
　　考点二、涂饰、裱糊工程
　　考点三、饰面板（砖）工程
　　考点四、轻质隔墙
　　考点五、吊顶工程
　　考点六、地面工程
　　考点七、幕墙工程
第二节：装修防火及室内污染控制规定
　　考点一、装修材料燃烧等级
　　考点二、污染物的种类
　　考点三、民用建筑物的分类
　　考点四、室内污染物的验收

第一节　装饰装修十二大子分部

一、客观选择

1.【生学硬练】关于抹灰工程施工工艺流程，下列正确的是（　　）。
A. 浇水湿润→基层处理→抹灰饼→墙面充筋→分层抹灰→设置分格缝→保护成品
B. 基层处理→浇水湿润→抹灰饼→墙面充筋→分层抹灰→设置分格缝→保护成品
C. 抹灰饼→墙面充筋→基层处理→浇水湿润→分层抹灰→设置分格缝→保护成品
D. 基层处理→浇水湿润→墙面充筋→抹灰饼→分层抹灰→设置分格缝→保护成品
考点：抹灰工程——工艺流程

【解析】

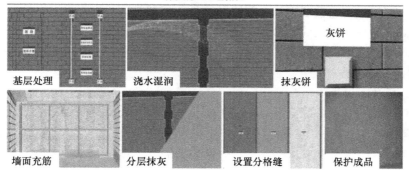

2. 【生学硬练】乳胶漆施工的工艺流程包括（　　）。
A. 基层处理→刮腻子→刷底漆→刷面漆
B. 基层处理→刷底漆→刮腻子→刷面漆
C. 基层处理→刷底漆→刷面漆→刮腻子
D. 刷底漆→刮腻子→基层处理→刷面漆

考点：涂饰工程——工艺流程

【解析】 乳胶漆施工的工艺流程：

1）基层处理：是对抹灰墙面进行初步的打磨、平整，一般会涂刷界面剂；金属墙面还需防锈处理。

2）刮腻子：为保证墙面平整，腻子一般刮3遍，晾干后用砂纸打磨平整。

3）刷底漆：底漆一般刷一遍就行了，作用是抗碱防潮，防止乳胶漆漆膜将潮气封锁在墙体内，日久出现起皮开裂发霉的现象。这里的底漆是"抗碱封闭底漆"。

4）刷面漆：这层面漆主要是起装饰作用，一般刷1~3遍。

3. 【生学硬练】关于涂饰工程基层处理的说法，不正确的是（　　）。
A. 新建筑物的混凝土或抹灰基层在涂饰前应涂刷抗碱封闭底漆
B. 旧墙面在涂饰前应清除疏松的旧装修层，并刷界面剂
C. 厨房、卫生间墙面采用耐水腻子
D. 厨房、卫生间墙面可采用不耐水腻子

考点：涂饰工程——工艺要点

【解析】 厨房、卫生间属于多水潮湿房间，其墙面应采用耐水腻子。

4. 【生学硬练】裱糊工程施工要求的说法错误的是（　　）。
A. 新建筑物的混凝土或抹灰基层墙面在刮腻子前应涂刷抗碱封闭底漆
B. 旧墙面在裱糊前应清除疏松的旧装修层，并刷涂界面剂
C. 水泥砂浆找平层已抹完，经干燥后含水率不大于8%，木材基层含水率不大于12%
D. 旧墙面在裱糊前应清除疏松的旧装修层，可以不涂刷界面剂

考点：涂饰工程——工艺要点

【解析】 界面剂能提高抹灰层与基层的吸附力，增强黏结性能，避免抹灰砂浆与基层黏结时产生空鼓。

5.【生学硬练】下列板材内隔墙施工工艺顺序，正确的是（　　）。
A. 基层处理→放线→安装卡件→安装隔墙板→板缝处理
B. 放线→基层处理→安装卡件→安装隔墙板→板缝处理
C. 基层处理→放线→安装隔墙板→安装卡件→板缝处理
D. 放线→基层处理→安装隔墙板→安装卡件→板缝处理

考点： 板材隔墙——工艺流程

【解析】 板材隔墙施工工艺流程：
基层处理→放线→配板、修补→支设临时方木→配置胶黏剂→安装 U 形卡件或 L 形卡件（有抗震设计要求时）→安装隔墙板→安装门窗框→安装设备、电气管线→板缝处理。

6.【生学硬练】有关饰面板、饰面砖的应用场景，下列说法正确的有（　　）。
A. 饰面砖、饰面板均适用于内墙粘贴
B. 饰面板适用于高度不超过 100m 的建筑
C. 使用饰面砖粘贴的工程抗震设防烈度不超过 8 度，饰面板不超过 7 度
D. 外墙饰面砖粘贴工程应采用满粘法
E. 饰面砖的使用高度不超过 24m

考点： 饰面板、砖——应用场景

【解析】 选项 B，饰面板安装工程一般是指内墙饰面板工程，以及高度不大于 24m、抗震设防烈度不大于 8 度的外墙饰面板安装工程。

饰面砖工程，是指内墙饰面砖粘贴和高度不大于 100m、抗震设防烈度不大于 8 度、采用满粘法施工的外墙饰面砖粘贴等工程。

7.【生学硬练】饰面板（砖）材料进场时，现场应验收的项目有（　　）。
A. 品种　　　　　　　　　　　　B. 规格
C. 强度　　　　　　　　　　　　D. 尺寸
E. 外观

考点： 饰面板、砖——进场检查

【解析】 抹灰材料——"进场检查无强度"。

8.【生学硬练】用水泥砂浆铺贴花岗石地面前，应对花岗石板的背面和侧面进行的处理是（　　）。
A. 防碱　　　　　　　　　　　　B. 防酸
C. 防辐射　　　　　　　　　　　D. 钻孔、剔槽

考点： 饰面板、砖——进场检查

【解析】 石材铺贴（花岗石、大理石）前应进行"防碱封闭处理"，否则碱太大了很难看。

9.【生学硬练】有关吊顶工程的说法，下列错误的是（　　）。
A. 吊顶按施工工艺可分为暗龙骨吊顶和明龙骨吊顶
B. 暗龙骨吊顶又称隐蔽式吊顶
C. 明龙骨吊顶又称活动式吊顶
D. 明龙骨吊顶的龙骨必须是外露的

考点： 吊顶——总则

【解析】 暗龙骨吊顶：是指龙骨隐蔽，表面封装饰板，再加工成各种造型、各种颜色的吊顶。暗龙骨一般用于家庭、宾馆的吊顶工程。虽然工序繁多，但效果明显，装饰性强。

明龙骨吊顶：一般属于集成吊顶，多用于商场等大型公共场所。一般可见的是网格状的，龙骨架线条分明，空格处安装防火板。施工起来相对简单。

选项 D 错误，明龙骨吊顶可以外露，也可以半露。

10. 【生学硬练】有关暗龙骨吊顶工序的排序：①安装主龙骨；②安装副龙骨；③安装水电管线；④安装压条；⑤安装罩面板。下列正确的是（　　）。
A. ①③②④⑤ B. ①②③④⑤
C. ③①②⑤④ D. ③②①④⑤

考点：暗吊顶——工艺流程

【解析】 注意，一定是先安装水电管线，再安装"主、副龙骨"。

11. 【生学硬练】关于暗龙骨吊顶施工工艺的说法，正确的是（　　）。
A. 在梁上或风管等机电设备上设置吊挂杆件，需进行跨越施工
B. 吊杆距主龙骨端部不得超过 500mm，否则应增加吊杆
C. 跨度大于 15m 以上的吊顶，应在主龙骨上，每隔 20m 加一道大龙骨
D. 大型吊灯、电扇、投影仪可安装在吊顶龙骨上

考点：吊顶——施工工艺

【解析】 选项 B 错误，应是不得超过 300mm。吊杆距离主龙骨端部太远，意味着数量不足。

选项 C 错误，应是每隔 15m 设一道大龙骨。

选项 D 错误，重型灯具、电扇、风道及其他重型设备严禁安装在吊顶工程的龙骨上。

12. 【生学硬练】关于吊顶的说法正确的有（　　）。
A. 在吊顶施工前，应进行水管试压检验合格
B. 吊杆长度 2700mm，应设置反支撑
C. 吊杆遇到风管时，应吊挂在风管上
D. 主龙骨应平行房间长向安装
E. 次龙骨应搭接安装

考点：暗龙骨吊顶——施工工艺

【解析】 选项 B 错误，吊杆长度 2500mm，应设置反支撑。

选项 C 错误，在梁上或风管等机电设备上设置吊挂杆件，需进行跨越施工。

选项 E 错误，次龙骨不得搭接。

13. 【生学硬练】下列地面面层中，属于整体面层的是（　　）。
A. 水磨石面层 B. 花岗石面层
C. 大理石面层 D. 木地板面层

考点：地面面层——整体面层

【解析】 根据《建筑地面工程施工质量验收规范》，整体面层包括：水泥混凝土面层、水泥砂浆面层、水磨石面层、硬化耐磨面层、防油渗面层、防爆面层、自流平面层、涂料面层、塑胶面层、地面辐射供暖面层。

花岗石、大理石、木地板均为板块面层。

14.【生学硬练】厕浴间楼板周边上翻混凝土的强度等级最低应为（　　）。
A. C15　　　　　　　　　　　　　　B. C20
C. C25　　　　　　　　　　　　　　D. C30

考点：地面面层——构造要点

【解析】 关于混凝土坎台的高度的要求，《砌体结构工程施工规范》要求高度为150mm，《建筑地面工程施工质量验收规范》要求高度为200mm。

1）砌体结构：在厨房、卫生间、浴室等处采用轻骨料混凝土小型空心砌块、蒸压加气混凝土砌块砌筑墙体时，墙底部宜现浇混凝土坎台，其高度应为150mm。

2）地面工程：厕浴间和有防水要求的建筑地面必须设置防水隔离层。楼层结构必须采用现浇混凝土或整块预制混凝土板，混凝土强度等级不应低于C20；楼板四周除门洞外，应做混凝土翻边，其高度不应低于200mm，宽同墙厚，混凝土强度等级不应低于C20。

15.【生学硬练】下列关于石材地面铺设工艺要点的说法，正确的有（　　）。
A. 在石材背面涂厚度约3mm厚加胶的素水泥膏或石材专用黏结剂
B. 浅色石材铺设时应选用彩色水泥作为水泥膏使用
C. 石材铺贴完应进行养护，养护时间不得小于7天
D. 养护期间石材表面不得铺设塑料薄膜和洒水，不得进行勾缝施工
E. 铺装完成28天或胶黏剂固化干燥后，进行勾缝

考点：地面垫层——施工要点

【解析】 选项A，石材背面涂素水泥膏或专用黏结剂的厚度约5mm。
选项B，浅色石材铺设时应选用"白水泥"作为水泥膏使用。

16.【生学硬练】有关石材幕墙使用的主要材料，下列说法正确的有（　　）。
A. 同一石材幕墙工程应采用同一品牌的硅酮密封胶，不得混用
B. 幕墙分格缝密封胶应进行污染性复验
C. 石材与金属挂件之间的粘接应用环氧胶黏剂，不得采用"云石胶"
D. 石材与金属挂件之间的粘接应用云石胶，不得采用"环氧胶黏剂"
E. 同一石材幕墙工程采用不同品牌的硅酮密封胶时，可以混用

考点：玻璃幕墙——特点

【解析】 选项B正确，这个主要是为了防止硅油渗出，污染石材面板的表面。
选项D错误，"不得云石应环氧"——云石胶属于不饱和聚酯胶黏剂，是粘接石材与石材的。粘接石材与挂件应选用"环氧树脂胶黏剂"。

17.【生学硬练】关于构件式玻璃幕墙施工、选材及类别，下列说法正确的有（　　）。
A. 构件式玻璃幕墙的安装顺序依次为：立柱→横梁→玻璃面板
B. 构件式框支承玻璃幕墙，包括明框、隐框和半隐框三类
C. 构件式玻璃幕墙的立柱可选用铝合金型材或钢型材
D. 幕墙上、下立柱之间通过固定接头连接
E. 立柱与连接件（支座）之间应加防腐隔离刚性垫片

考点：玻璃幕墙——构造

【解析】 选项D，应采用"活动接头"连接。
选项E，立柱与连接件之间应加设防腐隔离"柔性"垫片。

全玻幕墙面板和肋均不得直接接触结构面和其他装饰面，以防玻璃挤压破坏。玻璃与下槽底的弹性垫块宜采用硬橡胶材料。

18.【生学硬练】关于构件式玻璃幕墙工程施工的做法，正确的有（　　）。
A. 幕墙上、下立柱之间通过活动接头连接
B. 立柱每层设两个支点时，上支点设圆孔，下支点采用长圆孔
C. 横梁与立柱连接处设置刚性垫片
D. 幕墙开启窗的开启角度为25°，开启距离为250mm
E. 密封胶在接缝内三面粘结

考点：装饰装修——幕墙工程

【解析】 根据《玻璃幕墙工程技术规范》（JGJ 102—2003）：

选项C错误，横梁一般分段与立柱连接，连接处应设置柔性垫片或预留1~2mm的间隙，间隙内填胶，以避免型材刚性接触。

选项D错误，"幕墙角距33制"——幕墙开启窗的开启角度不宜大于30°，开启距离不宜大于300mm。

选项E错误，密封胶在接缝内应两对面粘结，不应三面粘结。

19.【生学硬练】关于构件式玻璃幕墙开启窗的说法，正确的是（　　）。
A. 开启角度不宜大于40°，开启距离不宜大于300mm
B. 开启角度不宜大于40°，开启距离不宜大于400mm
C. 开启角度不宜大于30°，开启距离不宜大于300mm
D. 开启角度不宜大于30°，开启距离不宜大于400mm

考点：玻璃幕墙——构造

【解析】 "幕墙角距33制"。

20.【生学硬练】采用玻璃肋支承的点支承玻璃幕墙，其玻璃应是（　　）。
A. 钢化玻璃　　　　　　　B. 夹层玻璃
C. 净片玻璃　　　　　　　D. 钢化夹层玻璃

考点：玻璃幕墙——构造

【解析】 根据《玻璃幕墙工程技术规范》的4.4.3节，采用玻璃肋支承的点支承玻璃幕墙，其玻璃肋应采用钢化夹层玻璃。

采用玻璃肋支承的点支承玻璃幕墙，其玻璃肋属支承结构，打孔处应力集中明显，强度要求较高，所以玻璃必须具备钢化属性；另外，万一玻璃肋破碎，碎片也会和中间的胶合层黏为一体，能避免整片幕墙塌落，所以应采用钢化夹层玻璃。

21.【生学硬练】下列用于建筑幕墙的材料或构配件中，通常无须考虑承载能力要求的是（　　）。
A. 连接角码　　　　　　　B. 硅酮结构胶
C. 不锈钢螺栓　　　　　　D. 防火密封胶

考点：玻璃幕墙——构造

【解析】 防火密封胶区别于结构胶，只是起到密封作用。连接角码和螺栓是连接横梁与立柱的连接件，属于受力构件。硅酮结构胶是幕墙中用于板材与金属构架、板材与板材、板材与玻璃肋之间的结构粘接材料。

22.【生学硬练】关于建筑幕墙防火构造要求,正确的有(   )。
A. 设置幕墙的建筑,其上、下层外墙开口之间应设高度不小于1.2m的实体墙
B. 设置幕墙的建筑,其上、下层外墙开口之间应设置挑出宽度不小于1.0m、长度不小于开口宽度的防火挑檐
C. 幕墙与建筑窗槛墙之间的空腔应在建筑缝隙上、下沿处分别采用矿物棉等背衬材料填塞,且填塞高度均不应低于200mm
D. 背衬材料承托板应采用铝合金承托板,且厚度不应小于1.5mm
E. 背衬材料承托板应采用钢质承托板,且厚度不应小于1.5mm

考点: 玻璃幕墙——构造
【解析】 背衬材料承托板应采用钢质承托板,且厚度不应小于1.5mm。

23.【生学硬练】关于建筑幕墙防雷构造要求的说法,错误的是(   )。
A. 幕墙的铝合金立柱采用柔性导线连通上、下柱
B. 幕墙压顶板与主体结构屋顶的防雷系统有效连接
C. 在有镀膜层的构件上进行防雷连接,应保护好所有的镀膜层
D. 幕墙立柱预埋件用圆钢或扁钢与主体结构的均压环焊接连通

考点: 玻璃幕墙——构造
【解析】 镀膜层是不良导体,所以在有镀膜层的构件上进行防雷连接时,应除去其镀膜层。

24.【生学硬练】关于全玻幕墙安装符合技术要求的说法,错误的是(   )。
A. 不允许在现场打注硅酮结构密封胶
B. 全玻幕墙面板与玻璃肋的连结胶缝必须采用硅酮结构密封胶
C. 全玻幕墙结构胶可以现场打注
D. 除全玻幕墙外,其他幕墙均不得在现场打注硅酮结构密封胶

考点: 玻璃幕墙——加工
【解析】 除"全玻璃幕墙"外的其他幕墙,均不能在现场打注硅酮结构胶。

二、参考答案

题号	1	2	3	4	5	6	7	8	9	10
答案	B	A	D	D	A	AD	ABDE	A	D	C
题号	11	12	13	14	15	16	17	18	19	20
答案	A	AD	A	B	CDE	ABC	ABC	AB	C	D
题号	21	22	23	24						
答案	D	ABCE	C	A						

三、主观案例及解析

(一)

某施工单位承包了一所大学城工程,施工内容包括1座图书馆、3幢教学楼和3幢学生宿舍楼。学校舞蹈教室采用实木复合地板、水性胶黏剂。墙面涂刷水性乳胶漆,室内走廊涂

刷溶剂型漆料。

图书馆外墙金属挂板施工前,承包人向监理单位申请隐蔽工程验收,并提交了相关质量控制资料,经过3天的组织与复验,最终验收通过。

项目部对装饰装修工程门窗子分部进行过程验收时,检查了塑料门窗安装等各分项工程,并验收合格;检查了外窗气密性能等有关安全和功能检测项目合格报告,观感质量符合要求。

项目经理巡查到2层样板间时,地面瓷砖铺设施工人员正按照基层处理、放线、浸砖等工艺流程进行施工。其检查了施工质量,强调后续工作要严格按照正确施工工艺作业,铺装完成28天后,用专用勾缝剂勾缝,做到清晰顺直,保证地面整体质量。

问题:

1. 饰面板子分部工程中还包括哪些分项工程?正式安装前,饰面板安装前,应对哪些项目进行隐蔽工程验收?

2. 门窗子分部工程中还包括哪些分项工程?门窗工程有关安全和功能检测的项目还有哪些?

3. 地面瓷砖面层施工工艺内容还有哪些?瓷砖勾缝要求还有哪些?

(一)

1. (本小题7.0分)
1) 包括:【金木石瓷塑料板】
①木板安装;②石板安装;③陶瓷板安装;④塑料板安装。 (2.0分)
2) 验收项目:【水火温雷埋龙点】
① 预埋件(或后置埋件); (1.0分)
② 龙骨安装; (1.0分)
③ 连接节点; (1.0分)
④ 防水、保温、防火节点; (1.0分)
⑤ 外墙金属板防雷连接节点。 (1.0分)

2. (本小题4.0分)
1) 分项工程还包括:
①木门窗安装;②金属门窗安装;③特种门安装;④门窗玻璃安装。 (2.0分)
2) 检测项目:
①水密性能;②抗风压性能。 (2.0分)

3. (本小题4.0分)
1) 铺设结合层砂浆、铺砖、养护、检查验收、勾缝、成品保护。 (2.0分)
2) 平整、光滑、深浅一致,且缝应略低于砖面。 (2.0分)

第二节 装修防火及室内污染控制规定

一、客观选择

1. 【生学硬练】民用建筑的耐火等级可分为( )级。

A. 一、二、三、四 B. 一、二、三
C. 甲、乙、丙、丁 D. 甲、乙、丙

考点：建筑内部装饰装修防火设计——民用建筑的耐火等级

【解析】

民用建筑装饰装修防火设计-总纲	
高层建筑	民用建筑根据其建筑高度、使用功能和楼层的建筑面积可分为一类和二类
耐火等级	民用建筑的耐火等级可分为一、二、三、四级
燃烧性能	装修材料按其燃烧性能划分为 A、B_1、B_2、B_3 四个等级

2. 【生学硬练】装修材料按其燃烧性能划分（　　）四个等级。

A. A、B_1、B_2、B_3 B. A、B、C、D
C. A、A_1、B_1、B_2 D. A_1、B_1、C_1、D_1

考点：建筑内部装饰装修防火设计——燃烧性能等级

【解析】

民用建筑装饰装修防火设计-总纲	
高层建筑	民用建筑根据其建筑高度、使用功能和楼层的建筑面积可分为一类和二类
耐火等级	民用建筑的耐火等级可分为一、二、三、四级
燃烧性能	装修材料按其燃烧性能划分为 A、B_1、B_2、B_3 四个等级

3. 【生学硬练】燃烧性能等级为 B_1 级的装修材料，其燃烧性能为（　　）。

A. 不燃 B. 难燃 C. 可燃 D. 易燃

考点：建筑内部装饰装修防火设计——燃烧性能等级

4. 【生学硬练】建筑内墙、外保温系统，不宜采用（　　）级保温材料。

A. A B. B_1 C. C_1 D. B_2

考点：建筑内部装饰装修防火设计——燃烧性能等级

【解析】 装修保温材料使用原则为"不宜 B_2 禁 B_3"。

5. 【生学硬练】建筑外墙采用内保温系统时，对于人员密集场所，应采用的燃烧性能等级为（　　）级。

A. A B. B_1 C. B_2 D. B_3

考点：建筑内部装饰装修防火设计——燃烧性能等级

【解析】 对于人员密集场所，用火、燃油、燃气等具有火灾危险性的场所以及各类建筑内的疏散楼梯间、避难走道、避难间、避难层等部位，均应采用燃烧性能为 A 级的保温材料——后果越严重，防火等级越高！

6. 【生学硬练】下列应使用 A 级材料的部位是（　　）。

A. 疏散楼梯间顶棚 B. 消防控制室地面
C. 展览性场所展台 D. 厨房内固定橱柜

考点：建筑内部装饰装修防火设计——燃烧性能等级

【解析】 火势是往上走的，所以凡顶棚，必然是 A 级材料。

7. 【生学硬练】根据《民用建筑工程室内环境污染控制标准》（GB 50325—2020），室内环境污染控制要求属于Ⅰ类的是（   ）。

A. 办公楼　　　　　　　　　　B. 图书馆
C. 体育馆　　　　　　　　　　D. 学校教室

考点：民用建筑工程室内环境污染物控制——建筑分类

【解析】 民用建筑工程根据控制室内环境污染的不同要求，划分为以下两类：

1）Ⅰ类民用建筑工程：【老弱病学宅】

住宅、医院、老年建筑、幼儿园、学校教室等民用建筑。

2）Ⅱ类民用建筑工程：办公楼、商店、旅馆、文化娱乐场所、书店、图书馆、展览馆、体育馆、公共交通等候室、餐厅、理发店等民用建筑工程。

8. 【生学硬练】民用建筑工程室内装修所用水性涂料必须检测合格的项目是（   ）。

A. 苯+VOC　　　　　　　　　B. 甲苯+游离甲醛
C. 游离甲醛　　　　　　　　　D. 游离甲苯二异氰酸酯（IDI）

考点：民用建筑工程室内环境污染物控制——装修验收

【解析】 根据《建筑环境通用规范》的 5.4.1 节，室内装饰装修中所采用的水性涂料、水性处理剂进场时，应查验其同批次产品的游离甲醛含量检测报告；溶剂型涂料进场时，施工单位应查验其同批次产品的 VOC、苯、甲苯+二甲苯、乙苯含量检测报告，其中聚氨酯类的应有游离二异氰酸酯（TDI+HDI）的含量检测报告。

9. 【生学硬练】Ⅱ类水溶性内墙涂料不适用于（   ）内墙面。

A. 教室　　　　　　　　　　　B. 卧室
C. 浴室　　　　　　　　　　　D. 客厅

考点：装修工程——涂饰

【解析】 Ⅰ类水溶性内墙涂料，用于涂刷浴室、厨房内墙。

Ⅱ类水溶性内墙涂料，用于涂刷建筑物室内的一般墙面。

10. 【生学硬练】下列工程室内粘贴塑料地板时，不应采用溶剂型胶黏剂的有（   ）。

A. 旅馆　　　　　　　　　　　B. 办公楼
C. 医院病房　　　　　　　　　D. 学校教室
E. 居住功能公寓

考点：装修工程——室内环境质量检测

【解析】 Ⅰ类民用建筑包括：住宅、居住功能公寓、医院病房、老年人照料房屋设施、幼儿园、学校教室、学生宿舍等。

Ⅰ类民用建筑工程室内装修粘贴塑料地板时，不应采用溶剂型胶黏剂。

Ⅱ类民用建筑工程中，地下室及不与室外直接自然通风的房间粘贴塑料地板时，不宜采用溶剂型胶黏剂。

11. 民用建筑室内装修工程设计正确的有（   ）。

A. 保温材料采用脲醛树脂泡沫塑料
B. 饰面板采用聚乙烯醇缩甲醛类胶黏剂

C. 墙面采用聚乙烯醇水玻璃内墙涂料
D. 木地板采用水溶性防护剂
E. Ⅰ类民用建筑塑料地板采用水基型胶黏剂

考点：民用建筑室内污染管理的设计要求

【解析】 选项 A 错误，民用建筑工程中，不应在室内采用脲醛树脂泡沫塑料作为保温、隔热和吸声材料。

选项 B 错误，民用建筑工程室内装修时，不应采用聚乙烯醇缩甲醛类胶黏剂。

选项 C 错误，民用建筑工程室内装修时，不应采用聚乙烯醇水玻璃内墙涂料、聚乙烯醇缩甲醛内墙涂料和树脂以硝化纤维素为主、溶剂以二甲苯为主的水包油型（O/W）多彩内墙涂料。

二、参考答案

题号	1	2	3	4	5	6	7	8	9	10
答案	A	A	B	D	A	A	D	C	C	CDE
题号	11									
答案	DE									

三、主观案例及解析

（一）

某施工单位中标新建教学楼工程，建筑面积 $24600m^2$，地上4层钢筋混凝土框架-剪力墙结构，部分楼板采用预制钢筋混凝土叠合板，砌体采用空心混凝土砌块，外立面为玻璃和石材幕墙，部分内墙采用装饰抹灰工艺。

公司在装饰抹灰检查中发现有抹灰层脱层、空鼓、面层爆灰、裂缝、表面不平整、接槎和抹纹明显等与一般抹灰相同的质量通病。在检查幕墙安全和功能检验资料时发现，只有硅酮结构胶相容性和剥离黏结性、幕墙气密性和水密性等检验项目报告。施工完成后，项目部对建筑节能工程的所有分部分项工程进行了验收，符合要求后提交了竣工预验收申请。

问题：

除一般抹灰常见质量问题外，装饰抹灰常见质量问题还有哪些？幕墙安全和功能检验项目还有哪些？

（一）

（本小题5.0分）
1）色差、掉角、脱皮。　　　　　　　　　　　　　　　　　　　　　　　　（3.0分）
2）包括：
① 幕墙后置埋件和槽式预埋件的现场拉拔力；　　　　　　　　　　　　　（1.0分）
② 幕墙的耐风压性能及层间变形性能。　　　　　　　　　　　　　　　　（1.0分）

（二）

施工总承包单位与建设单位于2022年2月20日签订了某20层综合办公楼工程的施工

合同。主体结构完成后,施工总承包单位把该工程会议室的装饰装修分包给某专业分包单位,会议室地面采用天然花岗石饰面板,用量 $350m^2$,会议室墙面采用人造木板装饰,其中细木工板用量 $600m^2$,用量最大的一种人造饰面木板 $300m^2$。

问题:

民用建筑工程,室内装修污染物检测项目包括哪些?专业分包单位对会议室墙面、地面装饰材料是否需要进行抽样复验?分别说明理由。当房间内有2个及以上检测点时,检测点应为何种形状?

(二)

(本小题 9.5 分)

1)包括:氡、氨、甲醛、苯、甲苯、二甲苯、TOVC。 (3.5 分)
2)复验:
① 会议室地面采用天然花岗石饰面板需要进行抽样复验; (0.5 分)
理由:室内装修工程,当天然花岗石使用面积大于 $200m^2$ 时,应对不同产品、不同批次材料分别进行放射性指标复验; (1.0 分)
② 人造木板装饰中的细木工板和人造饰面木板均需要进行抽样复验; (0.5 分)
理由:根据相关规定,室内用人造木板必须测定甲醛释放量。 (1.0 分)
3)检测点应按对角线、斜线、梅花状均衡布点。 (3.0 分)

(三)

某施工单位承包了一所大学城工程,施工内容包括1座图书馆、3幢教学楼和3幢学生宿舍楼。学校舞蹈教室采用实木复合地板、水性胶黏剂。墙面涂刷水性乳胶漆,室内走廊涂刷溶剂型漆料。

图书馆外墙金属挂板施工前,承包人向监理单位申请隐蔽工程验收,并提交了相关质量控制资料,经过3天的组织与复验,最终验收通过。

正式验收前,相关单位对一间 $240m^2$ 的教室选取4个检测点,进行了室内环境污染物浓度的测试,其中三项主要指标的检测数据见表 7-1。

表 7-1 教学楼工程室内环境污染物浓度限量

检测点	1	2	3	4
氨/(mg/m^3)	0.22	0.16	0.24	0.18
甲醛/(mg/m^3)	0.09	0.12	0.07	0.08
TVOC/(mg/m^3)	0.65	0.58	0.55	0.42

问题:

1. 饰面板子分部工程中还包括哪些分项工程?正式安装前,饰面板安装前,应对哪些项目进行隐蔽工程验收?
2. 该房间检测点的选取数量是否合理?检测点应如何布置?对室内污染物应当如何进行检测?
3. 教学楼室内环境污染物的三项指标检测值分别是多少?三项检测指标是否合格?
4. 对室内环境污染物浓度检测结果不合格的房间,应如何处理?

(三)

1. (本小题 7.0 分)

1) 包括:【金木石瓷塑料板】

①木板安装;②石板安装;③陶瓷板安装;④塑料板安装。 (2.0 分)

2) 验收项目:【水火温雷埋龙点】

①预埋件(或后置埋件);②龙骨安装;③连接节点;④防水、保温、防火节点;⑤外墙金属板防雷连接节点。 (5.0 分)

2. (本小题 10.0 分)

1) 合理。 (1.0 分)

理由:根据相关规定,当房间使用面积大于等于 $100m^2$ 且小于 $500m^2$ 时,检测点不应少于 3 个。 (2.0 分)

2) 检测点布置:

① 检测点距内墙面不小于 0.5m,距楼地面高度 0.8~1.5m; (1.0 分)
② 检测点应均匀分布,避开通风道和通风口。 (1.0 分)

3) 检测甲醛、苯、氨、TVOC 浓度时:

① 采用集中空调的工程,应在空调正常运转的条件下进行; (1.0 分)
② 对自然通风的工程,应在对外门窗关闭 1h 后进行检测; (1.0 分)
③ 取样检测时,已完成的固定式家具应保持正常使用状态。 (1.0 分)

检测氡的浓度时:

① 采用集中空调的工程,应在空调正常运转的条件下进行; (1.0 分)
② 对采用自然通风的工程,应在房间对外门窗关闭 24h 后进行。 (1.0 分)

3. (本小题 6.0 分)

1) 检测值:

① 氨:$(0.22+0.16+0.24+0.18)/4=0.2$($mg/m^3$); (1.0 分)
② 甲醛:$(0.09+0.12+0.07+0.08)/4=0.09$($mg/m^3$); (1.0 分)
③ TVOC:$(0.65+0.58+0.55+0.42)/4=0.55$($mg/m^3$)。 (1.0 分)

2) 判断:

① 氨浓度不合格;

理由:Ⅰ类民用建筑工程氨浓度限量应≤$0.15mg/m^3$。 (1.0 分)

② 甲醛浓度不合格;

理由:Ⅰ类民用建筑工程甲醛浓度限量应≤$0.07mg/m^3$。 (1.0 分)

③ TOVC 浓度不合格;

理由:Ⅰ类民用建筑工程 TOVC 浓度限量应≤$0.45mg/m^3$。 (1.0 分)

4. (本小题 5.0 分)

处理方法:

1) 查找原因并采取措施进行处理。 (1.0 分)
2) 处理后的工程,对不合格项进行再次检测。 (1.0 分)
3) 再次检测时,抽检量应增加 1 倍,包含同类型房间及原不合格房间。 (1.0 分)
4) 再次检测结果全部符合要求时,应判定为室内环境质量合格。 (1.0 分)

5）室内环境质量验收不合格的民用建筑工程，严禁投入使用。　　　　　（1.0分）

（四）

某酒店工程，建筑面积25000m²，地下1层，地上12层。其中标准层10层，每层标准客房18间，每间35m²。裙房设宴会厅1200m²，层高9m。施工单位中标后开始组织施工。

标准客房样板间装修完成后，施工总承包单位和专业分包单位进行初验，其装饰材料的燃烧性能检查结果见表7-2。

表7-2　样板间装饰材料燃烧性能检查结果

部位	顶棚	墙面	地面	隔断	窗帘	固定家具	其他装饰材料
满分值	A+B_1	B_1	A+B_1	B_2	B_2	B_2	B_3

注：A+B_1 指 A 级和 B_1 级材料均有。

竣工交付前，项目部采用每层抽1间、每间取1点、共抽查10个点（占总数5.6%）的抽样方案，对标准客房内环境污染物浓度进行了检测。部分检测结果见表7-3。

表7-3　标准客房室内环境污染物浓度检测结果（部分）

污染物	民用建筑	
	平均值	最大值
TVOC/（mg/m³）	0.46	0.52
苯/（mg/m³）	0.07	0.08

问题：

1. 改正表7-2中燃烧性能不符合要求部位的错误做法，装饰材料燃烧性能分几个等级？分别写出代表含义（如：A-不燃）。
2. 写出建筑工程室内环境污染物浓度检测抽检数量要求。标准客房抽检数量是否符合要求？
3. 表7-3的污染物浓度是否符合要求？应检测的污染物还有哪些？

（四）

1.（本小题4.0分）

1）改正：

① 顶棚应采用 A 级；　　　　　　　　　　　　　　　　　　　　　　　　（0.5分）

② 隔断应采用 B_1 级；　　　　　　　　　　　　　　　　　　　　　　　（0.5分）

③ 其他装饰材料应采用 B_2 级。　　　　　　　　　　　　　　　　　　　（0.5分）

2）4个等级。　　　　　　　　　　　　　　　　　　　　　　　　　　　　（0.5分）

3）A-不燃；B_1-难燃；B_2-可燃；B_3-易燃。　　　　　　　　　　　　　（2.0分）

2.（本小题6.0分）

1）抽检要求：

① 抽检总量>房间总数的5%，且每个单体建筑抽检数量不少于3间；　　　（1.0分）

② 房间总数<3间的，应全数检测；　　　　　　　　　　　　　　　　　　（1.0分）

③ 幼儿园、学校教室、学生宿舍、老年人照料房屋设施室内装饰装修验收时，室内环境污染物抽检量不得少于房间总数的 50%，且不得少于 20 间； (2.0 分)
④ 当房间总数<20 间时，应全数检测。 (1.0 分)

2) 抽检数量符合要求。 (1.0 分)

3. （本小题 3.0 分）

1) 检测结果：

① TVOC 不符合要求； (0.5 分)

② 苯符合要求。 (0.5 分)

2) 氡、氨、甲醛、甲苯、二甲苯。 (2.0 分)

版块二 专业管理

第八章 项目管理

近五年分值排布

题型及总分值	分值				
	2024年	2023年	2022年	2021年	2020年
选择题	2	0	0	0	0
案例题	7	0	0	0	0
总分值	9	0	0	0	0

> ➢ 核心考点

第一节：施工企业资质管理
　　考点一、资质等级标准
　　考点二、承包工程范围
　　考点三、企业资质管理
第二节：项目管理机构
　　考点一、项目部的组建
　　考点二、项目管理绩效

第一节　施工企业资质管理

一、客观选择

1.【项目管理】下列建筑工程中，施工总承包二级资质可以承接（　　）。
A. 高度120m民用建筑　　　　　　B. 高度90m构筑物
C. 单跨度30m构筑物　　　　　　D. 建筑面积5万m² 民用建筑
E. 建筑面积3万m² 单体工业建筑
考点：资质管理——各级资质的承揽范围
【解析】 承包工程各级资质的承揽范围如下：

定义	定量
特级	可承担建筑工程各等级工程施工总承包、设计及开展工程总承包和项目管理业务
一级	可承担单项合同额 3000 万元以上的下列建筑工程的施工： ① 高度 200m 以下的工业、民用建筑工程 ② 高度 240m 以下的构筑物工程
二级	可承担下列建筑工程的施工：【1012439】 ① 高度 100m 以下的工业、民用建筑工程 ② 高度 120m 以下的构筑物工程 ③ 建筑面积 4 万 m^2 以下的单体工业、民用建筑工程 ④ 单跨跨度 39m 以下的建筑工程
三级	可承担下列建筑工程的施工：【50701227】 ① 高度 50m 以下的工业、民用建筑工程 ② 高度 70m 以下的构筑物工程 ③ 建筑面积 1.2 万 m^2 以下的单体工业、民用建筑工程 ④ 单跨跨度 27m 以下的建筑工程

二、参考答案

题号	1									
答案	BCE									

第二节 项目管理机构

主观案例及解析

（一）

某办公楼工程，建筑面积 $52000m^2$，地下 2 层，地上 20 层，采用桩基础。地上部分为框架-剪力墙结构。基坑采用桩+放坡形式支护，施工时需要降水。

项目完成后，公司对项目部进行项目管理绩效评价，评价过程包括成立评价机构、确定评价专家等四项工作，评价的指标包括安全、质量、成本等目标完成情况，以及供方管理有效性、风险预防与持续改进能力等管理效果。最终评价结论为良好。

问题：
项目管理绩效评价过程工作还有哪些？评价指标内容还有哪些？

（一）

（本小题 7.0 分）
1）制订绩效评价标准，形成绩效评价结果。　　　　　　　　　　　　　　　　　　　　（2.0 分）
2）评价指标内容还有：
① 项目环保、工期目标完成情况；　　　　　　　　　　　　　　　　　　　　　　　　（2.0 分）
② 合同履约率、相关方满意度；　　　　　　　　　　　　　　　　　　　　　　　　　（2.0 分）
③ 项目综合效益。　　　　　　　　　　　　　　　　　　　　　　　　　　　　　　　（1.0 分）

第九章　质量管理

近五年分值排布

题型及总分值	分值				
	2024 年	2023 年	2022 年	2021 年	2020 年
选择题	0	0	0	3	0	1
案例题	16	13	8.5	5.5	7	14
总分值	16	13	8.5	8.5	7	15

▶ 核心考点

第一节：质量管理计划
　　考点一、质量管理计划
　　考点二、质量管理策划
第二节：质量管理过程
　　考点一、材料质量及检验试验
　　考点二、工程质量及保修管理
　　考点三、工程资料及档案管理

第一节　质量管理计划

主观案例及解析

（一）

某施工单位项目部在单位工程施工前，由项目技术负责人组织相关人员依据法律法规、标准规范、操作规程等编制了项目质量计划，计划应满足人员管理、技术管理等方面的要求，对施工过程重要环节和部位设置质量监控点，报请施工单位质量管理部门审批后实施。

质量计划要求项目部在施工过程中建立使用机具和设备管理记录，图纸、设计变更收发记录，检查和整改复查记录，质量管理文件及其他记录等质量管理记录制度。

问题：

1. 项目质量计划中还应体现哪些方面的质量要求？

2. 质量计划的过程控制体现在哪些方面？指出该项目质量计划书编、审、批和确认手续的不妥之处。

3. 质量计划的编制依据还包括哪些？质量计划应用中，施工单位应建立的质量管理记录还有哪些？

(一)

1．（本小题 5.0 分）

还应体现在：

材料管理、分包管理、施工管理、资料管理、验收管理等方面。 （5.0 分）

2．（本小题 3.5 分）

1）应体现从检验批、分项工程、分部工程到单位工程的过程控制。 （2.0 分）

2）不妥之处：

① 单位工程施工前编制项目质量计划书； （0.5 分）

② 由项目技术负责人组织编写项目质量计划书； （0.5 分）

③ 请施工单位质量管理部门审批后实施。 （0.5 分）

3．（本小题 8.0 分）

1）编制依据：【法定约定看现场】

①合同中有关产品的质量要求；②项目管理规划大纲；③项目设计文件；④相关法律法规和标准规范；⑤质量管理其他要求。 （5.0 分）

2）质量管理记录还应有：【机具日检上交图】

① 施工日记和专项施工记录； （1.0 分）

② 交底记录； （1.0 分）

③ 上岗培训记录和岗位资格证明。 （1.0 分）

第二节　质量管理过程

一、客观选择

1．【生学硬练】关于试验见证与送样的说法，正确的有（　　）。

A．见证人员变化时，应办理书面变更手续

B．见证人员应填写见证记录

C．施工单位在试样送检后通知见证人员

D．见证人员与备案不符时，检测机构不得接收试样

E．检测机构接收试样应核实见证人员或见证记录

考点：质量检验试验——见证取样

【解析】　施工单位在取样前、后通知见证人员现场见证取样。

2．【生学硬练】单位工程验收时的项目组织负责人是（　　）。

A．建设单位项目负责人　　　　　　B．施工单位项目负责人

C．监理单位项目负责人　　　　　　D．设计单位项目负责人

考点：单位工程竣工验收

【解析】　过程验收找监理，竣工验收找业主。

3．【生学硬练】装饰施工中，需在承重结构上开洞凿孔的，应经相关单位书面许可，其单位是（　　）。

A．原建设单位　　B．原设计单位　　C．原监理单位　　D．原施工单位

考点：质量管理——装修工程质量验收

4. 【生学硬练】多方形成的工程资料内容的真实性、完整性、有效性应由（　　）。
   A. 建设单位负责　　　　　　　　B. 监理单位负责
   C. 总包单位负责　　　　　　　　D. 各负其责

   考点：工程资料与档案
   【解析】 工程资料形成单位应对资料内容的真实性、完整性、有效性负责；由多方形成的资料，应各负其责。

5. 【生学硬练】建筑材料送检的检测试样要求有（　　）。
   A. 从进场材料中随机抽取　　　　B. 宜场外抽取
   C. 可多重标识　　　　　　　　　D. 检查试样外观
   E. 确认试样数量

   考点：材料质量管理
   【解析】 本题属于材料检验常识题。
   选项 B 错误，送检的检测试样，必须从进场材料中随机抽取，严禁在现场外抽取。
   选项 C 错误，试样应有唯一性标识，试样交接时，应对试样外观、数量等进行检查确认。

二、参考答案

题号	1	2	3	4	5
答案	ABD	A	B	D	ADE

三、主观案例及解析

（一）

某高校新建一栋办公楼，建设单位与某施工单位签订了施工承包合同。合同约定由施工单位采购满足合同约定质量标准的材料。

工程开工前，承包方根据合同约定采购一批价值 180 万元的材料。通过市场调研和对生产经营厂商的考察，总包单位选择了甲厂商作为材料供应商。施工程质量检测试验抽检频次依据质量控制需要等条件确定。

进场后，施工单位按照合同约定成立了试验室，建立、健全了主要材料检测试验管理制度，并安排专职质量管理人员对各项制度的落实进行监督。随后，项目技术负责人组织编写了项目检测试验计划，内容包括试验项目名称、计划试验时间等，并拟定了检测计划的实施流程。

施工单位采购的一批材料进场后，按照要求对该批材料进行了验证，验证内容有材料的规格、外观检查等，并制订了材料管理措施。

问题：

1. 施工单位在选择材料供应商的过程中，应选择什么样的供货商？确定抽检频次的条件还有哪些？

2. 现场试验室的检测试验管理制度具体包括哪些？由专职质量管理人员负责检测试验制度执行情况的检查监督是否妥当？说明理由。

3. 主要材料检测试验计划的主要内容还包括哪些？材料检测试验应遵循何种实施流程？

4. 补充材料质量验证的内容。材料质量控制还有哪些环节？

（一）

1.（本小题3.5分）

1）选择满足：①供货质量稳定；②履约能力强；③信誉较高；④价格有竞争力的供货商。【价格信誉稳定力】　　　　　　　　　　　　　　　　　　　　　　　　　（2.0分）

2）确定抽检频次的条件还有：

①施工流水段划分；②工程量；③施工环境。　　　　　　　　　　　　（1.5分）

2.（本小题6.0分）

1）包括：【人机料法看报告】

① 岗位职责；　　　　　　　　　　　　　　　　　　　　　　　　　　（1.0分）

② 仪器设备管理制度；　　　　　　　　　　　　　　　　　　　　　　（1.0分）

③ 试样制取及养护管理制度；　　　　　　　　　　　　　　　　　　　（1.0分）

④ 现场检测试验安全管理制度；　　　　　　　　　　　　　　　　　　（1.0分）

⑤ 检测报告管理制度。　　　　　　　　　　　　　　　　　　　　　　（1.0分）

2）不妥当。　　　　　　　　　　　　　　　　　　　　　　　　　　　（0.5分）

理由：应由项目技术负责人组织检查检测试验各项制度的执行情况。　　（0.5分）

3.（本小题5.0分）

1）还包括：

①检测试验参数；②试样规格；③代表批量；④施工部位。　　　　　　（2.0分）

2）实施流程：【定制台账送检报】

制订计划；制取试样；登记台账；送检；检测试验；报告管理。　　　　（3.0分）

4.（本小题3.0分）

1）质量验证：品种、型号、数量、见证取样和合格证（或检测报告）。　（1.5分）

2）环节包括：检测试验、过程保管、材料使用。　　　　　　　　　　　（1.5分）

（二）

某工程1~3号楼基础钢筋验收通过，施工单位随即进场了一批强度等级为C35的混凝土，用于1~3号楼混凝土浇筑施工。由于1~3号楼基础结构形式完全一致，且使用同一厂家生产的同一批次混凝土，施工单位向监理单位报送了混凝土抽检数量调整方案。经监理单位批准后，施工单位对1~3号楼使用的该批次混凝土进行统一抽样检测。

装饰装修工程施工前，项目部根据本工程施工管理和质量控制要求，对各检验批按照工程量等条件，制订了分项工程和检验批划分方案，报监理单位审核。

施工中，施工单位对幕墙与各层楼板间的缝隙防火隔离处理进行了检查；对幕墙的抗风压性能、空气渗透性能、雨水渗漏性能、平面变形性能等有关安全和功能的检测项目进行了见证取样和抽样检测。

问题:

1. 混凝土检验批划分条件有哪些?1~3号住宅楼商品混凝土抽检是否妥当?说明理由。
2. 装修检验批划分的条件还有哪些?检验批质量验收的组织、参加主体都有谁?
3. 装修工程检验批验收合格标准如何确定?幕墙工程中有关安全和功能的检测项目还有哪些?

(二)

1. (本小题6.0分)

1)划分条件:

进场批次、工作班、楼层、结构缝或施工段。　　　　　　　　　　　　　　(4.0分)

2)妥当。

理由:属于同一项目且同期施工的多个单位工程,对同一厂家生产的同批混凝土,可统一划分检验批进行验收。　　　　　　　　　　　　　　　　　　　　　　　(2.0分)

【解析】《混凝土结构工程施工质量验收规范》做此规定,在于解决"同批进场材料可能用于多个单位工程的情况",避免由于单位工程规模较小,出现针对同批材料多次重复验收的情况。

2. (本小题3.0分)

1)检验批划分的条件还有:楼层、变形缝、施工段。　　　　　　　　　　(1.5分)

2)组织、参加主体:

① 组织者:专业监理工程师;　　　　　　　　　　　　　　　　　　　　(0.5分)

② 参加者:专业质检员、专业工长。　　　　　　　　　　　　　　　　　(1.0分)

3. (本小题7.0分)

1)合格标准:

① 有完整的《施工操作依据》和《质量验收记录》;　　　　　　　　　　(1.0分)

② 主控项目质量验收均合格;　　　　　　　　　　　　　　　　　　　　(1.0分)

③ 一般项目,应满足抽样检测合格率达80%以上的要求,且无重大偏差;有允许偏差的检测项目,其最大偏差不得超过规范规定的允许偏差的1.5倍。　　　　　(3.0分)

2)检测项目还有:

① 硅酮结构胶的相容性和剥离黏结性试验;　　　　　　　　　　　　　　(1.0分)

② 槽式预埋件和后置埋件的现场拉拔试验。　　　　　　　　　　　　　　(1.0分)

【解析】装饰装修各子分部工程有关安全和功能的检测项目:

检测对象	检测项目
门窗工程	建筑外窗:"风水气"——气密性能、水密性、抗风压性
饰面板工程	后置埋件:"拉拔力"——现场拉拔力
饰面砖工程	外墙饰面砖:"黏结强度"——外墙饰面砖的黏结强度
幕墙工程	硅酮结构胶:"黏结相容"——相容性和剥离黏结性 后埋预埋件:"拉拔力"——幕墙后埋件和槽式预埋件的现场拉拔力 幕墙玻璃:"风水气变"——幕墙的气密性、水密性、耐风压性能及层间变形性能

(三)

某新建住宅工程项目，建筑面积23000m²，地下2层，地上18层，现浇钢筋混凝土剪力墙结构。

基础工程结束施工后，施工单位组织相关人员进行质量检查，并在自检合格后向项目监理机构提交了岩土工程勘察报告、地基基础设计文件、图纸会审记录和技术交底记录、工程定位放线记录、施工组织设计及专项施工方案等验收资料，申请基础工程验收。

主体结构施工完毕，建设单位要求施工单位编制《结构实体检测专项方案》，并负责组织实体检测活动。项目部在施工前，将编制的专项方案报企业有关部门审批后，对混凝土结构进行了抽样检测。由于同条件养护试块数量不足，施工单位采用"回弹法"进行了实体混凝土强度抽样检测，并填写了抽样检测记录。

主体结构完成后，项目部认为达到了验收条件，向监理单位申请组织结构验收。监理人审查施工单位质量控制质量资料通过后，组织相关人员进行了现场实体验收，参建各方对质量验收结果做出了是否通过的一致性意见。

问题：
1. 地基基础工程质量验收资料还包括哪些？地基基础工程的验收合格条件包括什么？
2. 指出结构实体检测的不妥之处，并写出正确做法。结构实体检验还应包含哪些检测项目？
3. 主体结构混凝土子分部包含哪些分项工程？

(三)

1. （本小题12.0分）
1）还包括：
①施工记录及单位自查评定报告；②隐蔽工程验收资料；③检测与检验报告；④监测资料；⑤竣工图。 (5.0分)

2）包括：【点线面检改管道】
【孔洞】①验收前，基础墙面孔洞按规定镶堵密实，有隐蔽工程验收记录； (1.0分)
【弹线】②弹出楼层标高控制线、竖向结构主控轴线； (1.0分)
【表面】③拆除模板，表面清理干净，结构存在缺陷处整改完成； (1.0分)
【检验】④完成全部内容，检验、检测报告符合验收规范要求； (1.0分)
【整改】⑤工程资料存在的问题均已悉数整改完成； (1.0分)
⑥质监站整改通知单中的问题均已整改，并报送质监站归档； (1.0分)
【管道】⑦安装工程中各类管道预埋结束，相应测试工作已完成。 (1.0分)

2. （本小题9.0分）
1）不妥之处：
① 建设单位要求施工单位负责组织实体检测活动； (0.5分)
正确做法：应由监理单位组织施工单位实施，并见证实施过程。 (1.0分)
② 将编制的专项方案报企业有关部门审批； (0.5分)
正确做法：《结构实体检测专项方案》应当经监理单位批准后实施。 (1.0分)
③ 施工单位进行了实体混凝土强度抽样检测； (0.5分)
正确做法：除了结构位置与尺寸偏差，其他项目均应由法定检测机构检测。 (1.0分)

④ 采用回弹法检测； (0.5分)
正确做法：应采用"回弹-取芯法"进行实体抽检。 (1.0分)
2）还应包含：【强厚位置找合约】
① 钢筋保护层厚度； (1.0分)
② 结构位置及尺寸偏差； (1.0分)
③ 合同约定项目。 (1.0分)
3.（本小题5.0分）
主体结构混凝土子分部包括：
①模板；②钢筋；③混凝土；④装配式结构；⑤现浇结构；⑥预应力。 (5.0分)

（四）

某高层住宅工程，包含结构形式完全相同的10栋幢单体建筑，现浇钢筋混凝土剪力墙结构，地下1层，地上20层。其中，6~10号楼采用的现浇夹心复合保温墙板由建设单位负责采购。

幕墙保温材料进场后，现场试验室技术人员对其进行抽样检验，检验结果低于国家强制性标准。建设单位认为用于幕墙保温材料存在的质量问题不涉及结构安全，要求施工单位继续使用。

10号楼外墙采用现浇夹心复合保温墙板。主体结构施工完成后，由施工单位项目负责人主持并组织总监理工程师、建设单位项目负责人、相关专业质检员和施工员参与主体结构质量验收。

问题：

1. 除围护系统节能外，建筑节能工程还包括哪些子分部工程？围护系统节能具体包括哪些分项工程？指出幕墙保温材料抽样检验过程中存在的不妥之处，并说明理由。

2. 10号楼的外墙节能及混凝土结构工程应当如何验收？说明理由。其验收组织有什么不妥？说明理由。

（四）

1.（本小题9.5分）
1）还包括：【电暖监护可再生】
围护结构节能工程、供暖空调节能工程、配电照明节能工程、监测控制节能工程、可再生能源节能工程。 (5.0分)
2）包括：【双面双墙一门窗】
屋面节能工程、地面节能工、幕墙节能工程、墙体节能工程、门窗节能工程。 (2.5分)
3）不妥之处：
① 试验室技术人员对其进行抽样检验； (0.5分)
理由：保温材料进场后，施工单位应通知监理单位对其见证检验。 (0.5分)
② 要求施工单位继续使用； (0.5分)
理由：建设单位不得明示或暗示施工单位使用不合格的外墙节能材料。 (0.5分)
2.（本小题6.0分）
1）外墙现浇复合保温夹芯板应与主体结构一同验收。 (1.0分)
理由：与主体结构同时施工的墙体节能工程应与主体结构一同验收。 (1.0分)

2）不妥之处：
① 由施工单位项目负责人主持并组织； (0.5分)
理由：根据相关规定，分部工程应由总监理工程师组织验收。 (1.0分)
② 参加验收的人员； (0.5分)
理由：参加节能分部工程验收的人员还应包括施工单位技术部门负责人、质量部门负责人，以及施工单位项目技术负责人、施工单位项目负责人、设计单位项目负责人。(2.0分)

（五）

某商品住宅项目，施工总承包单位中标后组建项目部进场施工。

项目部建立了质量保证体系并制定质量管理制度，要求施工重要工序和关键节点工序交接检查时严格执行"三检"制度，采用目测法、实测法及试验法对现场工程质量进行检查。

项目部编制了施工现场混凝土检测试验计划，内容主要包括：检测试验项目名称、检测试验参数等。现场试验站面积较小，不具备设置标准养护室条件，混凝土试件标准养护采用其他设施代替。

项目部委托具备相应资质的第三方进行基坑监测，项目技术负责人组织编制了项目工程资料管理方案，明确项目部工程、技术、质量、物资、商务等部门在工程资料形成过程中的职责分工。专业资料管理人员整理的部分工程资料统计见表9-1。

表9-1　项目工程资料统计（部分）

资料名称	责任部门（岗位）
分部分项和检验批的划分方案	A
分包单位的资质报审表	B
施工日志	C
施工物资资料	物资
建设工程质量事故报告书	D
单位工程观感质量检查记录	E

问题：
1. 现场质量检查的"三检"制度是哪三检？现场试验法检查的两种方法是什么？
2. 混凝土检测试验计划内容还有哪些？混凝土标准养护设施还有哪些？
3. 答出表9-1中A、B、C、D、E处对应的责任部门（岗位）。

（五）

1．（本小题5.0分）
1）自检、互检、专检。 (3.0分)
2）理化试验、无损检测。 (2.0分)
2．（本小题6.0分）
1）试样规格、代表批量、施工部位、计划检测试验时间。 (4.0分)
2）养护箱或养护池。 (2.0分)
3．（本小题5.0分）
A：技术；B：商务；C：工程；D：质量；E：质量。 (5.0分)

【解析】 项目工程资料部门职责如下:

责任部门		资料名称
商务	施工管理资料	企业资质证书及专业人员岗位证书;特种作业人员证书复印件;分包单位资质报审表;分包资质证书及专业人员岗位证书
质量	施工管理资料	质量管理检查记录;质量事故调查记录;质量事故报告书
	竣工验收资料	单位工程质量控制资料核查记录;单位工程安全和功能检验资料核查及主要功能抽查记录;单位工程观感质量检查记录
	施工质量验收记录	分项工程质量验收记录;分部(子分部)工程验收记录
技术	施工管理资料	施工检测试验计划;分项工程和检验批划分方案;检测设备检定证书登记台账
	施工技术资料	
	竣工验收资料	
	施工试验资料	共同管理
试验	施工试验资料	
工程	施工管理资料	施工日志;工程开工报审表;监理工程师通知回复单
	施工技术资料	分项工程技术交底记录
	施工记录	
物资	施工物资资料	
测量	施工测量记录	

(六)

某商业建筑工程,地上 6 层,砂石地基,砖混结构,建筑面积 $24000m^2$,外窗采用铝合金窗,内门采用金属门。

事件一:开工前,建设单位与某施工总承包单位签订了施工总承包合同。合同约定,电梯安装工程由建设单位指定分包。施工过程中,办公楼电梯安装工程早于装饰装修工程完工,提前由专业监理工程师组织验收,总承包单位未参加,验收后电梯安装单位将电梯工程相关资料移交建设单位。整体工程完成时,电梯安装单位已撤场,由建设单位组织,监理、设计、总承包单位进行单位工程质量验收。

事件二:该商业楼最终验收通过。总承包单位、专业分包单位分别将各自施工范围的技术、管理、进度、造价等工程资料移交到监理机构,监理机构整理后将施工资料与工程监理资料一并向当地城建档案管理部门移交,被城建档案管理部门以资料移交程序错误为由予以拒绝。

事件三:建设单位在审查施工单位提交的工程竣工资料时,发现工程资料有涂改、违规使用复印件等情况,要求施工单位进行整改。

问题:

1. 本工程施工资料应如何组卷?哪些工程需要单独组卷?电梯工程如何组卷?

2. 指出事件一存在的错误,并写出正确做法。针对事件二,分别指出总承包单位、专业分包单位、监理单位工程资料的正确移交程序。

3. 针对事件三，分别写出工程竣工资料在修改以及使用复印件时的正确做法。工程竣工文件包括哪些？

（六）

1. （本小题7.0分）

1）施工资料应按单位工程组卷；当施工资料中部分内容不能按一个单位工程分类组卷时，可按建设项目组卷。（2.0分）

2）需要单独组卷的项目：【电能专业两室外】

① 电梯工程；（1.0分）

② 节能工程；（1.0分）

③ 室外安装工程、室外环境工程；（1.0分）

④ 专业承包工程。（1.0分）

3）电梯工程应按不同型号的每台电梯单独组卷。（1.0分）

2. （本小题7.0分）

1）错误之处：

① 电梯安装工程由建设单位指定分包；（0.5分）

正确做法：电梯安装工程应当由总包单位依法分包。（0.5分）

② 电梯安装工程提前由专业监理工程师组织验收；（0.5分）

正确做法：电梯安装工程应由总监理工程师组织验收。（0.5分）

③ 电梯安装工程总承包单位未参加；（0.5分）

正确做法：总承包单位应参加电梯安装工程的质量验收。（0.5分）

④ 验收后电梯安装单位将电梯工程相关资料移交建设单位；（0.5分）

正确做法：电梯安装单位将电梯工程相关资料移交总承包单位。（0.5分）

⑤ 建设单位组织，监理、设计、总承包单位参加单位工程质量验收；（0.5分）

正确做法：还应组织勘察、电梯工程承包单位参加单位工程竣工验收。（0.5分）

2）移交程序：

① 分包单位向总包单位移交分包工程的相关资料；（0.5分）

② 总包单位向建设单位移交全部施工资料；（0.5分）

③ 监理单位向建设单位移交工程监理资料；（0.5分）

④ 建设单位汇总全部资料后，向城建档案管理部门移交工程档案资料。（0.5分）

3. （本小题4.5分）

1）正确做法：

① 工程资料不得随意修改，当需要修改时，应实行划改，并由划改人签署；（1.0分）

② 当使用复印件时，提供单位应在复印件上加盖单位公章，并应有经办人签字及日期，提供单位应对资料的真实性负责。（1.5分）

2）竣工文件包括：【交验决总】

竣工验收文件、竣工决算文件、竣工交档文件、竣工总结文件。（2.0分）

第十章 安全管理

近五年分值排布

题型及总分值	分值				
	2024 年	2023 年	2022 年	2021 年	2020 年
选择题	0	2	3	1	4	5
案例题	17	16	7	17	3	15
总分值	17	18	10	18	7	20

> 核心考点

第一节：基础安全生产管理
　考点一、安全生产管理计划
　考点二、施工现场危险源管理
　考点三、施工安全检查标准
　考点四、危大工程安全管理
第二节：施工安全技术管理
　考点一、基坑坍塌主要迹象
　考点二、基础安全主要控制内容
　考点三、现浇混凝土施工安全
　考点四、模板及支撑施工安全
　考点五、脚手架搭设要求
　考点六、高处作业安全技术要求
　考点七、起重机械安全管理

第一节　基础安全生产管理

一、客观选择

1. 事故应急救援预案提出的技术措施和组织措施应（　　）。
　A. 详尽　　　　　　　　　　　B. 真实
　C. 及时　　　　　　　　　　　D. 有效
　E. 明确

考点： 安全管理计划——施工安全危险源管理

【解析】 本题的题眼在预案，可能启动，也可能不启动，所以，不存在真实和及时的问题。其采取的措施应详尽、有效、实用、明确。

2. 建筑安全生产事故按事故的原因和性质分为（   ）。

A. 生产事故   B. 重伤事故

C. 死亡事故   D. 轻伤事故

E. 环境事故

考点：安全管理计划——常见安全事故类型

【解析】 考生要能区分"事故类型"和"事故等级"。前者是从"原因性质"出发，进行事故类别划分，后者是以"伤亡程度"为依据，划分的事故等级。从分析问题的角度，明显选项 B、C、D 是一类，那么，就剩下选项 A、E 了。

3. 易引起甲苯中毒的作业是（   ）。

A. 手工电弧焊   B. 气制作业   C. 水泥搬运   D. 油漆作业

考点：安全管理计划——建筑工程施工易发的职业病类型

【解析】

1）甲苯中毒：油漆作业、防水作业、防腐作业。

2）二甲苯中毒：油漆作业、防水作业、防腐作业。

4. 【生学硬练】安全专项施工方案需要进行专家论证的是（   ）。

A. 高度 24m 的落地式钢管脚手架工程

B. 跨度 16m 的混凝土模板支撑工程

C. 开挖深度 8m 的基坑工程

D. 跨度 32m 的钢结构安装工程

考点：危大工程安全管理——管理范围

【解析】 "5m 活埋是常识，3 编 5 论三方案"。机理如下：

选项 A，落地式脚手架工程"落编 24 论 50"——搭设高度 24m 及以上应编制专项方案，50m 才专家论证。

选项 B，模板支撑工程"5101015，8181520"——跨度 18m 才需要组织专家论证。

选项 D，跨度 36m 的钢结构安装工程才需要组织专家论证。

5. 【生学硬练】需要进行专家论证的危险性较大的分部分项工程有（   ）。

A. 开挖深度 6m 的基坑工程

B. 搭设跨度 15m 的模板支撑工程

C. 双机抬吊单件起吊重量为 150kN 的起重吊装工程

D. 搭设高度 40m 的落地式钢管脚手架工程

E. 施工高度 60m 的建筑幕墙安装工程

考点：危大工程安全管理——管理范围

【解析】 选项 B，搭设跨度超过 18m 的模板支撑工程，才需要进行专家论证。

选项 C，本选项考核建办质〔2018〕31 号文件中关于"采用非常规起重设备、方法，且单件起吊重量在 100kN 及以上的起重吊装工程"这句话的两个重点：①非常规；②单件起吊重量 100kN。双机抬吊不属于非常规起重吊装。

选项 D，"落编 24 论 50"——落地式钢管脚手架搭设高度 24m 及以上应编制专项方案，搭设高度 50m 及以上的，应按要求组织专家论证。

第十章 安全管理

6.【生学硬练】关于高处作业吊篮的做法，正确的有（　　）。
A. 吊篮安装作业应编制专项施工方案　　B. 吊篮内的作业人员不应超过 3 人
C. 作业人员应从地面进出吊篮　　D. 安全钢丝绳应单独设置
E. 吊篮升降操作人员必须经培训合格

考点：危大工程安全管理——管理范围

【解析】 选项 B，根据《工程质量安全手册（试行)》，吊篮内作业人员不应超过 2 人。

7. 下列分部分项工程中，其专项方案必须进行专家论证的有（　　）。
A. 爆破拆除工程　　B. 人工挖孔桩工程
C. 地下暗挖工程　　D. 顶管工程
E. 水下作业工程

考点：安全管理——危大工程

【解析】 选项 B 属于需要"定性+定量"才能判定是否需要专家论证：
1）定性：采用人工挖孔桩的工程，应当编制《人工挖孔桩专项施工方案》。
2）定量：开挖深度 16m 及以上的人工挖孔桩工程才需要组织专家论证。

8. 专项方案实施前，可以进行安全技术交底的交底人有（　　）。
A. 项目安全员　　B. 安全监理工程师
C. 方案编制人员　　D. 项目技术负责人
E. 项目生产经理

考点：安全管理——危大工程

【解析】 危大工程专项方案安全技术交底的交底人有：方案编制人员、项目技术负责人。

9. 对超过一定规模、危险性较大的部分项工程的专项施工方案进行专家论证时，关于其专家组组长的说法，错误的是（　　）。
A. 具有高级专业技术职称　　B. 从事专业工作 15 年以上
C. 宜为建设单位项目负责人　　D. 具有丰富的专业经验

考点：安全管理——危大工程

【解析】 设区的市级以上住建部门建立的专家库专家应具备以下基本条件：
1）诚实守信、作风正派、学术严谨。
2）从事相关专业工作 15 年以上或具有丰富的专业经验。
3）具有高级专业技术职称。

10. 深基坑工程的第三方检测应由（　　）委托。
A. 建设单位　　B. 监理单位　　C. 设计单位　　D. 施工单位

考点：安全管理——危大工程

【解析】 基坑监测必须由具有勘察资质的单位承担，由建设单位委托。

二、参考答案

题号	1	2	3	4	5	6	7	8	9	10
答案	ADE	AE	D	C	AE	ACDE	ACDE	CD	C	A

三、主观案例及解析

（一）

某新建工程，建筑面积 56500m²，地下 1 层，地上 3 层，框架结构。建设单位与某施工单位签订了施工总承包合同。开工前，施工单位组织现场管理及作业人员进行了安全生产法律法规和规章制度、操作规程等内容的安全教育培训，对新进场人员组织三级教育。

工程开工前，总监理工程师组织专业监理工程师审查了施工单位报送的相关资料，发现项目经理持有一级建造师注册证书和安全考核资格证书（B证），专职安全管理员和部分特种作业人员只有施工单位的培训合格证明，审查结束后，总监签发了《监理工程师通知单》，要求施工单位调换相关人员。

问题：
1. 除三级安全教育外，安全教育培训类型还包括哪些？三级安全教育包括哪三级？
2. 除了新进场人员，安全教育培训对象还包括哪些人员？安全教育培训内容还包括哪些？

（一）

1.（本小题 5.0 分）
1）培训类型还包括：【日常岗前审三年】
① 上岗证书的初审、复审；　　　　　　　　　　　　　　　　　　　　　　　　（1.0 分）
② 岗前教育；　　　　　　　　　　　　　　　　　　　　　　　　　　　　　　（1.0 分）
③ 日常教育；　　　　　　　　　　　　　　　　　　　　　　　　　　　　　　（1.0 分）
④ 年度继续教育。　　　　　　　　　　　　　　　　　　　　　　　　　　　　（1.0 分）
2）三级安全教育包括：企业、项目、班组。　　　　　　　　　　　　　　　　　（1.0 分）

2.（本小题 6.0 分）
1）还包括：【决策管理操作层】
① 企业各管理层负责人；　　　　　　　　　　　　　　　　　　　　　　　　　（0.5 分）
② 企业管理人员；　　　　　　　　　　　　　　　　　　　　　　　　　　　　（0.5 分）
③ 特殊工种；　　　　　　　　　　　　　　　　　　　　　　　　　　　　　　（0.5 分）
④ 待岗复工、转岗、换岗的作业人员。　　　　　　　　　　　　　　　　　　　（0.5 分）
2）培训内容还包括：【法定后果找措施】
① 有针对性的安全防护措施；　　　　　　　　　　　　　　　　　　　　　　　（1.0 分）
② 预防、减少安全风险的方法和措施；　　　　　　　　　　　　　　　　　　　（1.0 分）
③ 紧急情况下应急救援的基本方法和措施；　　　　　　　　　　　　　　　　　（1.0 分）
④ 违章指挥、违章作业、违反劳动纪律的后果。　　　　　　　　　　　　　　　（1.0 分）

（二）

某酒店工程，工程开工前，施工企业在接到项目部报送的安全费用申请后，根据项目部制订的安全技术措施、安全评价等安全管理内容提取了项目安全生产费用。

防水工程施工前，为了确保防水工程施工的质量和安全，以及分包单位按期完工，总承包单位重点对分包人的安全生产进行检查和考核。

施工单位企业安全管理部门对项目贯彻企业安全生产管理制度情况进行检查，检查内容有：安全生产教育培训、安全生产技术管理、分包（供）方安全生产管理、安全生产检查和改进等。

问题：

1. 除对分包单位进行安全检查和考核外，总承包单位对分包单位的安全管理还体现在哪些方面？对分包单位的安全检查和考核内容包括哪些？
2. 施工企业安全生产管理制度内容还有哪些？

（二）

1．（本小题5.0分）

1）体现在：

① 选择合法的分包单位； （0.5分）
② 与分包方签订《安全协议》，明确安全责任和义务； （0.5分）
③ 及时清退不符合安全生产要求的分包单位； （0.5分）
④ 分包工程竣工后，对其安全生产能力进行评价。 （0.5分）

2）考核内容：

① 分包单位安全管理机构的设置、人员配备及资格情况； （1.0分）
② 分包单位的违约、违章情况； （1.0分）
③ 分包单位的安全生产绩效。 （1.0分）

2．（本小题6.0分）

还有：

1）安全费用管理。 （1.0分）
2）施工设施、设备及劳动防护用品的安全管理。 （1.0分）
3）施工现场安全管理。 （1.0分）
4）应急救援管理。 （1.0分）
5）生产安全事故管理。 （1.0分）
6）安全考核和奖惩等制度。 （1.0分）

（三）

某施工单位承接了一项市大型重点工程。该工程为当地某乡镇16村整体搬迁安置项目，建筑面积125000m²，地上12层，地下1层，框架-剪力墙结构。市领导对该项目极为重视，要求施工单位务必做好项目质量、安全、进度等重要内容的现场协调管理。

开工一个月后，施工企业安全部组织安全专项调查小组，根据"三定"原则对项目部安全管理情况进行了专项检查；检查内容包括：安全思想、安全责任、安全制度、安全措施、教育培训。

调查组检查时发现：项目部在《安全生产管理措施》中规定，建筑工程安全检查在正确使用安全检查表的基础上，可以采用"听、问、看"等方法进行；在制订的《项目施工安全检查制度》中规定了项目经理至少每旬组织开展一次定期安全检查，专职安全管理人员每天进行巡视检查。调查组认为项目部经常性安全检查制度规定内容不全，要求其完善。

问题：

1. 项目部经常性安全检查的方式还有哪些？什么是"三定"原则？
2. 施工单位还应对现场安全的哪些方面进行安全检查？施工单位对"劳动防护用品"

的检查主要包括哪些内容？

3. 安全检查的方法还有哪些？关于检查方法中"看"的主要内容包括哪些？

（三）

1. （本小题 6.0 分）

1）还包括：

① 专职安全员、安全值班人员每天例行开展安全检查； （1.0 分）

② 相关管理人员在检查工作的同时进行安全检查； （1.0 分）

③ 作业班组在班前、班中、班后进行安全检查； （1.0 分）

2）定人、定期限、定措施。 （3.0 分）

2. （本小题 8.0 分）

1）包括：【度物思任，作措防育，设死】

①查设备设施；②查操作行为；③查伤亡事故处理；④查劳动防护用品、查安全防护。 （4.0 分）

2）包括：

①现场劳动防护用品；②用具的购置；③产品质量；④配备数量和使用。 （4.0 分）

3. （本小题 6.0 分）

1）安全检查的方法还有：测、量、运转试验。 （1.0 分）

2）包括：【持证劳防三安全】

① 项目经理、专职安全员、特种作业人员的持证上岗情况； （1.0 分）

② 现场劳动防护用品的使用情况； （1.0 分）

③ 现场安全标志的设置情况； （1.0 分）

④ 现场安全防护情况； （1.0 分）

⑤ 现场安全设施、机械设备安全装置情况。 （1.0 分）

（四）

某建筑工程，地下 2 层，地上 18 层，框架结构。地下建筑面积 4000m²，地上建筑面积 21000m²。某施工单位中标后，由赵佑项目经理组织施工。施工至 5 层时，公司安全部叶军带队对项目进行了定期安全检查。检查过程依据标准 JGJ 59—2011 的相关内容进行。项目安全总监也全程参加，检查结果见表 10-1。

表 10-1 某办公楼工程建筑施工安全检查结果

工程名称	建筑面积/万 m²	结构类型	总计得分	检查项目内容及分值									
				安全管理	文明施工	脚手架	基坑工程	模板支架	高处作业	施工用电	外用电梯	塔式起重机	施工机具
办公楼	（A）	框筒结构	检查前（B）	10	15	10	10	10	10	10	10	10	5
			检查后（C）	8	12	8	7	8	8	9		8	4
				评语：该项目安全检查总得分为（D），评定等级为（E）									
检查单位	公司安全部		负责人	叶军		受检单位		某办公楼项目部		项目负责人		（F）	

问题：

写出表 10-1 中 A~F 所对应的内容（如 A：＊万 m^2），施工安全评定结论分几个等级？评价依据有哪些？

（四）

（本小题 10.0 分）

1）A：2.5 万 m^2；B：90 分；C：72 分；D：80 分；E：优良；F：赵佑。 (6.0 分)
2）分优良、合格、不合格三个等级。 (1.0 分)
3）评价依据：汇总表得分、分项评分表得分、保证项目达标情况。 (3.0 分)

（五）

某高校校区新建 3 幢学生宿舍。该宿舍地上 6 层，地下 1 层，层高均为 3.3m，建筑檐口高度 19.8m。

宿舍楼施工至 6 层，市住建局安监站根据《建筑施工安全检查标准》（JGJ 59—2011）对本项目进行了安全质量大检查。检查结束后检查组进行了讲评，并宣布部分检查结果，见表 10-2。

表 10-2　3 号住宅楼施工安全检查结果

单位工程名称	建筑面积/m^2	结构类型	总计得分(100分)	项目名称及分值								
				安全管理(10分)	文明施工(20分)	脚手架(10分)	基坑与模板(10分)	高处作业(10分)	施工用电(10分)	提升机与施工电梯(10分)	塔式起重机(10分)	起重吊装(5分)	施工机具(5分)
3号住宅楼	5886.7	框架结构					7.2		7.1	7.2	7.5	4.5	4.0

该工程《安全管理检查评分表》实得 81 分；《高处作业检查评分表》实得 70 分；《落地式脚手架评分表》实得 74 分；《悬挑式脚手架评分表》实得 72 分；《文明施工检查评分表》中"现场防火"项目缺项（该项应得分 10 分，保证项目总分 60 分），其他各项实得 68 分。

问题：

安全管理、高处作业、脚手架、文明施工在汇总表中的实得分各是多少？建筑施工安全检查评定结论有哪些等级？本次检查应评定哪个等级？说明理由。

（五）

（本小题 6.0 分）

1）安全检查结果：
① 安全管理：81/100×10＝8.1（分）； (0.5 分)
② 高处作业：70/100×10＝7.0（分）； (0.5 分)
③ 脚手架：(74+72)/100×10/2＝7.3（分）； (0.5 分)
④ 文明施工：68/（100－10）×20＝15.1（分）。 (0.5 分)
2）有优良、合格、不合格三个等级。 (2.0 分)
3）本次检查结果为合格。 (0.5 分)
理由：汇总表得分 7.2＋7.1＋7.2＋7.5＋4.5＋4.0＋7.0＋7.3＋8.1＋15.1＝75（分）＞70 分；

目分项检查评分表无 0 分。 (1.5 分)

(六)

某酒店工程，建筑面积 25000m²，地下 1 层，地上 12 层。其中标准层 10 层，每层标准客房 18 间，每间 35m²。裙房设宴会厅 1200m²，层高 9m。施工单位中标后开始组织施工。

施工单位企业安全管理部门对项目贯彻企业安全生产管理制度情况进行检查，检查内容有：安全生产教育培训、安全生产技术管理、分包（供）方安全生产管理、安全生产检查和改进等。

宴会厅施工"满堂脚手架"搭设完成自检后，监理工程师按照《建筑施工安全检查标准》（JGJ 59—2011）要求的保证项目和一般项目对其进行了检查，检查结果见表 10-3。

表 10-3 满堂脚手架检查结果（部分）

检查内容	施工方案		架体稳定	杆件锁件	脚手板				构配件材质	荷载		合计
满分值	10	10	10	10	10	10	10	10	10	10	10	100
得分值	10	10	10	9	8	9	8	9	10	9	92

宴会厅顶板混凝土浇筑前，施工技术人员向作业班组进行了安全专项方案交底，针对混凝土浇筑过程中，可能出现的包括浇筑方案不当使支架受力不均衡，产生集中荷载、偏心荷载等多种安全隐患形式，提出了预防措施。

问题：

1. 施工企业安全生产管理制度内容还有哪些？
2. 写出满堂脚手架检查中的空缺项，分别写出属于保证项目和一般项目的检查内容。

(六)

1.（本小题 6.0 分）

还有：

1）安全费用管理。 (1.0 分)
2）施工设施、设备及劳动防护用品的安全管理。 (1.0 分)
3）施工现场安全管理。 (1.0 分)
4）应急救援管理。 (1.0 分)
5）生产安全事故管理。 (1.0 分)
6）安全考核和奖惩等制度。 (1.0 分)

2.（本小题 7.0 分）

1）从左到右空缺项：架体基础、交底与验收、架体防护、通道。 (2.0 分)
2）保证项目检查内容：
施工方案、架体基础、架体稳定、杆件锁件、脚手板、交底与验收。 (3.0 分)
3）一般项目检查内容：
架体防护、构配件材质、荷载、通道。 (2.0 分)

(七)

某住宅工程，地下 2 层，地上 18 层，建筑面积 24000m²，土方开挖范围内地下水丰沛，地上2层以上为装配式混凝土结构，预制墙板主筋采用套筒灌浆连接，构件加工由建设单位和中标单位共同选定。A单位中标后按总承包管理模式组织施工。

项目部编制的施工组织设计中规定：结构工程施工中，垂直运输机械，土方开挖等专业工程实行专业分包管理，专项方案由专业分包单位组织编制。

基坑支护工程施工前，分包单位编制了基坑支护安全专项施工方案，经分包单位技术负责人审批后组织专家论证，监理机构认为专项施工方案及专家论证均不符合规定，不同意进行论证。

项目经理部根据有关规定，针对水平混凝土构件模板（架）体系，编制了模板（支架）工程专项施工方案，经过施工项目负责人批准后开始实施，仅安排施工项目技术负责人进行现场监督。

问题：
1. 结构施工期间，专项方案可由专业分包单位组织编制的还有哪些？
2. 指出基坑支护安全专项施工方案审批及专家组织中的错误之处，并写出正确做法。
3. 指出模板（支架）工程专项施工方案实施中有哪些不妥之处？说明理由。

（七）

1. （本小题3.0分）
起重机械安装拆卸工程；深基坑工程；附着式升降脚手架。 （3.0分）
2. （本小题4.0分）
错误之处：
① 经分包单位技术负责人审批； （1.0分）
正确做法：经分包单位和总包单位技术负责人审批，报监理工程师审核。 （1.0分）
② 分包单位组织专家论证； （1.0分）
正确做法：应当由总承包单位组织召开专家论证会。 （1.0分）
3. （本小题6.0分）
不妥之处：
① 经过施工项目负责人批准后开始实施； （1.0分）
理由：模板工程专项方案应由施工单位技术负责人和总监理工程师审批通过后，由项目技术负责人对现场管理人员进行技术交底，再由管理人员对所有施工人员进行技术交底，并由交底人、被交底人和专职安全员签字确认。 （3.0分）
② 仅安排施工项目技术负责人进行现场监督； （1.0分）
理由：应委派专人（专职安全员）现场监督模板工程专项方案的实施。 （1.0分）

第二节　施工安全技术管理

主观案例及解析

（一）

某商业综合体工程项目，建筑面积225000m²，地下3层，地上26层，现浇钢筋混凝土结构。基坑开挖深度为10.3m，地下水位位于地表以下8.5m处。施工单位采用"灌注桩排桩+钢筋混凝土内支撑支护体系+喷射井点降水的方案"。基础为直径1200mm的钻孔灌注桩，底板防水采用改性沥青防水卷材热熔法粘贴施工。

土方开挖到接近基坑设计标高时，基坑四周地表出现裂缝，并不断扩张。施工单位随即停止施工，并撤离现场施工人员，不久基坑发生严重坍塌。经事故调查组调查，造成坍塌事故的主要原因，是地质勘察资料中未标明地下存在古河道，基坑支护设计中未能考虑这一因素造成的。

为不影响工程进度，施工总承包单位组织B区块6号楼24层混凝土连夜浇筑施工。由于现场架设灯具照明不够，工人从配电箱中接出220V电源，使用行灯照明进行施工。

问题：

1. 除"周围地表出现裂缝，并不断扩张"外，基坑坍塌前，还可能出现哪些迹象？本工程基坑工程安全控制的主要内容包括哪些？

2. 除了施工用电不符合要求，本工程混凝土浇筑过程中，还可能存在哪些安全隐患？除浇筑用电外，本工程混凝土工程安全控制的主要内容还包括哪些？

（一）

1. （本小题10.0分）

1）还可能出现：【裂响位移失水脱】

① 支撑系统发出挤压等异常响声； (1.0分)
② 支护结构水平位移较大，并持续发展； (1.0分)
③ 支护系统局部出现失稳； (1.0分)
④ 大量水土不断涌入基坑； (1.0分)
⑤ 大量锚杆螺母松动，甚至槽钢松脱。 (1.0分)

2）包括：【两水机械支护桩】

① 降水设施与临时用电安全； (1.0分)
② 防水施工时，防火、防毒安全； (1.0分)
③ 挖土机械施工安全； (1.0分)
④ 边坡与基坑支护安全； (1.0分)
⑤ 桩基施工安全防范。 (1.0分)

2. （本小题9.0分）

1）还可能存在的安全隐患：【高处浇拆用电机】

① 高处作业安全防护设施不到位； (1.0分)
② 混凝土浇筑方案不当，支架受力不均； (1.0分)
③ 过早地拆除模板和支撑； (1.0分)
④ 机械的安装、使用不符合要求。 (1.0分)

2）包括：【模板钢筋混凝土】

① 模板支撑系统设计； (1.0分)
② 模板支拆施工安全； (1.0分)
③ 钢筋加工、绑扎、安装等作业安全； (1.0分)
④ 混凝土浇筑高处作业安全； (1.0分)

⑤ 混凝土浇筑设备使用安全。 (1.0分)

（二）

某工程，某公共建筑工程，建筑面积22000m²，地下2层，地上20层，层高3.2m，钢筋混凝土框架结构。大堂1~3层中空，《模板及支架示意图》如图10-1所示。

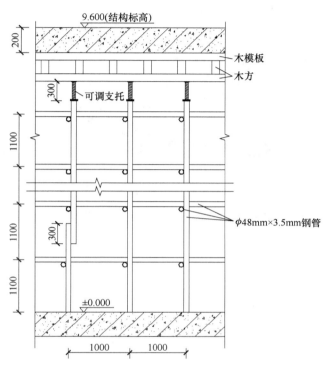

图10-1 《模板及支架示意图》

问题：

指出《模板及支架示意图》的不妥之处，分别写出正确做法。

（二）

（本小题8.0分）

不妥之处：

① 立柱底部直接落在混凝土底板上； (1.0分)

正确做法：立柱底部应设置垫板或底座。 (1.0分)

② 立柱底部没有设置纵横扫地杆； (1.0分)

正确做法：在距离地面200mm高的立柱底部，按纵上横下设置纵横扫地杆。 (1.0分)

③ 没有设置剪刀撑； (1.0分)

正确做法：应在外侧全立面设置剪刀撑。 (1.0分)

④ 立柱的接长采用搭接方式； (1.0分)

正确做法：脚手架立杆必须采用对接连接。 (1.0分)

⑤ 顶部未设水平拉杆； (1.0分)

正确做法：应在最顶部距两水平拉杆中间加设一道水平拉杆。　　　　　　　　　　　　（1.0分）

【解析】 工程层高8~20m时，应在最顶步距两水平拉杆中间加设一道水平拉杆；当层高大于20m时，应在最顶两步距水平拉杆中间分别增加一道水平拉杆。

【评分标准：写出4项，即可得8.0分】

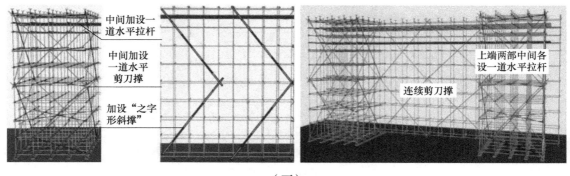

（三）

某新建工程，建筑面积15000m²，地下2层，地上5层，建筑总高度20m。外装修施工时，施工单位搭设了扣件式钢管脚手架（见图10-2）。架体搭设完成后进行了验收检查，并提出了整改意见。

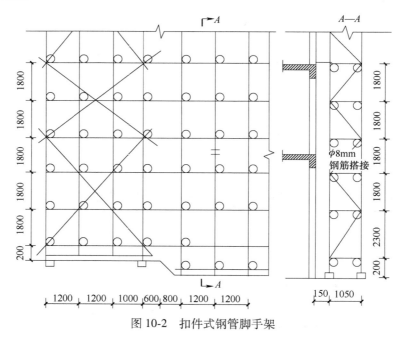

图10-2　扣件式钢管脚手架

问题：

指出背景资料中脚手架搭设的错误之处。

（三）

（本小题6.0分）

错误之处：

① 立杆下端未设置木垫板；立杆悬空，未伸至木垫板；　　　　　　　　　　　　　　　（1.0分）

② 横向扫地杆设置在纵向扫地杆的上部； (1.0分)
【解析】 横向扫地杆应设置在纵向扫地杆的下部。
③ 未将高处纵向扫地杆向低处延长两跨与立杆固定； (1.0分)
【解析】 当立杆的基础不在同一高度上时，必须将高处的纵向扫地杆向低处延长两跨与立杆固定。
④ 本图中低处脚手架的最下层的步距为2.3m； (1.0分)
【解析】 根据《建筑施工扣件式钢管脚手架安全技术规范》的要求，单、双排脚手架的步距不宜大于2m。
⑤ 本图中低处脚手架部分主节点处缺少横向水平杆； (1.0分)
⑥ 脚手架采用只有钢筋的柔性连墙件与主体结构连接； (1.0分)
【解析】 脚手架严禁使用只有钢筋的柔性连墙件与主体结构连接。
⑦ 剪刀撑的底部未设置木垫板； (1.0分)
⑧ 剪刀撑的构造不符合规范要求。 (1.0分)
【解析】 剪刀撑设置宽度应为6~9m、4~6跨。
【评分标准：答出6项，即可得6.0分】

(四)

某工程，位于市中心区域，建筑面积28000m²，地下1层，地上10层，层高为3m。框架-剪力墙结构，筏板基础。施工前，施工单位项目技术负责人组织编制了脚手架专项施工方案，明确了工程概况和编制依据、脚手架类型选择，以及所用材料、构配件类型及规格等内容。工程施工至结构4层时，该地区发生了持续4h的暴雨，并伴有短时六、七级大风。风雨结束后，项目负责人组织有关人员对脚手架的搭设场地、支撑构件的固定进行了验收，排除隐患后恢复了施工生产。

项目经理每隔一周组织一次脚手架定期安全检查。检查过程中发现，开口型双排脚手架连墙件采用2根直径4mm的钢丝拧成一股的拉筋与顶撑配合使用，连墙件垂直间距为4m，且有两处被施工人员拆除。

项目某处双排脚手架搭设到20m时，当地遇罕见暴雨造成地基局部下沉，外墙脚手架出现变形，经评估后认为不能继续使用。项目技术部门编制了该脚手架拆除方案，规定了作业时设置专人指挥，多人同时操作时，明确分工、统一行动，保持足够的操作面等脚手架拆除作业安全管理要点。经审批并交底后实施。

问题：
1. 搭设脚手架之前，其脚手架地基应满足哪些基本要求？
2. 哪些阶段应对脚手架进行检查验收？脚手架的验收内容还包括哪些？
3. 指出项目经理在定期安全检查中发现的不妥之处。脚手架拆除作业安全管理要点还有哪些？

(四)

1. (本小题3.0分)
地基应满足：【水冻力】
【力】① 平整坚实，满足承载力和变形要求； (1.0分)
【水】② 设置排水设施，搭设场地不积水； (1.0分)

【冻】③冬期施工应采取防冻胀措施。 (1.0分)
2. (本小题8.0分)
1) 验收的阶段：【前后三脚手】
【前】①基础完工后及脚手架搭设前； (1.0分)
【后】②首层水平杆搭设后； (1.0分)
【脚】③作业脚手架每搭设一个楼层高度； (1.0分)
④悬挑脚手架悬挑结构搭设固定后； (1.0分)
⑤搭设支撑脚手架，高度每2~4步或不大于6m。 (1.0分)
2) 验收内容：【材料场地支承体，方案证明两记录】
① 材料与构配件质量； (1.0分)
② 架体搭设质量； (1.0分)
③ 专项施工方案、产品合格证、使用说明及检测报告、检查记录、测试记录。
(1.0分)

3. (本小题6.0分)
1) 不妥之处：
① 连墙件采用2根直径4mm的钢丝拧成一股的拉筋与顶撑配合使用； (1.0分)
② 双排脚手架连墙件被施工人员拆除了两处； (1.0分)
③ 连墙件垂直间距为4m。 (1.0分)
2) 安全管理要点还有：
① 拆除作业必须由上而下逐层进行，严禁上下同时作业； (1.0分)
② 连墙件必须随脚手架逐层拆除，分段拆除高差不应大于2步； (1.0分)
③ 拆除的构配件应采用起重设备吊运或人工传递到地面，严禁抛掷。 (1.0分)

（五）

某工程是位于市中心区域的住宅小区，小区共10栋楼，地下1层，地上12层，建筑面积108000m²。基坑深度3.5m，檐高33m，框架-剪力墙结构，筏板基础。

6号楼基坑工程施工，施工单位编制了《基坑工程临边防护安全专项方案》，并上报至企业技术负责人审批。基坑工程部分临边防护如图10-3所示。

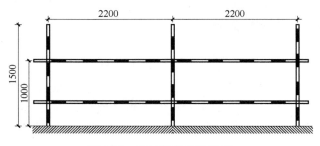

图10-3 基坑部分临边防护

企业技术负责人认为方案中存在诸多不妥之处，责令相关人员整改后重新报批。
问题：
指出"图10-3"中的错误之处，并予以纠正。

（五）

（本小题 7.0 分）

错误之处：

① 防护栏杆未设置挡脚板； (0.5分)

纠正：防护栏杆下部应设置高度不低于 180mm 的挡脚板。 (0.5分)

② 下杆位置错误； (0.5分)

纠正：下杆应设置在上杆和挡脚板的中间； (0.5分)

③ 防护栏杆立杆高度为 1.5m，未增设横杆； (0.5分)

纠正：立杆高度超过 1.2m 时，应增设横杆，横杆间距不应大于 600mm。 (1.0分)

④ 上杆距离地面 1.0m； (0.5分)

纠正：防护栏杆上杆距离地面高度应为 1.2m。 (0.5分)

⑤ 立杆间距 2.2m； (0.5分)

纠正：防护栏杆的立杆间距不应超过 2m。 (0.5分)

⑥ 未设置密目式安全网和安全警示标志； (0.5分)

纠正：防护栏杆上应设置密目式安全网，周围明显处应设置安全警示标志，夜间还应设置警示灯。 (1.0分)

（六）

某建筑工程，建筑面积 35000m²；地下 2 层，片筏基础；地上 25 层，钢筋混凝土框架-剪力墙结构。

落地式操作平台施工前，项目技术负责人根据《危险性较大的分部分项工程安全管理规定》组织编制了《落地式操作平台专项施工方案》，方案中明确了如下内容：

1）操作平台施工荷载不得大于 5kN/m²，高度不得大于 20m，高宽比不得大于 4∶1。
2）操作平台临边应设防护栏杆，外立面设剪刀撑或斜撑，立杆下方设纵向扫地杆。
3）操作平台一次搭设高度不应超过相邻连墙件以上 3 步。
4）操作平台与脚手架进行刚性连接。
5）操作平台由下而上逐层拆除，连墙件随施工进度逐层拆除，不得上、下同时作业。

企业技术负责人认为方案中存在诸多不妥之处，责令相关人员整改后重新报批。

问题：

指出《落地式操作平台安全专项施工方案》的不妥之处，并写出正确做法。

（六）

（本小题 7.0 分）

不妥之处：

① 操作平台施工荷载不得大于 5kN/m²，高度不得大于 20m，高宽比不得大于 4∶1； (1.5分)

正确做法：平台荷载不得大于 2kN/m²，否则应专项设计；平台高度不得超过 15m，高宽比不大于 3∶1； (1.5分)

② 立杆下方只设纵向扫地杆； (0.5分)

正确做法：还应设置横向扫地杆和垫板。 (0.5分)

③ 一次搭设高度不应超过相邻连墙件以上 3 步； (0.5分)

正确做法：操作平台一次搭设高度不得超过相邻连墙件以上2步。 (0.5分)
④ 操作平台与脚手架刚性连接； (0.5分)
正确做法：操作平台应与建筑物刚性连接，且不得与脚手架连接。 (0.5分)
⑤ 操作平台应由下而上逐层拆除； (0.5分)
正确做法：操作平台必须由上到下拆除。 (0.5分)

（七）

某建筑工程，建筑面积35000m²；地下2层，片筏基础；地上25层，钢筋混凝土框架-剪力墙结构。

事件：移动式操作平台施工前，施工单位组织编制了《移动式操作平台专项施工方案》，并绘制了《移动式操作平台示意图》，如图10-47所示。

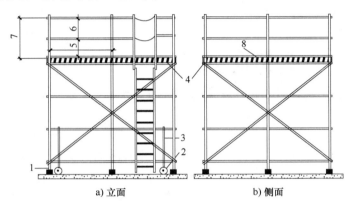

图10-4 《移动式操作平台示意图》

问题：
指出"图10-4"各项指标的具体内容（如：1-不得大于80mm）。

（七）

（本小题5.0分）
1-不得大于80mm。 (1.0分)
2-不应小于5kN。 (1.0分)
3-不应小于2.5N·m。 (1.0分)
4-不应小于180mm。 (1.0分)
5-不应大于2m。 (1.0分)
6-不应大于600mm。 (1.0分)
7-应为1.2m。 (1.0分)
8-不宜大于10m²/不宜大于5m/不应大于2:1。 (1.0分)
【评分标准：写出5项，即可得5.0分】

（八）

某高校新建校区，包括办公楼、教学楼、科研中心、后勤服务楼、学生宿舍等多个单体建筑，由某建筑工程公司进行该群体工程的施工建设。

教学楼施工至第5层时，项目部在例行安全检查中发现第5层楼板有2处（一处为短边尺寸200mm的孔口，一处为尺寸1600mm×2600mm的洞口）安全防护措施不符合规定，责令现场立即整改。

施工至第10层时，监理工程师发现模板支架所承受的施工荷载超过设计值，遂判定为高处作业重大事故隐患。

问题：
1. 针对第5层楼板检查所发现的孔口、洞口防护问题，分别写出安全防护措施。
2. 模板工程重大事故隐患判定标准还有哪些？

（八）

1. （本小题4.0分）
1）边长200mm的洞口，应用坚实的盖板盖严，且盖板应有固定措施。 （2.0分）
2）1600mm×2600mm的洞口，四周应设防护栏杆，洞口下应设置安全平网。 （2.0分）
2. （本小题2.0分）
1）模板工程地基承载力和变形不满足设计要求。 （1.0分）
2）支架拆除及滑模、爬模爬升时，混凝土强度未达到要求。 （1.0分）

（九）

某新建钢筋混凝土框架结构工程，地下2层，地上15层。
施工单位施工员在进行斜拉方式的悬挑式操作平台安装技术交底中，要求：
1）平台的规格为7.45m×2.6m×1.2m，悬挑长度为5.45m。主梁选用18#A热轧普通槽钢，分布次梁采用$\phi48mm×3.5mm$钢管。
2）平台允许载物均布荷载不超过$1t/m^2$，集中荷载不超过2.5t。
3）卸料（悬挑）平台每侧设置3个吊环（共6个），使用吊钩进行钢平台吊运。
4）保证平台标高与结构标高一致，外侧设置防护栏杆和半封闭式的防护挡板。
5）平台两侧的连接吊环应与前后两道斜拉钢丝绳连接，钢丝绳采用2个专用钢丝绳夹直接夹在建筑物角部。

问题：
技术交底存在哪些不妥之处？说明正确做法。

（九）

（本小题8.5分）
不妥之处：
① 施工员进行技术交底； （0.5分）
正确做法：应由项目技术负责人或方案编制人进行技术交底。 （0.5分）
② 悬挑长度为5.45m； （0.5分）
正确做法：悬挑平台悬挑长度不宜大于5m。 （0.5分）
③ 分布次梁采用$\phi48mm×3.5mm$钢管； （0.5分）
【解析】 浙江省住建厅发布《关于〈浙江省建设领域"十四五"推广应用和限制、禁止使用技术公告（第一批）〉的公示》中，明确禁止"扣件式钢管悬挑卸料平台、扣件式钢管井架、钢管悬挑梁脚手架、大模板悬挂脚手架"。原因为整体性差，存在安全隐患。
正确做法：应采用型钢制作悬挑梁或悬挑桁架，不得使用钢管。 （0.5分）
④ 载物均布荷载不超过$1t/m^2$，集中荷载不超过2.5t； （0.5分）

正确做法：卸料平台均布荷载不应大于 5.5kN/m²（0.55t/m²），集中荷载不应大于 15kN（1.5t）。 (1.0 分)
⑤ 使用吊钩进行钢平台吊运； (0.5 分)
正确做法：卸料平台吊运时应使用卡环，不得使吊钩直接钩挂吊环。 (0.5 分)
⑥ 平台标高与结构标高一致； (0.5 分)
正确做法：悬挑式操作平台的外侧应略高于内侧。 (0.5 分)
⑦ 平台外侧设置半封闭式的防护挡板； (0.5 分)
正确做法：平台外侧应安装防护栏杆并应设置防护挡板全封闭。 (0.5 分)
⑧ 钢丝绳采用 2 个专用钢丝绳夹直接夹在建筑物角部； (0.5 分)
正确做法：钢丝绳夹数量应与钢丝绳直径相匹配，且不得少于 4 个。建筑物锐角、利口周围系钢丝绳处应加衬软垫物。 (0.5 分)

（十）

某办公楼工程，建筑面积 23723m²，框架-剪力墙结构，地下 1 层，地上 12 层，首层高 4.8m，标准层高 3.6m。

2022 年 7 月 14 日，因通道和楼层自然采光不足，瓦工陈某不慎从第 9 层未设栅门的管道井坠落至地下 1 层的混凝土底板上，当场死亡。

外立面装饰装修工程施工，施工单位组织多个楼层平行施工，并在 2 层及每隔 4 层设一道固定的安全防护网，同时设一道随施工高度提升的安全防护网。监理工程师要求补充交叉作业专项安全措施。

问题：

1. 从安全技术措施方面分析，导致这起事故发生的主要原因是什么？电梯井竖向洞口应采取哪些措施加以防护？
2. 电梯工程施工前，施工单位应做好哪些防护措施？电梯内（钢结构、框架结构）封闭防护的安全防护网的设置，应满足哪些要求？
3. 外立面装饰装修工程施工，安全防护网的搭设还应满足哪些要求？

（十）

1. （本小题 5.0 分）
1) 主要原因：
① 通道和楼层自然采光不足，楼层走道未设置照明； (1.0 分)
② 第 9 层的管道井未设置固定式防护门、挡脚板及安全标志； (1.0 分)
③ 管道井内未按要求设置安全平网。 (1.0 分)
2) 采取的措施包括：
① 电梯井口应设置防护门，高度不应低于 1.5m； (1.0 分)
② 防护门底端距地面高度不应高于 50mm，并应设置挡脚板。 (1.0 分)

2. （本小题 5.0 分）
1) 电梯施工前，应做好以下措施：
① 电梯井道内应每隔 2 层且不大于 10m 加设一道安全平网； (1.0 分)
② 电梯井内的施工层上部，应设置隔离防护设施； (1.0 分)

2) 电梯井内安全平网应满足下列要求：
① 平网每个系结点上的边绳应与支撑架靠紧； （1.0分）
② 边绳的断裂张力应≥7kN，系绳沿网边应均匀分布，间距应≤750mm； （1.0分）
③ 电梯井内平网网体与井壁的空隙应≤25mm，安全网拉结应牢固。 （1.0分）

3. （本小题3.0分）
交叉作业安全防护网的搭设应满足：
1) 搭设时，每隔3m设一根支撑杆，支撑杆水平夹角不宜小于45°。 （1.0分）
2) 在楼层设支撑杆时，应预埋钢筋环或在结构内外侧各设一道横杆。 （1.0分）
3) 安全防护网应外高里低，网与网之间应拼接严密。 （1.0分）

（十一）

某新建钢筋混凝土框架结构工程，地下2层，地上26层，层高3.0m。建筑物施工电梯通道口处设置双层安全防护棚，外立面2层及每隔6层设一道固定的安全防护网。

工程施工至第16层时，项目经理重点对交叉作业及安全防护网等高处作业项目组织了每月一次的定期安全检查，发现施工电梯通道口平台处安全防护棚、防护网的搭设存在安全隐患，随即指令现场有关人员进行整改。施工电梯通道口平台侧立面构造如图10-5所示，安全防护网搭设如图10-6所示。

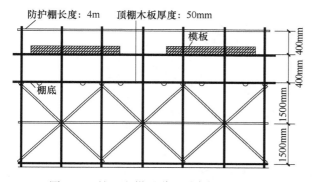

图10-5 施工电梯通道口平台侧立面构造

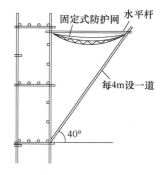

图10-6 安全防护网搭设

问题：

需要在施工组织设计中制订安全技术措施的高处作业项还有哪些？找出上述背景（含图10-5和图10-6）中存在的不妥之处，并写出正确做法。

（十一）

（本小题12.0分）
1) 还有：①临边与洞口作业；②攀登与悬空；③操作平台。 （3.0分）
2) 不妥之处：
① 每隔6层设一道固定的安全防护网； （0.5分）
正确做法：应在2层及每隔4层设一道固定的安全防护网，同时设一道随施工高度提升的安全防护网。 （1.0分）
② 每月一次的定期安全检查； （0.5分）
正确做法：应至少每旬开展一次安全检查工作。 （0.5分）

③ 防护棚高度小于 4m； (0.5 分)
正确做法：双层安全防护棚的高度不应低于 4m。 (0.5 分)
④ 双层防护间距小于 700mm； (0.5 分)
正确做法：双层防护间距不应小于 700mm。 (0.5 分)
⑤ 防护棚顶端堆放模板； (0.5 分)
正确做法：不得在安全防护棚棚顶堆放物料。 (0.5 分)
⑥ 防护棚长度小于 6m； (0.5 分)
正确做法：上层作业高度超过 30m 时，防护棚的长度不应小于 6m。 (1.0 分)
⑦ 安全防护网每隔 4m 设置一道斜撑杆，且斜撑杆水平夹角为 40°； (0.5 分)
正确做法：应每隔 3m 设一根支撑杆，支撑杆水平夹角不宜小于 45°。 (0.5 分)
⑧ 安全防护网水平设置； (0.5 分)
正确做法：安全防护网应外高里低，网与网之间应拼接严密。 (0.5 分)

(十二)

某新建项目，项目部根据施工条件和需求，按照施工机械设备选择的经济性等原则，采用单位工程量成本比较法选择确定了塔式起重机型号。现场所用塔式起重机实际额定起重荷载标准值为 80kN。现场电工、焊工、架子工持有特种作业人员操作资格证书，经培训后上岗作业。

塔式起重机安装前，相关人员编制了《塔式起重机安装工程专项施工方案》，并按规定进行了审批。其中，部分内容如下：

1）特种人员必须参加工程所在地县级人民政府相关主管部门组织的安全教育培训和考试，并考核合格，取得《特种作业操作资格证书》。

2）特种人员上岗前应先体检；作业时佩戴安全帽，高处作业应系安全带。

3）塔式起重机安装应满足设计要求，无荷载情况下，塔式起重机的垂直度偏差不得超过 1/100。

在一次塔式起重机起吊荷载达到其额定起重量 85% 的起吊作业中，安全人员让操作人员先将重物吊起离地面 10cm，然后对重物的平稳性，设备和绑扎等各项内容进行了检查，确认安全后同意其继续起吊作业。

问题：

1. 与建筑起重作业相关的特种作业人员有哪些？塔式起重机按组装方式和回转部位分为哪几类？

2. 指出《塔式起重机安装工程专项施工方案》存在的不妥之处，并写出正确做法。施工机械设备的选择方法分别还有哪些？当塔式起重机起重荷载达到额定起重量 90% 以上时，对起重设备和重物的检查项目有哪些？

3. 在安全检查的内容中，关于查设备设施的安全检查环节包括哪些？

(十二)

1. （本小题 6.0 分）

1）相关特种作业人员：

起重机械安装拆卸工、起重司机、起重信号工、起重司索工。 (2.0 分)

2) 按组装方式分为：【内轨定墙】

自行架设塔式起重机、组装式塔式起重机。 (2.0分)

3) 按回转部位分为：【分体快升】

上回转塔式起重机、下回转塔式起重机。 (2.0分)

2. （本小题6.0分）

1) 不妥之处：

① 无荷载情况下，塔式起重机的垂直度偏差不得超过1/100； (0.5分)

正确做法：无荷载情况下，塔式起重机的垂直度偏差不得超过4/1000。 (0.5分)

② 在一次塔式起重机起吊荷载达到其额定起重量85%的起吊作业中，安全人员让操作人员先将重物吊起离地面10cm进行检查； (1.0分)

正确做法：塔式起重机起吊荷载达到其额定起重量90%及以上时，安全人员应让操作人员先将重物吊起离地面200~500mm进行检查。 (1.0分)

2) 选择方法有：①折算费用法；②综合评分法；③界限时间比较法。 (1.5分)

3) 检查项目包括：①机械状况；②制动性能；③物件绑扎情况。 (1.5分)

3. （本小题3.0分）

购置、租赁、安装、验收、使用、过程维护保养。 (3.0分)

（十三）

在某工程中为满足装配式预制构件吊装需要，施工单位租用了一台H3/36B-7520重型塔式起重机，并将塔式起重机安装工程依法委托给当地一家安装公司。

工程进展至9月，项目经理根据《建筑施工安全检查标准》（JGJ 59—2011）对塔式起重机等起重设备，以及外用施工电梯、脚手架等现场机械设备进行安全检查时，发现钢丝绳断丝数在一个节距中超过10%，遂要求现场人员予以报废处理。

塔式起重机施工过程中，突然现场全面停电。此时，塔式起重机仍处于调运状态，施工单位立即启动应急预案，并及时与甲方取得联系，要求甲方协调办理，尽快恢复供电。

问题：

除断丝数量超标外，钢丝绳出现哪些情况也应予以报废？面对突如其来的全场停电，施工单位应采取哪些措施？

（十三）

（本小题6.0分）

1) 出现下列情况也应予以报废：【锈死断挤变】

① 绳芯挤出； (1.0分)

② 结构变形； (1.0分)

③ 钢丝绳锈蚀或表面磨损达40%以及有死弯。 (1.0分)

【解析】

笼状畸变

纽结（逆向）

内部绳股突出

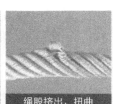
绳股挤出、扭曲

10%断丝

2）措施：
① 立即将控制器拨到零位； (1.0分)
② 立即断开电源； (1.0分)
③ 采取措施将被吊物安全降至地面，严禁起吊重物长时间悬空。 (1.0分)

（十四）

某办公楼工程，建筑面积 52000m²，地下 2 层，地上 20 层，采用桩基础。地上部分为框架-剪力墙结构。基坑采用桩+放坡形式支护，施工时需要降水。

项目部组建后开始施工。项目总工程师向管理人员进行基础工程施工方案交底，其中基础施工安全控制主要内容包括：边坡与基坑支护安全，防水施工防火、防毒安全等。

项目部编制了施工现场混凝土检测试验计划，内容主要包括：检测试验项目名称、检测试验参数等。现场试验站面积较小，不具备设置标准养护室条件，混凝土试件标准养护采用其他设施代替。

公司对项目部施工安全管理进行全面检查，包括：安全思想、安全责任、设备设施、教育培训、劳动防护用品使用、伤亡事故处理等十项主要内容。特别是对现场最常发生的高处坠落、坍塌等五类事故进行警示教育，要求重点防范。

结构施工采用扣件式钢管落地外脚手架方案，一定高度时采用悬挑钢梁卸载脚手架工程，专项施工方案中规定：脚手架计算书包括受弯构件强度，连墙件的强度、稳定性和连接强度，立杆地基承载力等计算内容。绘制设计图纸包括脚手架平面布置、立（剖）面图（含剪刀撑布置），脚手架基础节点图，连墙件布置图及节点详图，塔式起重机、施工升降机及其他特殊部位布置及构造图等。

问题：
1. 基础工程施工安全控制的主要内容还有哪些？
2. 现场施工安全管理检查还有哪些内容？现场最常发生的事故类别还有哪些？
3. 脚手架计算书还应有哪些计算内容？还应绘制哪些设计图纸？

（十四）

1.（本小题 3.0 分）
1）挖土机械作业安全。 (1.0分)
2）降水设施与临时用电安全。 (1.0分)
3）桩基施工的安全防范。 (1.0分)
【评分标准：写出 3 项，即可得 3.0 分】

2.（本小题 7.0 分）
1）查安全制度、查安全措施、查安全防护、查操作行为。 (4.0分)
2）物体打击、机械伤害、触电。 (3.0分)

3.（本小题 7.0 分）
1）连接扣件的抗滑移、立杆稳定性；悬挑架钢梁挠度。 (3.0分)
2）吊篮平面布置、全剖面图，非标吊篮节点图，施工升降机及其他特殊部位布置及构造详图。 (4.0分)

第十一章　现场管理

近五年分值排布

题型及总分值	分值				
	2024 年	2023 年	2022 年	2021 年	2020 年
选择题	2	0	2	2	3	4
案例题	11	27	0	18	22	15
总分值	13	27	2	20	25	19

> 核心考点

第一节：现场施工管理
　　考点一、施工组织设计
　　考点二、平面设计管理
　　考点三、文明施工管理
　　考点四、绿色施工管理
　　考点五、现场消防管理
　　考点六、临时用电管理
　　考点七、临时用水管理
第二节：现场资源管理
　　考点一、工程材料管理
　　考点二、机械设备管理
　　考点三、劳动用工管理

第一节　现场施工管理

一、客观选择

1. 单位工程施工组织设计应由（　　）主持编制。
A. 项目负责人　　　　　　　　　　B. 项目技术负责人
C. 项目技术员　　　　　　　　　　D. 项目施工员
考点：施工组织设计——编审
【解析】　无论何种类型的施工组织设计，均由项目负责人组织（主持）编制。
2. 审批和审核的施工组织设计的单位有（　　）。
A. 勘察单位　　　　　　　　　　　B. 监理单位
C. 设计单位　　　　　　　　　　　D. 施工企业技术部门

E. 劳务分包单位

考点：施工组织设计——编审

【解析】

1）编制：施工组织设计应由项目负责人组织编制。

2）审批：

① 单位工程施工组织设计报企业技术负责人审批；

② 施工方案项目由负责人审批；

③ 重点、难点分部（分项）工程和专项工程施工方案由施工单位技术部门组织相关专家评审，施工单位技术负责人批准。

3）审核：施工组织设计应报监理单位审核通过。

3. 项目施工过程中，应及时对"施工组织设计"进行修改或补充的情况有（　　）。

A. 桩基的设计持力层变更　　　　B. 工期目标重大调整

C. 现场增设三台塔式起重机　　　D. 预制管桩改为钻孔灌注桩

E. 更换劳务分包单位

考点：施工组织设计——编审

【解析】 施工组织设计的修改情形——人机料法环，设计法定变。

桩基持力层设计变更、现场增设三台塔式起重机、工期目标出现重大调整、桩基形式的重大变更都会影响施工组织设计的执行。因此均需要补充或修改。

4. 市区施工现场主要路段围挡高度不得低于（　　）。

A. 1.5m　　　　B. 1.8m　　　　C. 2.0m　　　　D. 2.5m

考点：文明施工——现场围挡

【解析】 一般路段的围挡高度不得低于1.8m，市区主要路段的围挡高度不得低于2.5m。

5. 下列施工现场成品，宜采用"盖"的保护措施的有（　　）。

A. 地漏　　　　　　　　　　　　B. 排水管落水口

C. 水泥地面完成后的房间　　　　D. 门厅大理石块材地面

E. 地面砖铺贴完成后的房间

考点：成品保护——措施

【解析】 成品可采取"护、包、盖、封"等具体保护措施。

1）"护"：就是提前防护，针对被保护对象采取相应的防护措施。楼梯踏步，可以采取固定木板进行防护，进、出口台阶可垫砖或搭设通道板进行防护，门口、柱角等易被磕碰部位，固定专用防护条或包角防护。

2）"包"：就是进行包裹，将被保护物包裹起来，以防损伤或污染。镜面大理石柱可用立板包裹捆扎保护，铝合金门窗可用塑料布包扎保护。

3）"盖"：用表面覆盖的办法防止堵塞或损伤。落水口等安装就位后要加以覆盖，以防异物落入而被堵塞；大理石块材地面，用软物辅以木（竹）胶合板覆盖加以保护。

4）"封"：采取局部封闭的办法进行保护。房间水泥地面或地面砖铺贴完成后，可将该房间局部封闭。

6.《绿色建造技术导则（试行）》对建筑材料的选用规定，正确的是（　　）。

A. 应符合国家和地方相关标准规范的环保要求
B. 应选用获得绿色建材评价认证标识的产品
C. 应采用高强、高性能材料
D. 应选择当地推广使用的建筑材料

考点： 绿色施工——《绿色建造技术导则（试行）》

【解析】 建筑材料的选用应符合下列规定：

1）应符合国家和地方相关标准规范的环保要求。

2）宜优先选用获得绿色建材评价认证标识的建筑材料和产品。

3）宜优先采用高强、高性能材料。

4）宜选择地方性建筑材料和当地推广使用的建筑材料。

7. 施工现场污水排放需申领《临时排水许可证》，当地政府发证的主管部门是（　　）。

A. 环境保护管理部门　　　　　　　　B. 环境管理部门
C. 安全生产监督部门　　　　　　　　D. 市政管理部门

考点： 绿色施工——环境保护

【解析】 现场污水排放应向"市政主管部门"领取《临时排水许可证》。

8. 关于施工现场环境保护的做法，正确的有（　　）。

A. 夜间施工需办理夜间施工许可证
B. 现场土方应采取覆盖、绿化等措施，现场建筑垃圾可作为回填再利用
C. 废电池、废墨盒等有毒有害物应封闭回收，不应混放，有毒有害废物分类率应达到30%
D. 垃圾桶分为可回收利用与不可回收利用，定期清运建筑垃圾，回收利用率应达到100%
E. 污水排放应向市政主管部门领取《临时排水许可证》；雨水应排入市政雨水管网，污水经沉淀后二次使用或排入市政污水管网

考点： 绿色施工——环境保护

【解析】 现场环境保护要点：

选项B，出场的建筑垃圾，应运往符合要求的垃圾处置场所或消纳场所。

选项C、D说反了，①废电池、废墨盒等有毒有害物应封闭回收，不应混放，有毒有害废物分类率应达到100%；②垃圾桶分为可回收利用与不可回收利用，定期清运建筑垃圾，回收利用率应达到30%。

9. 下列对建筑垃圾的处理措施，错误的是（　　）。

A. 废电池封闭回收　　　　　　　　B. 碎石用作路基回填料
C. 建筑垃圾回收利用率达30%　　　D. 有毒有害废物分类率达80%

考点： 绿色施工——垃圾减量化处理

【解析】 有毒有害废物分类率应达到100%。

10. 下列关于建筑工程施工现场消防器材配置的说法，正确的是（　　）。

A. 一般临时设施区，每100m² 配置一个10L的灭火器
B. 临时木工加工车间，每30m² 配置一个灭火器
C. 有特殊要求时，灭火器可以超出使用温度范围以外摆放

D. 从灭火器出厂日期算起，达到报废年限必须强制报废

考点： 现场防火——动火管理

【解析】 选项 A 错误，一般临时设施区，每 $100m^2$ 配置"2 个"10L 的灭火器。

选项 B 错误，木料、油漆、大工机具间：1×灭火器/$25m^2$。

选项 C 错误，灭火器不得超出使用温度范围以外摆放。

11. 关于装饰装修工程现场防火安全的说法，正确的是（　　）。
A. 易燃材料施工配套使用照明灯应有防爆装置
B. 易燃物品集中放置在安全区域时可不做标识
C. 现场金属切割作业有专人监督时可不开动火证
D. 施工现场可随意吸烟并配备灭火器

考点： 现场防火——动火管理

【解析】 选项 B 错误，易燃物品应相对集中放置在安全区域并应有明显标识。

选项 C 错误，现场动火作业前必须办理动火证。

选项 D 错误，现场必须配备灭火器、砂箱或其他灭火工具。严禁在施工现场吸烟。

12. 自行设计的施工现场临时消防干管直径不应小于（　　）mm。
A. 50　　　　　B. 75　　　　　C. 100　　　　　D. 150

考点： 临时用水——用水管径

【解析】 消防用水一般利用城市或建设单位的永久消防设施，如自行设计，消防干管直径应不小于 DN100。

13. 关于施工现场临时用水管理的说法，正确的是（　　）。
A. 高度超过 24m 的建筑工程严禁把消防管兼作施工用水管线
B. 施工降水不可用于临时用水
C. 自行设计消防用水时，消防干管直径最小应为 150mm
D. 消防供水中的消防泵可不使用专用配电线路

考点： 临时用水——综合管理

【解析】 选项 B 错误，施工降水属于非传统水源，应鼓励临时用水采用非传统水源，其回收利用的用水量至少占总用水量的 30%（半湿润区 20%）。

14. 【生学硬练】关于施工现场临时用电管理的说法，错误的有（　　）。
A. 现场电工必须经相关部门考核合格后，持证上岗
B. 用电设备拆除时，可由安全员完成
C. 用电设备总容量在 50kW 及以上的，应制订用电防火措施
D. 用电防火设施经项目技术负责人审核通过后即可
E. 装饰装修阶段用电参照用电组织设计执行

考点： 临时用电——用电管理

【解析】 选项 B 错误，安装、巡检、维修或拆除临时用电设备和线路，必须由电工完成，并应有人监护。

选项 C 错误，施工现场临时用电设备在 5 台及以上或设备总容量在 50kW 及以上的，应编制用电组织设计；否则应制订安全用电和电气防火措施。

选项 D 错误，电气防火措施应履行与用电组织设计相同的编制、审核、批准程序，即

临时用电组织设计及变更必须由电气工程技术人员编制，相关部门审核，并经具有法人资格企业的技术负责人或授权的技术人员批准，现场监理签认后实施。

选项 E 错误，装修阶段应单独编制临时用电施工组织设计。

15. 【生学硬练】下列施工现场临时用电，应编制用电组织设计的有（   ）。
    A. 有 2 台临时用电设备，总容量为 50kW
    B. 有 3 台临时用电设备，总容量为 30kW
    C. 有 4 台临时用电设备，总容量为 40kW
    D. 有 5 台临时用电设备，总容量为 50kW
    E. 有 6 台临时用电设备，总容量为 40kW
    考点：临时用电——用电管理
    【解析】 施工现场临时用电设备 5 台及以上或设备总容量在 50kW 及以上的，应编制用电组织设计。

16. 【生学硬练】可以使用 36V 照明用电的施工现场有（   ）。
    A. 特别潮湿的场所 B. 灯具离地面高度 2.2m 的场所
    C. 高温场所 D. 有导电灰尘的场所
    E. 锅炉或金属容器内
    考点：临时用电管理——安全电压
    【解析】

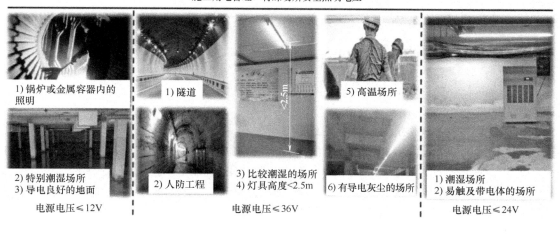

17. 【生学硬练】施工现场五芯电缆中用作 N 线的标识色是（   ）。
    A. 绿色 B. 红色 C. 蓝色 D. 黄绿色
    考点：临时用电——用电技术
    【解析】 五芯电缆必须包含淡蓝绿/黄两种颜色的绝缘芯线。淡蓝色芯线必须用作 N 线，绿/黄双色芯线必须用作 PE 线，严禁混用。

18. 【生学硬练】同一住宅电气安装工程配线时，保护线（PE）的颜色是（   ）。
    A. 黄色 B. 蓝色 C. 蓝绿双色 D. 黄绿双色
    考点：临时用电——用电技术

【解析】 电气安装时，零线（N）宜用蓝色，保护线（PE）必须用黄绿双色线。

19.【生学硬练】关于施工现场安全用电的做法，正确的是（　　）。
A. 所有用电设备用同一个专用开关箱
B. 总配电箱无需加装漏电保护器
C. 现场用电设备 10 台，编制了用电组织设计
D. 施工现场的动力用电和照明用电形成一个用电回路

考点：临时用电——用电技术

【解析】 选项 A 错误，现场用电设备必须有各自专用开关箱。

选项 B 错误，总配电箱（配电柜）中应加装总漏电保护器，作为初级漏电保护。

选项 D 错误，为保证临时用电配电系统三相负荷平衡，施工现场的动力用电和照明用电应形成两个用电回路，动力配电箱与照明配电箱应该分别设置。

二、参考答案

题号	1	2	3	4	5	6	7	8	9	10
答案	A	BD	ABCD	D	ABD	A	D	AE	D	D
题号	11	12	13	14	15	16	17	18	19	
答案	A	C	A	BCDE	ADE	BCD	C	D	C	

三、主观案例及解析

（一）

某新建办公楼工程开工前，甲施工单位项目技术负责人主持编制了单位工程施工组织设计，项目负责人审批后，报送建设单位。建设单位要求施工单位按规定报监理机构审核该施工组织设计。

监理工程师认为该施工组织设计的编制、审核（批）手续不妥，要求改正；同时要求补充建筑节能工程施工的内容。施工单位认为建筑节能工程施工前还要编制、报审建筑节能施工技术专项方案，因此施工组织设计中不必补充建筑节能工程施工内容。在总监执意要求下，施工单位在施工组织设计中编制了节能工程施工内容，经监理单位技术负责人审核签字后，通过专业监理工程师转交给甲施工单位。

基础工程施工前，施工单位进场的钢筋原材由 110t 提升至 115t。监理机构要求修改施工组织设计，重新审批后才能组织实施。施工单位认为不需要修改施工组织设计。

项目完成后，公司对项目部进行项目管理绩效评价，评价过程包括成立评价机构、确定评价专家等四项工作，评价的指标包括安全、质量、成本等目标完成情况，以及供方管理有效性、风险预防与持续改进能力等管理效果。最终评价结论为良好。

问题：

1. 指出上述事件中的不妥之处，并写出正确做法。
2. 施工单位认为不需要修改施工组织设计是否合理？哪些情况发生后需要修改施工组织设计并重新审批？

3. 项目管理绩效评价过程中的工作还有哪些？评价指标还有哪些？

（一）

1. （本小题6.0分）
不妥之处：
① 项目技术负责人主持编制施工组织设计； （0.5分）
正确做法：应由项目负责人主持编制。 （0.5分）
② 施工组织设计由项目负责人审批； （0.5分）
正确做法：应由施工单位技术负责人审批。 （0.5分）
③ 报送建设单位； （0.5分）
正确做法：单位施工组织设计经企业技术负责人审批后报监理机构。 （0.5分）
④ 施工组织设计中不必补充建筑节能工程施工内容； （0.5分）
正确做法：单位工程施工组织设计应包括建筑节能工程的施工内容。 （0.5分）
⑤ 经监理单位技术负责人审核签字； （0.5分）
正确做法：施工组织设计应由监理机构审查合格后，总监理工程师签认。 （0.5分）
⑥ 通过专业监理工程师转交给甲施工单位； （0.5分）
正确做法：总监理工程师审核签字后的施工组织设计，应报送建设单位。 （0.5分）

2. （本小题6.0分）
1）施工单位拒绝修改施工组织设计合理。 （1.0分）
2）包括：【人机料法环，设计法定变】
① 主要施工资源发生重大调整； （1.0分）
② 施工环境发生重大改变； （1.0分）
③ 设计图纸发生重大调整； （1.0分）
④ 施工方法发生重大调整； （1.0分）
⑤ 有关法律、法规、规范和标准实施、修订和废止。 （1.0分）

3. （本小题7.0分）
1）制订绩效评价标准，形成绩效评价结果； （2.0分）
2）评价指标还有：
① 项目环保、工期目标完成情况； （2.0分）
② 合同履约率、相关方满意度； （2.0分）
③ 项目综合效益。 （1.0分）

（二）

某建筑施工场地，东西长110m，南北宽70m，拟建工程平面80m×40m，地下2层，地上6～20层，檐口高25～68m，建筑面积约48000m^2。临时设施平面布置如图11-1所示，其中需要布置的临时设施有：现场办公设施、木工加工及堆场、钢筋加工及堆场、油漆库房、施工电梯、塔式起重机、物料提升机、混凝土地泵、大门及围墙、洗车设施（图中未显示的设施均为符合要求）。

问题：

1. 写出图11-1中临时设施编号所处位置最宜布置的临时设施名称（如：⑨大门与围墙）。

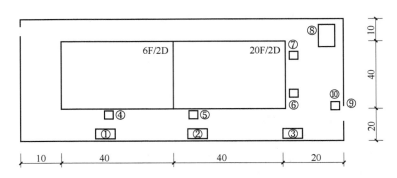

图 11-1 临时设施平面布置（单位：m）

2. 简单说明布置理由。

(二)

1. （本小题9.0分）

① 钢筋加工及堆场； (1.0分)
② 木工加工及堆场； (1.0分)
③ 现场办公设施； (1.0分)
④ 物料提升机； (1.0分)
⑤ 塔式起重机； (1.0分)
⑥ 施工升降机； (1.0分)
⑦ 混凝土地泵； (1.0分)
⑧ 油漆库房； (1.0分)
⑨ 大门及围墙； (1.0分)
⑩ 洗车设施。 (1.0分)

【评分说明：①和②、⑥和⑦互换的，均不扣分】

2. （本小题8.0分）

① 钢筋加工及堆场、木工加工及堆场的布置均在塔式起重机覆盖范围内，以便减少材料的二次搬运费； (2.0分)
② 现场办公设施布置在出入口处，以便加强内外联系； (1.0分)
③ 物料提升机布置在6层建筑物处，以满足搭设高度不超过25m的要求； (1.0分)
④ 塔式起重机布置在20层建筑物处，以满足高层建筑垂直运输的要求； (1.0分)
⑤ 施工电梯邻近办公室，以便于管理人员及对各楼层的质量、安全进行检查；
 (1.0分)
⑥ 混凝土地泵布置在高层建筑物处，以便高层混凝土的垂直运输； (1.0分)
⑦ 油漆库房属于存放危险品类仓库，应单独设置； (1.0分)
⑧ 洗车设施应设置在大门出入口，以便车辆冲洗。 (1.0分)

(三)

某工程项目，地上15~18层，地下2层，钢筋混凝土剪力墙结构，总建筑面积57000m²。施工单位进场后，技术人员发现土建图纸中缺少了建筑总平面图，要求建设单位补发。按照施工平面管理总体要求，包括满足施工要求、不损害公众利益等内容，绘制了施工平面布置图，满足了施工需要。其中施工总平面图设计要点包括了设置大门，布置塔式起重机、施工升降机，布置临时房屋、水、电和其他动力设施等。监理工程师审核后，指出施工总平面图设计要求有以下不妥之处：

1）危险品仓库远离现场单独设置，距在建工程至少10m。
2）与工作有关联的加工厂分散布置。
3）货物装卸时间长的仓库靠近路边。
4）主干道单行循环，兼作消防车道，宽度3.5m。

问题：
1. 建筑工程施工平面管理的总体要求还有哪些？
2. 施工总平面图的设计要点还有哪些？布置施工升降机时，应考虑的条件和因素还有哪些？
3. 施工单位在设置大门和布置塔式起重机时，分别应考虑哪些因素？
4. 答出施工总平面图设计中不妥之处的正确做法。

（三）

1．（本小题5.0分）
现场文明、安全有序、整洁卫生、不扰民、绿色环保。　　　　　　　　　　　　（5.0分）

2．（本小题5.0分）
1）布置仓库、堆场，布置加工厂，布置场内临时运输道路。　　　　　　　　　（2.0分）
2）还应考虑地基承载力、地基平整度、周边排水、楼层平台通道、出入口防护门以及升降机周边的防护围栏等。　　　　　　　　　　　　　　　　　　　　　　　　　（3.0分）

3．（本小题7.0分）
1）设置大门时应考虑：
① 周边路网情况；　　　　　　　　　　　　　　　　　　　　　　　　　　　　（1.0分）
② 转弯半径；　　　　　　　　　　　　　　　　　　　　　　　　　　　　　　（1.0分）
③ 坡度限制。　　　　　　　　　　　　　　　　　　　　　　　　　　　　　　（1.0分）
2）布置塔式起重机时应考虑：
① 周边环境；　　　　　　　　　　　　　　　　　　　　　　　　　　　　　　（1.0分）
② 覆盖范围；　　　　　　　　　　　　　　　　　　　　　　　　　　　　　　（1.0分）
③ 构件重量及运输和堆放；　　　　　　　　　　　　　　　　　　　　　　　　（1.0分）
④ 附墙杆件及使用后的拆除和运输。　　　　　　　　　　　　　　　　　　　　（1.0分）

4．（本小题4.0分）
不妥之处的正确做法：
1）存放危险品的仓库应远离现场单独设置，离在建工程不小于15m。　　　　　（1.0分）
2）与工作有关联的加工厂应适当集中布置。　　　　　　　　　　　　　　　　（1.0分）
3）货物装卸需要时间长的仓库应远离道路边。　　　　　　　　　　　　　　　（1.0分）
4）主干道应为单行道，兼作消防车道，宽度不小于4m。　　　　　　　　　　（1.0分）

（四）

某市重点工程项目施工前，项目部在编制的《项目环境管理规划》中，提出了包括现场文化建设、职工安全保障等文明施工的工作内容。在对"文明施工"的要求中，着重强调要做到围挡、大门、标牌标准化，材料码放整齐化等规范化文明施工。

施工单位安全生产管理部门在安全文明施工巡检时发现，施工现场出入口门楣上标有企业及项目名称，工程概况牌、施工总平面布置图等现场标牌布置在现场主入口处围墙外侧，要求项目部将其布置在主入口内侧。

进入夏季后，公司项目管理部对该项目工人宿舍和食堂进行了检查。个别宿舍内床铺均为2层，住有18人，设有生活用品专用柜，窗户为封闭式，通道宽度为0.8m。食堂制作间灶台及其周边的瓷砖高度为1.2m，地面只做了硬化处理；炊具、餐具等清洗后，直接存放在半开的橱柜内。

问题：
1. 现场文明施工还应包括哪些工作内容？现场文明施工的规范化管理还包括哪些方面？
2. 施工现场入口还应设置哪些制度牌？施工现场文明施工的宣传方式还有哪些？
3. 指出工人宿舍管理、食堂布置的不妥之处并改正。从食品安全的角度，分析食堂内的粮食、副食应如何管理？在炊事员上岗期间，从个人卫生角度还有哪些具体管理？

（四）

1. （本小题5.0分）
1) 还包括：
① 规范场容，保持作业环境整洁卫生； （1.0分）
② 创造文明有序的安全生产条件； （1.0分）
③ 减少对居民和环境的不利影响。 （1.0分）
2) 还包括：
①安全设施规范化；②生活设施整洁化；③职工行为文明化；④工作生活秩序化。
 （2.0分）

2. （本小题4.5分）
1) 还应设置：【工安消环管文平】
安全生产牌、消防保卫牌、文明施工牌、管理人员名单及监督电话牌。 （2.5分）
2) 还有：【报宣安全警示标】
宣传栏；报刊栏；悬挂安全标语；安全警示标志牌。 （2.0分）

3. （本小题12.0分）
1) 不妥之处：
① 个别宿舍住有18人； （0.5分）
改正：每间宿舍居住人员不得超过16人。 （0.5分）
② 通道宽度0.8m； （0.5分）
改正：通道宽度不得小于0.9m。 （0.5分）
③ 窗户为封闭式窗户； （0.5分）
改正：现场宿舍必须设置可开启式窗户。 （0.5分）
④ 食堂制作间灶台及其周边的瓷砖高度为1.2m； （0.5分）
改正：食堂制作间灶台及其周边铺贴瓷砖高度不宜小于1.5m。 （0.5分）
⑤ 地面只做了硬化处理； （0.5分）
改正：地面应做硬化和防滑处理。 （0.5分）

⑥ 炊具、餐具等清洗后，直接存放在半开的橱柜内； (0.5分)
改正：炊具、餐具应在清洗和消毒后，存放在封闭式橱柜内。 (0.5分)
2）管理要求：
① 食堂储藏室的粮食存放台，距墙和地面应>0.2m； (1.0分)
② 食品应有遮盖，遮盖物品应有正反面标识； (1.0分)
③ 各种作料和副食应存放在密闭器皿内，并应有标识。 (1.0分)
3）还有：
① 上岗应穿戴洁净的工作服、工作帽和口罩； (1.0分)
② 应保持个人卫生； (1.0分)
③ 不得穿工作服出食堂。 (1.0分)

（五）

某办公楼工程，地下2层，地上16层，建筑面积45000m^2，标准间面积200m^2，施工单位中标后进场施工。

公司安全管理部门对项目现场厕所和浴室进行检查时看到，项目在生活区设置有水冲式厕所，现场设有移动式厕所，生活区浴室设有淋浴、喷头等设施。

项目部为控制成本，现场围墙分段设计，实施全封闭式管理，即东、南两面紧邻市区主要路段，设计为1.8m高砖围墙，并按市容管理要求进行美化，西、北两面紧邻居民小区一般路段，设计为1.8m高普通钢围挡，部分围挡占据了交通路口。

问题：
1. 现场厕所、浴室设施和管理方面应有哪些要求？
2. 分别说明现场砖围墙和普通钢围挡设计高度是否妥当？说明理由。交通路口占据道路的围挡还要采取哪些措施？

（五）

1. （本小题5.0分）
1）厕所：
① 现场应设置水冲式或移动式厕所，其大小应根据作业人员数量设置； (1.0分)
② 现场厕所地面应硬化，门窗应齐全； (1.0分)
③ 现场厕所应设专人负责清扫、消毒，化粪池及时清掏； (1.0分)
2）淋浴间：
① 淋浴间内应设置满足需要的淋浴喷头； (1.0分)
② 盥洗设施应设置满足作业人员使用的盥洗池，并应使用节水器具。 (1.0分)
2. （本小题3.5分）
1）围挡高度：
① 东、南两面紧邻市区主要路段，设计为1.8m高砖围墙，不妥； (0.5分)
理由：市区主要路段的施工现场围挡高度不应低于2.5m。 (0.5分)
② 西、北两面紧邻居民小区一般路段，设计为1.8m高普通钢围挡，妥当； (0.5分)
理由：市区一般路段围挡高度不应低于1.8m。 (0.5分)
2）距离交通路口20m范围内占据道路施工设置的围挡，其0.8m以上部分应采用通透性围挡，并应采取交通疏导和警示措施。 (1.5分)

（六）

某施工单位承接了2栋住宅楼工程，总建筑面积65000m²，基础形式均为筏形基础，地下2层，地上30层，地下结构连通，上部为两个独立单体一字设置，设计形式一致，地下室外墙南北向的距离为40m，东西向的距离为120m。该工程位于市区核心地段。

施工单位进场后，技术人员发现土建图纸中缺少了建筑总平面图，要求建设单位补发。按照施工平面管理总体要求，包括满足施工要求、不损害公众利益等内容，绘制了施工平面布置图，满足了施工需要。

工程施工前，项目部针对本工程的具体情况制订了《×××工程绿色施工方案》，对"四节一环保"提出了具体技术措施，并提出如下要求：

1）生产经理是绿色施工组织实施第一责任人。
2）工程开工后，向当地环卫部门申报登记。
3）现场道路必须硬化，土方可分开堆放，砂浆搅拌场所采取封闭、降尘措施。
4）夜间施工过程中，应及时办理《夜间施工许可证》；夜间施工应加设灯罩，电焊作业应采取隔离措施。
5）向环保部门领取《临时排放许可证》后，便可将泥浆、污水排入雨水管网。
6）固体废弃物向环保部门申报登记，分类存放。
7）现场建筑、生活垃圾以及有毒有害废弃物运送到垃圾消纳中心消纳。
8）严禁焚烧各类废弃物，禁止将有毒有害废弃物土方回填。

由于工期较紧，施工总承包单位于晚上11点后安排了钢结构构件进场和焊接作业施工。附近居民以施工作业影响夜间休息为由进行了投诉。当地相关主管部门在查处时发现：施工总承包单位未办理《夜间施工许可证》；检测到的夜间施工场界噪声值达到60dB。

问题：

1. 指出背景中绿色施工方案的不妥之处，分别写出正确做法。
2. 工程施工可能对环境造成的影响有哪些？建筑工程施工平面管理的总体要求还有哪些？
3. 写出施工总承包单位对所查处问题应采取的正确做法，并说明施工现场避免或减少光污染的防护措施。若在居民区进行强噪声作业（如爆破、打桩），项目经理部应将哪些内容向附近居民通报说明？

（六）

1.（本小题8.0分）

不妥之处：

① 生产经理是绿色施工组织实施第一责任人。　　　　　　　　　　　　　　　（0.5分）

正确做法：项目经理是绿色施工组织实施第一责任人。　　　　　　　　　　（0.5分）

② 工程开工后，向当地环卫部门申报登记。　　　　　　　　　　　　　　　　（0.5分）

正确做法：应在工程开工15天前，向工程所在地环保部门申报登记。　　　（0.5分）

③ 土方可分开堆放。　　　　　　　　　　　　　　　　　　　　　　　　　　（0.5分）

正确做法：土方应集中堆放，并采取覆盖、固化、绿化等措施。　　　　　　（0.5分）

④ 夜间施工过程中，及时办理《夜间施工许可证》。　　　　　　　　　　　　（0.5分）

正确做法：《夜间施工许可证》应在夜间施工前办理。　　　　　　　　　　（0.5分）

⑤ 向环保部门领取《临时排放许可证》。　　　　　　　　　　　　　　　　　（0.5分）

正确做法：临时排放许可证应向市政主管部门领取。（0.5分）
⑥ 可将泥浆、污水直接排入雨水管网。（0.5分）
正确做法：泥浆、污水必须经二次沉淀处理后，方可排入雨水管网。（0.5分）
⑦ 固体废弃物向环保部门申报登记。（0.5分）
正确做法：固体废弃物应向相关环卫部门申报登记，分类存放。（0.5分）
⑧ 现场建筑、生活垃圾及有毒有害废弃物运送到垃圾消纳中心消纳。（0.5分）
正确做法：现场建筑、生活垃圾应与垃圾消纳中心签署环保协议并及时清运处置；现场有毒有害废弃物应运送到专门的有毒有害废弃物中心消纳。（0.5分）

2．（本小题9.0分）
1）会造成：大气污染、室内空气污染、水污染、土壤污染、噪声污染、光污染、垃圾污染等。（4.0分）
2）现场文明、安全有序、整洁卫生、不扰民、绿色环保。（5.0分）

3．（本小题7.0分）
1）对所查处问题应采取的正确做法：【办证公告降噪声】
① 立即停止施工，办理《夜间施工许可证》；（1.0分）
② 公告周边社区居民；（1.0分）
③ 现场采取降噪措施，确保噪声限值不超过55dB。（1.0分）
2）避免或减少光污染的防护措施：
① 夜间室外照明灯应加设灯罩，透光方向集中在施工范围内；（1.0分）
② 电焊作业采取遮挡措施，避免电焊弧光外泄。（1.0分）
3）说明内容：①作业计划；②影响范围；③影响程度；④有关措施。（2.0分）

（七）

某建筑工程，地下1层，地上16层。总建筑面积28000m²，首层建筑面积2400m²，建筑红线内占地面积6000m²。该工程位于市中心，现场场地狭小。

为了充分体现绿色施工在施工过程中的应用，项目部在临建施工及使用方案中提出了在"节能和能源利用"方面的技术要点，并分别设定了生产等用电项的控制指标，规定了包括分区计量等定期管理要求，制订了指标控制预防与纠正措施。实施中取得了良好的效果。

工程竣工后，项目部组织专家对整体工程进行绿色建筑评价，评分结果见表11-1。专家提出资源节约项和提高与创新加分项评分偏低，为主要扣分项，建议重点整改。

表11-1 绿色建筑评分结果（部分）

评价内容	控制项基础分值	评价指标评分项分值					提高与创新加分项分值
		资源节约					
评价分值	400	100	100	100	200	100	100
实际得分	400	90	70	80	80	70	40

问题：
1．节能与能源利用管理中，应分别对哪些用电项设定控制指标？对控制指标定期管理的内容有哪些？
2．写出表11-1中绿色建筑评价指标空缺评分项。计算绿色建筑评价总得分，并判断是否满足绿色三星标准?

3. 除了批次评价、阶段评价和单位工程评价,绿色施工评价框架体系还应由哪些评价内容组成?建筑工程阶段评价划分为哪些阶段?单位工程评价等级划分为几级?

4. 分别写出批次评价、阶段评价和单位工程评价的组织者和参与者。评价结果由谁签字?

(七)

1.(本小题 6.0 分)

1)分别对生产、生活、办公、施工设备设定用电控制指标。　　　　　　　　(3.0 分)

【评分标准:写出 3 项,即可得 3.0 分】

2)管理内容:①计量;②核算;③对比分析;④预防和纠正措施。　　　　　(3.0 分)

【评分标准:写出 3 项,即可得 3.0 分】

2.(本小题 6.0 分)

1)从左到右空缺评分项:安全耐久、健康舒适、生活便利、环境宜居。　　　(4.0 分)

2)总得分:(400+90+70+80+80+70+40)/10=83(分)。　　　　　　　　　(1.0 分)

3)不满足三星级(85 分)标准。　　　　　　　　　　　　　　　　　　　　(1.0 分)

3.(本小题 6.0 分)

1)还应由基本规定评价、指标评价、要素评价、评价等级划分组成。　　　　(2.0 分)

2)划分阶段:地基与基础工程、主体结构工程、装饰装修与机电安装工程。　(3.0 分)

3)三个等级。　　　　　　　　　　　　　　　　　　　　　　　　　　　　(1.0 分)

【解析】　单位工程评价应在阶段评价的基础上进行,评价等级划分为:不合格、合格和优良三个等级。

4.(本小题 4.0 分)

1)组织者与参与者。

① 批次评价:施工单位组织,建设单位和监理单位参加;　　　　　　　　　(1.0 分)

② 阶段评价:建设或监理单位组织,建设单位、监理单位和施工单位参加;　(1.0 分)

③ 单位工程评价:建设单位组织,施工单位、监理单位参加。　　　　　　　(1.0 分)

2)评价结果应由建设、监理和施工单位三方签认。　　　　　　　　　　　　(1.0 分)

(八)

某公司中标高新产业园职工宿舍楼项目,建筑面积 $50000m^2$,地上 5 层,结构形式是装配式混凝土结构。为创建绿色施工示范工程,项目部编制了《施工现场建筑垃圾减量化专项方案》,采取了施工过程管控措施,从源头减少建筑垃圾的产生,通过信息化手段监测并分析施工现场噪声、有害气体、固体废弃物等各类污染物。工程竣工后,统计得到固体废弃物(不包括工程渣土、工程泥浆)排放量为 2500t。

当地质量安全管理部门在进行"百日安全大检查"过程中,对施工场区内的机械设备、小型机具、现场搅拌的混凝土和砂浆、现场制作的构件和部品,以及使用的办公用房、生活用房、材料库房、施工场区内的临时设施重点进行检查,要求施工单位按要求明确碳排放的计算边界。

问题:

1. 通过信息化手段监测的施工现场污染物还有哪些?该工程固体废弃物排放量是否符合绿色施工标准?说明理由。

2. 碳排放计算应以什么作为计算方式？建造阶段和拆除阶段的碳排放计算边界分别是什么？
3. 质量安全管理部门在"百日安全大检查"过程中，应将哪些项目计入碳排放计算？哪些项目可不计入碳排放的计算？

（八）

1.（本小题 6.0 分）
1）还有：扬尘、光、污水。 （3.0 分）
【解析】 循环利用。应通过信息化手段监测并分析施工现场扬尘、噪声、光、污水、有害气体、固体废弃物等各类污染物。
2）不符合。 （1.0 分）
理由：装配式混凝土结构现场排放固体废弃物不宜大于 200t/万 m^2，本项目建筑面积 50000m^2，最高可排放 1000t。 （2.0 分）
【解析】 目标：2025 年年底，实现新建建筑施工现场建筑垃圾（不包括工程渣土、工程泥浆）排放量每万平方米不高于 300t，装配式建筑施工现场建筑垃圾（不包括工程渣土、工程泥浆）排放量每万平方米不高于 200t。

2.（本小题 3.0 分）
1）应以单栋建筑或建筑群作为计算方式。 （1.0 分）
2）建造阶段：从项目开工起至竣工验收止。 （1.0 分）
3）拆除阶段：从拆除起至拆除肢解并从楼层运出止。 （1.0 分）

3.（本小题 4.0 分）
1）应计入的项目：
机械设备、小型机具、现场搅拌的混凝土和砂浆、现场制作的构件和部品、施工场区内的临时设施。 （2.0 分）
2）可不计入的项目：
办公用房、生活用房、材料库房。 （2.0 分）

（九）

项目部编制的绿色施工方案中，采用太阳能热水技术等施工现场绿色能源技术，以减少施工阶段的碳排放；对建造阶段的碳排放进行计算，采用施工能耗清单统计法对施工阶段的能源用量进行估算，以确定施工阶段的用电等产生碳排放的传统能源消耗量。工程施工阶段碳排放的计算边界为：
1）碳排放计算时间从垫层施工起至项目竣工验收止。
2）施工场地区域内外的机械设备等使用过程中消耗的能源产生的碳排放应计入。
3）现场搅拌的混凝土和砂浆产生的碳排放应计入，现场制作的构件和部品产生的碳排放不计入。
4）建造阶段使用的办公用房、生活用房和材料库房等临时设施的施工、使用和拆除过程中消耗的能源产生的碳排放不计入。
监理工程师在审查绿色施工方案时，提出以上方案内容存在不妥之处，要求整改。
问题：
1. 施工现场太阳能、空气能利用技术还有哪些？施工现场常用的传统能源还有哪些？
2. 施工阶段的能源用量计算方法选择是否妥当？说明理由。

3. 改正施工阶段碳排放计算边界中的不妥之处。

（九）

1. （本小题 4.0 分）
1) 施工现场太阳能光伏发电照明技术、空气能热水技术。 (2.0 分)
2) 汽油、柴油、燃气。 (2.0 分)
2. （本小题 3.0 分）
不妥当。 (1.0 分)
理由：建造阶段的能源总用量宜采用施工工序能耗估算法计算。 (2.0 分)
3. （本小题 4.0 分）
改正"1)"：碳排放计算时间从项目开工起至项目竣工验收止。 (1.0 分)
改正"2)"：施工场地区域外的机械设备不应计入。 (1.0 分)
改正"3)"：现场制作的构件和部品产生的碳排放应计入。 (1.0 分)
改正"4)"：建造阶段临时设施使用过程中消耗的能源产生的碳排放应计入。 (1.0 分)

（十）

某新建图书馆工程，地下 1 层，地上 11 层，建筑面积 17000m²，框架结构。

建设单位公开招标确定了施工总承包单位并签合同，合同约定工期 400 日历天，质量目标合格。项目经理部根据住建部《施工现场建筑垃圾减量化指导图册》编制了《专项方案》。其中规定：施工现场源头减量措施包括设计深化、施工组织优化等。施工现场工程垃圾按材料化学成分为金属类、无机非金属类、其他，包括废弃钢筋、废弃混凝土、砂浆、钢管、铁丝、轻质金属夹芯板、水泥、石膏板等。

问题：
施工阶段的估算应按哪些阶段进行？金属类和无机非金属类有哪些材料？

（十）

（本小题 7.0 分）
1) 施工阶段的估算
① 地下结构阶段：正负零及以下结构工程及地基基础工程； (1.0 分)
② 地上结构阶段：正负零以上结构工程； (1.0 分)
③ 装修及机电安装阶段：屋面工程、装饰装修工程、机电安装工程。 (3.0 分)
2) 金属类：废弃钢筋、钢管、铁丝。 (1.0 分)
3) 非金属类：废弃混凝土、砂浆、水泥。 (1.0 分)

（十一）

某高层钢结构安装焊接作业动火前，项目技术负责人组织编制了《高层钢结构、焊割作业防火安全技术措施》，并填写动火申请表，报项目安全管理部门审查批准。作业前，项目技术负责人对相关作业人员进行了安全作业交底。明确了动火前要清除周围易燃、可燃物，作业后必须确认无火源隐患方可离去等动火要点。作业人员随即开始动火作业。

施工企业安全管理机构对现场进行消防专项安全检查时发现：
1) 场地周边设置 5m 宽环形载重单行车道作为主干道（兼消防车道）。
2) 现场平面呈长方形，在其斜对角布置两个临时消火栓，两者相距 86m；其中一个距拟建建筑物 3m，另一个距路边 3m。

3）易燃材料仓库设在了上风方向，且仓库周边只有一个取水口。有飞火的烟囱布置在仓库的上风地带。

4）可燃材料库房单间面积为 $50m^2$，易燃易爆品库房单间面积为 $40m^2$。经测量，房内任一点距离最近疏散门为 10m，房门净宽度为 0.9m。

5）气瓶没有暴晒，气瓶在楼层内滚动时设置了防震圈，未发现作业人员用带油的手套开气瓶。切割时，氧气瓶和乙炔瓶的放置距离不小于 5m，气瓶离明火的距离为 8m，作业点离易燃物的距离为 20m。

6）建筑工程内未存放氧气瓶、乙炔瓶和使用液化石油气"钢瓶"。

问题：

1. 指出钢结构安装焊接作业前，动火方案的编制及审批的不妥之处。除危险性较大的登高焊、割作业外，还有哪些情况属于一级动火？
2. 施工现场根据防火要求明确划分为哪些区？
3. 指出消防专项安全检查发现的不妥之处，并写出正确做法。

（十一）

1.（本小题 7.0 分）

1）不妥之处：

① 项目技术负责人组织编制《高层钢结构焊、割作业防火安全技术措施》；　　（1.0 分）

【解析】 钢结构安装焊接为一级动火，应项目负责人组织编制《防火安全技术方案》。

② 报项目安全管理部门审查批准。　　（1.0 分）

【解析】 应报企业安全管理部门审查批准。

2）一级动火作业还包括：【量大高危禁火油】

① 禁火区域内；　　（1.0 分）

② 油罐、油箱、油槽车和储存过可燃气体、易燃液体的容器及与其连接在一起的辅助设备；　　（1.0 分）

③ 各种受压设备；　　（1.0 分）

④ 比较密封的室内、容器内、地下室等场所；　　（1.0 分）

⑤ 现场堆有大量可燃和易燃物质的场所。　　（1.0 分）

【解析】 现场动火原则：《动火证》当日、当地有效，动火地点变化，应重新办理《动火证》。

动火级别	组织者	文件	审批
一级	项目经理	编制《防火安全技术方案》填写《动火申请表》	企业安全管理部门
二级	项目责任工程师	编制《防火安全技术措施》填写《动火申请表》	项目安全管理部门和项目经理
三级	项目班组	填写《动火申请表》	项目安全管理部门和项目责任工程师

2.（本小题 4.0 分）

划分为施工作业区、易燃可燃材料堆场、材料仓库、易燃废品集中站、生活区。

（4.0 分）

3. (本小题 11.5 分)

不妥之处：

① 在其斜对角布置两个临时消火栓；　　　　　　　　　　　　　　　　　　　　(0.5 分)

正确做法：室外消火栓应沿消防车道和场内道路布置。　　　　　　　　　　　(1.0 分)

② 一个距拟建建筑物 3m，另一个距路边 3m；　　　　　　　　　　　　　　　(0.5 分)

正确做法：消火栓距拟建建筑物不小于 5m 且不大于 25m，距离路边不大于 2m。

(1.0 分)

③ 易燃材料仓库设在上风方向，且只有一个取水口；　　　　　　　　　　　　(0.5 分)

正确做法：应布置在下风方向，且进水口一般不应少于 2 处。　　　　　　　　(1.0 分)

④ 有飞火的烟囱布置在仓库上风地带；　　　　　　　　　　　　　　　　　　(0.5 分)

正确做法：应布置在仓库的下风地带。　　　　　　　　　　　　　　　　　　(1.0 分)

⑤ 可燃材料库房单间面积为 50m^2，易燃易爆品库房单间面积为 40m^2；　(0.5 分)

正确做法：可燃材料库房单间面积应不超过 30m^2，易燃易爆品库房单间面积应不超过 20m^2。　　　　　　　　　　　　　　　　　　　　　　　　　　　　　　　(1.0 分)

⑥ 气瓶离明火的距离为 8m；　　　　　　　　　　　　　　　　　　　　　　　(1.0 分)

正确做法：气瓶离明火的距离至少 10m。　　　　　　　　　　　　　　　　　(1.0 分)

⑦ 作业点离易燃物的距离为 20m；　　　　　　　　　　　　　　　　　　　　(1.0 分)

正确做法：作业点离易燃物的距离不小于 30m。　　　　　　　　　　　　　　(1.0 分)

（十二）

某工程项目，施工现场总平面布置设计主要内容如下：①材料加工场布置在场外；②场地周边设置 3.8m 宽环形载重单行车道作为主干道（兼作消防车道），转弯半径 10m；③木材场两侧为 4m 宽通道，端头处有 15mm×15m 回车场；④主干道外侧开挖 400mm×600mm 管沟，将临时供电线缆、临时用水管线埋置于同侧管沟内。监理认为总平面布置存在多处不妥，责令整改后再验收，并要求补充主干道具体硬化方式和裸露场地文明施工防护措施。

施工单位在每月例行的安全生产与文明施工巡查中，对照《建筑施工安全检查标准》（JGJ 59—2011）中"文明施工检查评分表"的保证项目逐一进行检查。经统计，现场生产区临时设施总面积超过了 1200m^2，检查组认为临时设施区域内消防设施配置不齐全，要求项目部整改。

问题：

1. 指出施工总平面布置设计的不妥之处，并写出正确做法。

2. 针对本项目生产区临时设施总面积情况，在生产区临时设施区域内还应增设哪些消防器材或设施？

（十二）

1. (本小题 5.0 分)

不妥之处：

① 材料加工场地布置在场外；　　　　　　　　　　　　　　　　　　　　　　(0.5 分)

正确做法：材料加工场地应布置在场内。　　　　　　　　　　　　　　　　　(0.5 分)

② 设置 3.8m 宽的车道作为主干道兼作消防车道；　　　　　　　　　　　　　(0.5 分)

正确做法：单行车道作为主干道（兼作消防车道）的宽度不应小于4m； (0.5分)
③ 转弯半径10m； (0.5分)
正确做法：载重车的转弯半径不应小于15m。 (0.5分)
④ 木材场两侧为4m宽通道； (0.5分)
正确做法：木材场两侧应有6m宽通道。 (0.5分)
⑤ 将临时供电线缆、临时用水管线埋置于管沟内； (0.5分)
正确做法：临时供电线缆应避免与其他管道设在同一侧。 (0.5分)

2.（本小题4.0分）

还应增设：

1）每100m² 配备2个10L的灭火器。 (1.0分)
2）木料、油漆、木工机具间：每25m² 设置一个灭火器。 (1.0分)
3）临时设施总面积超过1200m² 时，应配备专供消防使用的太平桶、积水桶（池）、黄砂池，且周围不得堆放易燃物品。 (2.0分)

(十三)

某新建办公楼工程，总建筑面积68000m²。

施工单位在每月例行的安全生产与文明施工巡查中，对照《建筑施工安全检查标准》(JGJ 59—2011) 中"文明施工检查评分表"的保证项目逐一进行检查。经统计，现场生产区临时设施总面积超过了1200m²，仅设置了12个10L灭火器，要求项目部整改。

建设单位与施工单位签订了施工总承包合同。施工中，木工堆场发生火灾，紧急情况下值班电工及时断开了总配电箱开关。经查，火灾是临时用电布置和刨花堆放不当引起的。部分木工堆场临时用电现场布置剖面图如图11-2所示。

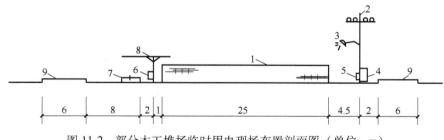

图11-2 部分木工堆场临时用电现场布置剖面图（单位：m）
1—模板堆　2—电杆（高5m）　3—碘钨灯　4—堆场配电箱　5—灯开关箱
6—电锯开关箱　7—电锯　8—木工棚　9—场内道路

问题：

1. 针对本项目生产区临时设施总面积情况，在生产区临时设施区域内还应增设哪些消防器材或设施？
2. 指出图11-2中的不妥之处。

(十三)

1.（本小题4.0分）

还应增设：

1）临时设施内，每100m² 配备2个10L的灭火器。 (1.0分)

2）木料、油漆、木工机具间：每 $25m^2$ 设置一个灭火器。　　　　　　　　　　（1.0分）
3）配备消防专用太平桶、积水桶、黄砂池，周围不得堆放易燃物品。　　　　（2.0分）

2. （本小题8.0分）

不妥之处：

① 现场模板随意堆放；　　　　　　　　　　　　　　　　　　　　　　　　　　（1.0分）

【解析】 模板应放入室内。露天堆放，底部垫高100mm，顶面遮盖防水篷布或塑料布。

② 电杆高度为5m，电杆距离模板堆垛4.5m；　　　　　　　　　　　　　　　（1.0分）

【解析】 仓库或堆料场内电缆一般应埋入地下；若有困难需要设置架空电力线时，架空电力线与露天易燃物堆垛最小水平距离不应小于电杆高度的1.5倍。电杆距离模板堆垛不应小于5m×1.5＝7.5m。

③ 堆料场使用碘钨灯；　　　　　　　　　　　　　　　　　　　　　　　　　　（1.0分）

【解析】 仓库或堆料场严禁使用碘钨灯，以防引起火灾。

④ 电锯开关箱距离堆场配电箱30.5m；　　　　　　　　　　　　　　　　　　（1.0分）

【解析】 开关箱和配电箱的间距不得超过30m。

⑤ 木模板堆场与电锯的距离小于10m；　　　　　　　　　　　　　　　　　　（1.0分）

【解析】 危险物品之间的堆放距离不得小于10m。

⑥ 电灯开关箱安装在电杆上，电锯开关箱距离堆垛外缘1.0m；　　　　　　（1.0分）

【解析】 电灯开关箱应安装在专用开关箱内，电锯开关箱距离堆垛外缘应≥1.5m。

⑦ 未设置灭火器。　　　　　　　　　　　　　　　　　　　　　　　　　　　　（1.0分）

【解析】 临时搭设的建筑物区域内，每 $100m^2$ 配备2个10L灭火器。临时木料间、油漆间、木工机具间等，每 $25m^2$ 配备1个灭火器。油库、危险品库应配备数量与种类匹配的灭火器、高压水泵。

（十四）

某办公楼工程地下2层，地上16层，建筑面积 $45000m^2$，标准间面积 $200m^2$，施工单位中标后进场施工。

在对现场临时用水管理检查时发现，水管直接埋地穿过临时道路，道路两侧布置排水纵沟，坡度0.1%；消火栓最大间距150m，DN100，主供水管实测水流速度1.5m/s，达不到设计流速2.0m/s，满足不了设计总用水量 $Q=13.7L/s$ 的要求，建议更换主供水管。

问题：

临时用水管理中的不妥有哪些？写出正确做法。计算更换的主供水管直径（单位：mm）。

（十四）

（本小题7.0分）

1）不妥之处：

① 水管直接埋地穿过临时道路；　　　　　　　　　　　　　　　　　　　　　（1.0分）

正确做法：供水管线穿路处均要套以铁管，并埋入地下0.6m处，以防重压。（1.0分）

② 道路两侧布置排水纵沟，坡度0.1%；　　　　　　　　　　　　　　　　　（1.0分）

正确做法：排水沟沿道路两侧布置，纵向坡度不小于0.2%。　　　　　　　（1.0分）

③ 消火栓最大间距150m；　　　　　　　　　　　　　　　　　　　　　　　　（1.0分）

正确做法：消火栓间距不应大于120m。　　　　　　　　　　　　　　　　　（1.0分）

2）供水管直径：

$$DN = \sqrt{\frac{4Q}{\pi \cdot v \cdot 1000}} \times 1000 = \sqrt{\frac{4 \times 13.7}{3.14 \times 1.5 \times 1000}} \times 1000 = 107.86 \text{ （mm）}, 取 125\text{mm 标准管径。}$$

(1.0 分)

（十五）

某大学城项目，工地面积 85000m², 建筑面积 187500m²。施工单位根据现场的用水情况确定了供水系统，包括取水位置、取水设施等内容。主要供水管线施工单位采用环状布置。图书馆施工中的施工用水情况见表 11-2，未预计的施工用水系数（K_1）取 1.1，用水不均衡系数（K_2）取 1.5。施工机械用水量 0.03L/s，施工现场生活用水量 2.5L/s，生活区生活用水量 1.2L/s，消防用水量 15L/s，流速（v）1.8m/s。

表 11-2 图书馆施工中的施工用水情况

用水对象	同种机械台数/日工作班数 t	用水定额 N	日工程量 Q
浇筑混凝土	3 班	2400L/m³	100m³
砌筑	3 班	250L/m³	50m³
养护	1 班	200L/m³	100m³

问题：
1. 施工供水系统还包括哪些？简述供水管网布置的原则。
2. 计算每天现场施工用水量和总用水量（单位：L/s）。计算供水管直径（单位：mm）。

（十五）

1.（本小题 7.5 分）
1）供水系统还包括：
①净水设施；②贮水装置；③输水管；④配水管网；⑤末端配置。 (2.5 分)
2）供水管网布置原则：
① 在保证不间断供水的情况下，管道铺设越短越好； (1.0 分)
② 要考虑施工期间各段管网移动的可能性； (1.0 分)
③ 主要供水管线采用环状布置，孤立点可设支线； (1.0 分)
④ 尽量利用已有的或提前修建的永久管道； (1.0 分)
⑤ 管径要经过计算确定。 (1.0 分)
2.（本小题 5.0 分）

施工用水量 $= K_1 \sum \dfrac{Q \cdot N}{T \cdot t} \cdot \dfrac{K_2}{8 \times 3600} = 1.1 \times \left[\left(\dfrac{100 \times 2400}{3} + \dfrac{50 \times 250}{3} + \dfrac{100 \times 200}{1} \right) \times \dfrac{1.5}{8 \times 3600} \right] =$ 5.97（L/s）。

(2.0 分)

【解析】 T 为有效作业日。
总用水量 = [15+(5.97+0.03+2.5+1.2)/2](1+10%) = 21.84（L/s）。 (1.0 分)

$$DN = \sqrt{\frac{4Q}{\pi \cdot v \cdot 1000}} \times 1000 = \sqrt{\frac{4 \times 21.84}{3.14 \times 1.8 \times 1000}} \times 1000 = 124.32 \text{ （mm）}, 取 125\text{mm 标准管径。}$$

(2.0 分)

（十六）

某新建学校工程，总建筑面积125000m^2，由12栋单体建筑组成。其中主教学楼为钢筋混凝土框架结构，体育馆屋盖为钢结构。合同要求工程达到绿色建筑三星标准。施工单位中标后，与甲方签订合同并组建项目部。

施工单位管理部门在装修阶段对现场施工用电进行专项检查的情况如下：

1）项目仅按照项目临时用电施工组织设计进行施工用电管理。
2）现场瓷砖切割机与砂浆搅拌机共用一个开关箱。
3）主教学楼一开关箱使用插座插头与配电箱连接。
4）专业电工在断电后对木工加工机械进行检查和清理。

问题：

指出装修阶段施工用电专项安全检查中的不妥之处，并写出正确做法。（本小题3项不妥，多答不得分）

（十六）

（本小题6.0分）

不妥之处：

① 仅按项目临时用电施工组织设计进行施工用电管理；　　　　　　　　　（1.0分）
正确做法：装饰装修工程施工阶段，应补充编制单项施工用电方案。　　　（1.0分）
② 现场瓷砖切割机与砂浆搅拌机共用一个开关箱；　　　　　　　　　　　（1.0分）
正确做法：用电设备必须配备专用的开关箱，严禁2台及以上用电设备共用一个开关箱。　（1.0分）
③ 主教学楼一开关箱使用插座插头与配电箱连接；　　　　　　　　　　　（1.0分）
正确做法：配电箱、开关箱电源进线端严禁采用插头和插座做活动连接。　（1.0分）

（十七）

某高层钢结构工程，建筑面积28000m^2，地下1层，地上20层，外围护结构为玻璃幕墙和石材幕墙，外墙保温材料为新型材料。

项目总工程师编制了《临时用电组织设计》，其内容包括：总配电箱设在用电设备相对集中的区域；电缆直接埋地敷设，穿过临时设施时应设置警示标识并进行保护，五芯电缆必须包含淡蓝、绿/黄两种颜色绝缘芯线。淡蓝色芯线必须用作N线；绿/黄双色芯线必须用作PE线，严禁混用。临时用电施工完成后，由编制和使用单位共同验收合格后方可使用；各类用电人员经考试合格后持证上岗工作；发现用电安全隐患，经电工排除后继续使用；维修临时用电设备由电工独立完成；临时用电定期检查按分部、分项工程进行。《临时用电组织设计》报企业技术部批准后上报监理单位。监理工程师认为《临时用电组织设计》存在不妥之处，要求修改完成后再报。

问题：

写出《临时用电组织设计》内容与管理中不妥之处的正确做法。临时用电投入使用前，施工单位的哪些部门、哪些单位应参加验收？

（十七）

（本小题9.0分）

1）正确做法：
① 应由电气技术人员编制《临时用电组织》；　　　　　　　　　　　　　（1.0分）

② 总配电箱应设在靠近进场电源的区域； (1.0分)
③ 电缆穿过临建设施时，应套钢管保护； (1.0分)
④ 应经编制、审核、批准部门和使用单位共同验收合格后方可使用； (1.0分)
⑤ 对临时用电安全隐患必须及时处理，并应履行复查验收手续； (1.0分)
⑥ 维修临时用电设备由电工完成，应有人监护； (1.0分)
⑦《临时用电组织设计》报具有法人资格企业的技术负责人批准。 (1.0分)
2) 参与验收的部门：
施工单位的编制、审核、批准部门和使用单位。 (2.0分)

(十八)

某公司承建某大学城项目，在装饰装修阶段，大学城建设单位追加新建校史展览馆，紧邻在建大学城项目。

大学城装修工程开工前，根据施工组织设计的安排，施工高峰期，现场同时使用的机械设备达到8台。项目土建施工员仅编制了安全用电和电气防火措施报送给监理工程师。监理工程师认为存在多处不妥，要求整改。

考虑到展览馆项目紧邻大学城项目，用电负荷较小，且施工组织仅需要6台临时用电设备，施工单位决定不单独设置总配电箱，直接从大学城项目总配电箱引出分配电箱，施工现场临时用电设备直接从分配电箱连接供电。项目经理安排了一名有经验的机械工进行用电管理。

问题：
1. 指出大学城装修用电施工前，编制和报批存在哪些不妥之处？并分别说明理由。
2. 指出校史展览馆工程临时用电管理中的不妥之处，并分别给出正确做法。
3. 室内配线的要求有哪些？

(十八)

1. （本小题6.0分）
不妥之处：
① 编制了安全用电和电气防火措施； (1.0分)
理由：临时用电设备≥5台或设备总容量≥50kW，应编制用电组织设计。 (1.0分)
② 项目土建施工员编制； (1.0分)
理由：应当由电气工程技术人员组织编制。 (1.0分)
③ 报送给监理工程师； (1.0分)
理由：应由相关部门审核，由具有法人资格企业的技术负责人批准。 (1.0分)

2. （本小题8.0分）
不妥之处：
① 决定不单独设置总配电箱； (1.0分)
正确做法：现场应设置总配电箱、分配电箱、开关箱三级配电系统。 (1.0分)
② 直接从大学城项目总配电箱引出分配电箱； (1.0分)
正确做法：应单独设置现场总配电箱，从总配电箱接出分配电箱。 (1.0分)
③ 临时用电设备直接从分配电箱连接供电； (1.0分)
正确做法：供电设备应单独设置开关箱，从开关箱中连接供电；且一台设备只能配置一个开关箱。 (1.0分)

④ 项目经理安排机械工进行临时用电管理； (1.0分)
正确做法：必须由电工进行用电管理，并应有人监护。 (1.0分)
3. （本小题3.0分）
1）室内配线必须采用绝缘导线或电缆。 (1.0分)
2）室内非埋地明敷主干线距地面高度不得小于2.5m。 (1.0分)
3）室内配线必须有短路保护和过载保护。 (1.0分)

第二节　现场资源管理

主观案例及解析

（一）

某新建别墅群项目，总建筑面积45000m²，各幢别墅均为地下1层，地上3层，砖混结构。发、承包双方依据《建设工程施工合同（示范文本）》签订了施工合同。合同约定，现场主要材料由施工单位负责采购。

工程开工前，施工单位编制了单位工程主要材料需用计划、主要材料年度需用计划、主要材料及月度需用计划；依据施工组织设计编制了周转料具需求计划。其中，主要材料月度需用计划对于每项材料的名称、单位、数量等内容做出了详细要求。

项目部在材料采购计划中，依据招标投标法及实施条例等法律法规，明确采用公开招标的方式采购物资。工程进展到第6个月，由于设计变更，施工单位调整了材料采购计划。

问题：

1. 工程项目常用的材料计划还包括哪些？周转料具需求计划的编制依据还有哪些？主要材料月度需用计划中还包括哪些内容？
2. 除了采购方式，材料采购计划还应确定哪些内容？材料采购方式还可依据什么来确定？除设计变更外，材料计划调整常见的因素还包括哪些？

（一）

1. （本小题9.0分）
1）还包括：
① 半成品加工计划； (1.0分)
② 主要材料采购计划； (1.0分)
③ 临时追加计划。 (1.0分)
2）编制依据还包括：品种、规格、数量、进度、需用时间。 (2.0分)
3）还包括：
①规格型号；②主要技术要求；③进场日期；④提交样品时间。 (4.0分)
2. （本小题10.0分）
1）还应确定：【时间方式候选人】
①采购时间；②采购人员；③供应商候选名单。 (3.0分)
2）确定依据：
①采购技术复杂程度；②市场竞争情况；③采购金额；④采购数量大小。 (4.0分)

3）还包括：
①生产任务改变；②市场供需变化；③施工进度调整。　　　　　　　　　　（3.0分）

（二）

一新建工程，地下2层，地上20层，高度为70m，建筑面积40000m²，标准层平面为40m×40m。项目经理部按照单位工程量使用成本费用（包括可变费用和固定费用，如大修费、小修费等）较低的原则对主要施工设备进行了选择，其中施工塔式起重机供应渠道为企业自有设备。

问题：
1. 项目施工机械设备的供应渠道有哪些？机械设备使用成本费中的固定费用有哪些？
2. 项目机械设备的使用管理制度包括哪些？机械使用前和使用中的检查内容包括什么？

（二）

1.（本小题9.0分）
1）供应渠道：
① 企业自有设备调配；　　　　　　　　　　　　　　　　　　　　　　　　（1.0分）
② 市场租赁设备；　　　　　　　　　　　　　　　　　　　　　　　　　　（1.0分）
③ 专门购置机械设备；　　　　　　　　　　　　　　　　　　　　　　　　（1.0分）
④ 专业分包队伍自带设备。　　　　　　　　　　　　　　　　　　　　　　（1.0分）
2）固定费用包括：①折旧费；②大修理费；③机械管理费；④投资应付利息；⑤固定资产占用费。　　　　　　　　　　　　　　　　　　　　　　　　　　　　　　　（5.0分）

2.（本小题8.0分）
1）包括：【三定培训操作证，安全交底交接检】
三定制度、培训制度、操作证制度、安全交底制度、交接制度、检查制度。（3.0分）
2）检查内容：【执行操作查质料，运行维保防受损】
① 制度的执行情况；　　　　　　　　　　　　　　　　　　　　　　　　　（1.0分）
② 机械的正常操作情况；　　　　　　　　　　　　　　　　　　　　　　　（1.0分）
③ 机械的完整与受损情况；　　　　　　　　　　　　　　　　　　　　　　（1.0分）
④ 机械的技术与运行状况，维修及保养情况；　　　　　　　　　　　　　　（1.0分）
⑤ 各种机械管理资料的完整情况。　　　　　　　　　　　　　　　　　　　（1.0分）

（三）

新建住宅小区，单位工程地下2~3层，地上2~12层，总建筑面积125000m²。施工总承包单位项目部为落实住房和城乡建设部《房屋建筑和市政基础设施工程危及生产安全施工工艺、设备和材料淘汰目录（第一批）》的要求，在施工组织设计中明确了建筑工程禁止和限制使用的施工工艺、设备和材料清单，相关信息见表11-3。

表11-3　房屋建筑工程危及生产安全的淘汰施工工艺、设备和材料（部分）

名称	淘汰类型	限制条件和范围	可替代的工艺、设备、材料
现场简易制作钢筋保护层垫块工艺	禁止	/	专业化压制设备和标准模具生产垫块工艺
卷扬机钢筋调直工艺	禁止	/	E

(续)

名称	淘汰类型	限制条件和范围	可替代的工艺、设备、材料
饰面砖水泥砂浆粘贴工艺	A	C	水泥基粘接材料粘贴工艺
龙门架、井架物料提升机	B	D	F
白炽灯、碘钨灯、卤素灯	限制	不得用于建设工地的生产、办公、生活等区域的照明	G

为贯彻落实《国务院关于调整完善工业产品生产许可证管理目录的决定》（国发〔2024〕11号），加强和规范工业产品生产许可证管理，监理人要求做好对钢丝绳等重要材料的进场检查，无工业产品生产许可证的材料，不得进场使用。实施工业产品生产许可证管理的部分产品目录见表11-4。

表11-4 实施工业产品生产许可证管理的部分产品目录

序号	产品类别	产品品种	实施机关
1	建筑用钢筋	A	省级工业产品生产许可证主管部门
		B	
2	水泥	水泥	
3	钢丝绳	钢丝绳	
4	人造板	C	
		D	
5	特种劳动防护用品	E	

问题：

1. 补充表11-3中A~G处的信息内容。
2. 补充表11-4中A~E处的信息内容。

（三）

1.（本小题7.0分）

A：禁止。 (1.0分)

B：限制。 (1.0分)

C：/，禁止使用。 (1.0分)

D：不得用于25m及以上的建设工程。 (1.0分)

E：普通钢筋调直机、数控钢筋调直切断机的钢筋调直工艺。 (1.0分)

F：人货两用施工升降机。 (1.0分)

G：LED灯、节能灯等。 (1.0分)

2.（本小题5.0分）

钢筋混凝土用热轧钢筋、冷轧带肋钢筋、胶合板、细木工板、安全帽。 (5.0分)

（四）

一新建工程，地下2层，地上20层，高度为70m，建筑面积40000m^2，标准层平面为40m×40m。项目部根据施工条件和需求，按照施工机械设备选择的经济性等原则，采用单位工程量成本比较法选择确定了塔式起重机型号。施工总包单位根据项目部制订的安全技术措施、安全评价等安全管理内容提取了项目安全生产费用。

施工中，项目部技术负责人组织编写了项目检测试验计划，内容包括试验项目名称、计划试验时间等，报项目经理审批同意后实施。

项目部在"×工程施工组织设计"中制订了临边作业、攀登与悬空作业等高处作业项目安全技术措施。在"绿色施工专项方案"的节能与能源利用中，分别设定了生产等用电项的控制指标，规定了包括分区计量等定期管理要求，制订了指标控制预防与纠正措施。

在一次塔式起重机起吊荷载达到其额定起重量95%的起吊作业中，安全人员让操作人员先将重物吊起离地面15cm，然后对重物的平稳性、设备和绑扎等各项内容进行了检查，确认安全后同意其继续起吊作业。

问题：

1. 施工机械设备选择的原则和方法分别还有哪些？
2. 机械设备选择的依据还应有哪些？当塔式起重机起重荷载达到额定起重量90%以上时，对起重设备和重物的检查项目有哪些？

（四）

1.（本小题4.0分）

1）选择原则还有：①适应性；②高效性；③稳定性；④安全性。 （2.0分）

【评分标准：写出3项，即可得3.0分】

2）选择方法还有：①折算费用法；②综合评分法；③界限时间比较法。 （2.0分）

【评分标准：写出2项，即可得2.0分】

2.（本小题4.5分）

1）选择依据还应有：

①工程特点；②工程量多少；③工期要求。 （3.0分）

2）机械状况、制动性能、物件绑扎情况。 （1.5分）

（五）

某工程项目经理部为贯彻落实《住房和城乡建设部等部门关于加快培育新时代建筑产业工人队伍的指导意见》（建市〔2020〕105号），要求在项目劳动用工管理中做以下工作：

1）分包单位与招用的建筑工人签订劳务合同。

2）总包对农民工工资支付工作负总责，分包单位做好农民工工资发放工作。

3）改善工人生活区居住环境，在集中生活区配套食堂等必要生活设施，并开展物业化管理。

项目部按照保持劳动力均衡使用、分析劳动需用总工日、确定人员数量和比例等劳动力计划编制要求，编制了劳动力需求计划。重点解决了因劳动力使用不均衡给劳动力调配带来的困难，以及出现过多、过大的需求高峰等诸多问题。

问题：

1. 指出项目劳动用工管理工作中的不妥之处，并写出正确做法。
2. 为改善工人生活区居住环境，在一定规模的集中生活区应配套的必要生活设施有哪些？（如食堂）
3. 劳动力计划编制要求还有哪些？劳动力使用不均衡时，还会出现哪些方面的问题？

1. （本小题 4.0 分）

不妥之处：

① 分包单位与招用的建筑工人签订劳务合同； (1.0 分)

正确做法：分包单位与建筑工人应签订劳动合同。 (1.0 分)

② 分包单位做好农民工工资发放工作； (1.0 分)

正确做法：应推行分包单位农民工工资委托施工总承包单位代发制度。 (1.0 分)

2. （本小题 3.0 分）

还应包括：宿舍、食堂、厕所、淋浴间、开水房、文体活动室、密闭式垃圾站、盥洗设施。 (3.0 分)

【评分标准：写出 3 项，即可得 3.0 分】

3. （本小题 5.0 分）

1）还包括：准确计算工程量和施工期限。 (2.0 分)

2）还会出现的问题：

① 增加劳动力的管理成本； (1.0 分)

② 带来住宿、交通、饮食、工具等问题。 (2.0 分)

版块三 通用管理

第十二章 进度控制

近五年分值排布

题型及总分值	分值				
	2024年	2023年	2022年	2021年	2020年
选择题	0	0	0	0	0
案例题	4	0	10	3	8	5
总分值	4	6	10	3	8	5

➢ 核心考点

第一节：流水施工
　　考点一、三类施工组织方式
　　考点二、三类流水施工参数
　　考点三、三类流水组织方式
第二节：网络计划
　　考点一、七组概念
　　考点二、六类时参
　　考点三、图形绘制
　　考点四、逻辑关系调整
　　考点五、偏差分析
　　考点六、网络与流水
　　考点七、网络与索赔
　　考点八、进度控制理论

第一节 流水施工

主观案例及解析

（一）

某新建商品住宅项目，建筑面积24000m²，地下2层，地上16层，由2栋结构类型与建筑规模完全相同的单体建筑组成,总承包项目部进场后,绘制了进度计划网络图,如图12-1所示。

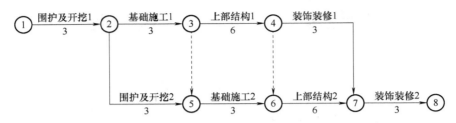

图 12-1 项目进度计划网络图(单位:月)

项目部针对四个施工过程拟采用四个专业施工队组织流水施工,各施工过程的流水节拍见表12-1。

表 12-1 各施工过程的流水节拍(部分)

施工过程编号	施工过程	流水节拍/月
Ⅰ	围护及开挖	3
Ⅱ	基础施工	
Ⅲ	上部结构	
Ⅳ	装饰装修	3

建设单位要求缩短工期,项目部决定增加相应的专业施工队,组织成倍节拍流水施工。项目部编制了施工检测试验计划。由于工期缩短,施工进度计划调整,监理工程师要求对检测试验计划进行调整。

问题:

写出图12-1的关键线路(采用节点方式表达,如①→②)和总工期。写出表12-1中基础施工和上部结构的流水节拍数。分别计算成倍节拍流水的流水步距、专业施工队数和总工期。

(一)

(本小题6.0分)

1)关键线路:①→②→③→④→⑥→⑦→⑧。   (1.0分)
2)总工期:3+3+6+6+3=21(个月)。   (1.0分)
3)流水节拍数:基础施工3个月,上部结构6个月。   (1.0分)
4)成倍节拍:
① 流水步距:3个月。   (1.0分)
② 专业施工队数:1+1+2+1=5(个)。   (1.0分)
③ 总工期:(2+5-1)×3=18(个月)。   (1.0分)

(二)

某群体工程由甲、乙、丙三个独立的单体建筑组成,预制装配式混凝土结构。每个单体均有4个施工过程:基础、主体结构、二次结构、装饰装修。每个单体作为一个施工段,

4个施工过程采用4个作业队组织无节奏流水施工。3个单体各施工过程流水节拍见表12-2。流水施工进度计划如图12-2所示。

表12-2 3个单体各施工过程流水节拍

序号	施工段	施工过程			
		基础	主体结构	二次结构	装饰装修
1	甲栋	A	B	2	3
2	乙栋	4	3	C	2
3	丙栋	2	3	D	E

图12-2 流水施工进度计划

问题：

1. 工程施工组织方式有哪些？组织流水施工时应考虑的工艺参数和时间参数分别包括哪些内容？
2. 补充表12-2中A~E处的流水节拍（如：A-2）。甲栋、乙栋、丙栋施工工期各是多少？

（二）

1．（本小题4.0分）
1）组织方式：依次施工、平行施工、流水施工。　　　　　　　　　　（1.5分）
2）工艺参数：施工过程、流水强度。　　　　　　　　　　　　　　　（1.0分）
3）时间参数：流水节拍、流水步距、施工工期。　　　　　　　　　　（1.5分）
2．（本小题5.0分）
1）流水节拍为：A-2，B-5，C-2，D-3，E-4。　　　　　　　　　　（2.0分）
2）施工工期为：甲栋13个月，乙栋15个月，丙栋15个月。　　　　　（3.0分）

（三）

施工组织设计中，针对3栋公寓楼组织流水施工，各工序流水节拍参数见表12-3。

表12-3 各工序流水节拍参数

工序编号	施工过程	流水节拍	与前序工序的关系（搭接/间隔）及时间
①	土方开挖与基础	3	
②	地上结构	5	A、B

（续）

工序编号	施工过程	流水节拍	与前序工序的关系（搭接/间隔）及时间
③	砌筑与安装	5	C、D
④	装饰装修与收尾	4	

绘制的流水施工横道图如图 12-3 所示，核定公寓楼流水施工工期，结果满足整体工期要求。

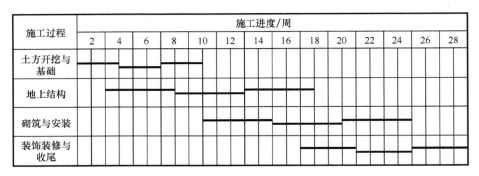

图 12-3 流水施工横道图

问题：
写出流水节拍参数表中 A、C 对应的工序关系，以及 B、D 对应的时间。

（三）

（本小题 5.0 分）
A 对应的工序关系：搭接。 (1.5 分)
C 对应的工序关系：间隔。 (1.5 分)
B 对应的时间：1 周。 (1.0 分)
D 对应的时间：2 周。 (1.0 分)

【解析】 本题着眼点在于表格当中的两个概念"搭接"和"间隔"。
其中，同一列字母表示"搭接/搭接时间"或"间隔/间隔时间"。
本题最让人疑惑的也是"搭接/间隔"的概念。

● 搭接时间，即"两项施工过程（工序）之间重合的那部分时间"。
● 间隔时间，是一个上位概念，指两个施工段之间的时间间隔，包括流水步距、空闲时间等一切相隔两个施工段之间的时间。

但显然，出题人并不是这个意思，通过横道图推测，出题人其实是想问工序"①、②、③"之间存在的"提前插入/间歇时间"关系。

解题思路：
1) 本题为"异步距异节奏流水施工"。
2) 流水工期 $(T)=\sum K(流水步距之和)+Dh+\sum J(间歇时间之和)-\sum Q(提前插入之和)$。
Dh 表示最后一个施工过程的流水节拍之和。
3) $\sum K$ 的计算方式：累加节拍、错位相减、取大差。
● 经过计算可得：
工序"②和①"之间名义步距为 3 周，工序"③和②"之间名义步距为 5 周。

- 而实际步距：

工序"②和①"之间实际步距为2周，工序"③和②"之间实际步距为7周。

4）由此得到：

- 工序"②和①"之间"提前插入1周"，对应本题的"搭接"关系。
- 工序"③和②"之间存在间歇时间2周，对应本题的"间隔"关系。

第二节 网络计划

主观案例及解析

（一）

某新建办公楼工程，地下1层，地上18层，总建筑面积21000m²。钢筋混凝土核心筒，外框采用钢结构。

总承包在工程施工准备阶段，根据合同要求编制了工程施工网络进度计划，如图12-4所示。在进度计划审查时，监理工程师提出工作A和工作E含有特殊施工技术，涉及知识产权保护，须由同一专业单位按先后顺序依次完成。项目部对原计划进行了调整，以满足工作A与工作E先后施工的逻辑关系。

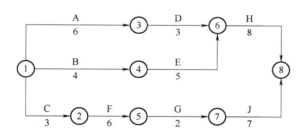

图12-4 施工进度计划网络图（单位：月）

问题：

1. 画出调整后的施工进度计划网络图，并写出关键线路（以工作表示：如 A→B→C）。调整后的总工期是多少个月？

2. 网络图的逻辑关系包括什么？网络图中虚工作的作用是什么？

（一）

1.（本小题5.0分）

1）画图： (2.0分)

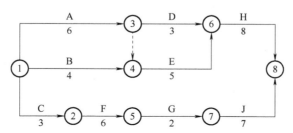

2）关键线路：A→E→H。 (2.0分)
3）调整后的总工期为：19个月。 (1.0分)
2. （本小题5.0分）
1）工艺关系、组织关系。 (2.0分)
2）虚工作的作用：联系、断路、区分。 (3.0分)

（二）

某实施监理的工程，监理机构批准的施工进度计划如图12-5所示（单位：天），各项工作均按最早开始时间安排，匀速进行。

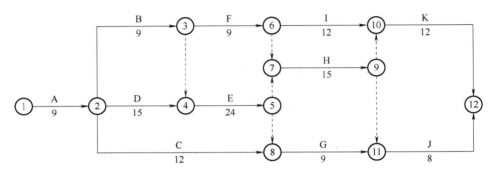

图12-5 施工进度计划网络图

问题：
确定施工进度计划的工期和关键工作。分别计算C、D、F工作的总时差和自由时差。

（二）

（本小题5.0分）
1）工期：9+15+24+15+12＝75（天）。 (1.0分)
2）关键工作为A、D、E、H、K。 (1.0分)
3）C工作：总时差37天，自由时差27天。 (1.0分)
4）D工作：总时差0天，自由时差0天。 (1.0分)
5）F工作：总时差21天，自由时差0天。 (1.0分)

（三）

某高校图书馆工程开工前，施工单位编制了施工进度计划，如图12-6所示。

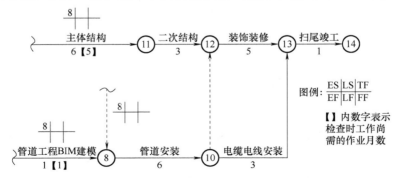

图12-6 施工进度计划网络图

为优化工期，通过改进装饰装修施工工艺，使其作业时间缩短为 4 个月，据此调整的进度计划通过了总监理工程师的确认。管道安装按照计划进度完成后，因甲供电缆电线未按计划进场，导致电缆电线安装工程最早开始时间推迟了 1 个月，施工单位按规定提出索赔工期 1 个月。

问题：

1. 图 12-6 中，工程总工期是多少？管道安装的总时差和自由时差分别是多少？
2. 施工单位提出的工期索赔是否成立？说明理由。

（三）

1. （本小题 4.0 分）

1) 总工期：8+5+3+5+1＝22（个月）。 （2.0 分）

2) 管道安装的总时差为 1 个月，自由时差为 0 个月。 （2.0 分）

2. （本小题 4.0 分）

1) 工期索赔不成立。 （1.0 分）

2) 理由：甲供电缆电线未及时进场是甲方的责任，但电缆电线安装工程总时差为 2 个月，拖后 1 个月未超出其总时差，不影响总工期。 （3.0 分）

（四）

某新建办公楼工程，地下 2 层，地上 20 层，框架-剪力墙结构，建筑高度 87m。建设单位通过公开招标选定了施工总承包单位并签订了工程施工合同，基坑深 7.6m，基础底板施工计划网络图如图 12-7 所示。

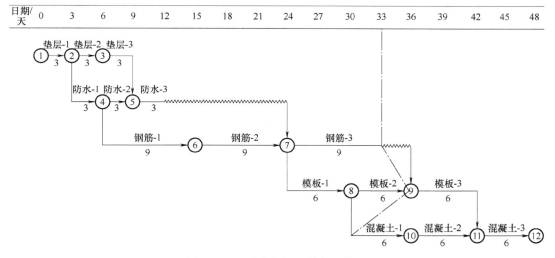

图 12-7 基础底板施工计划网络图

问题：

指出网络图中各施工工作的流水节拍。如果采用成倍节拍流水施工，计算各施工工作专业队数量。

（四）

（本小题 5.5 分）

1) 各施工工作流水节拍：

① 垫层：3 天； （0.5 分）

② 防水：3 天； (0.5 分)
③ 钢筋：9 天； (0.5 分)
④ 模板：6 天； (0.5 分)
⑤ 混凝土：6 天。 (0.5 分)

2) 各专业队数量：
取流水步距区流水节拍的最大公约数，即 3 天。 (0.5 分)
① 垫层专业队数：3/3 = 1（个）； (0.5 分)
② 防水专业队数：3/3 = 1（个）； (0.5 分)
③ 钢筋专业队数：9/3 = 3（个）； (0.5 分)
④ 模板专业队数：6/3 = 2（个）； (0.5 分)
⑤ 混凝土专业队数：6/3 = 2（个）。 (0.5 分)

（五）

某工程项目，地上 15~18 层，地下 2 层，钢筋混凝土结构，总建筑面积 57000m²。施工单位中标后成立项目经理部组织施工。

项目经理部计划施工组织方式采用流水施工，根据劳动力储备和工程结构特点确定流水施工的工艺参数、时间参数和空间参数，如空间参数中的施工段、施工层划分等。合理配置了劳动组织和资源，并编制项目双代号网络计划，如图 12-8 所示。

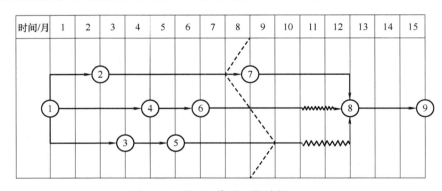

图 12-8 项目双代号网络计划（一）

项目经理部上报了施工组织设计，其中施工总平面图设计要点包括设置大门，布置塔式起重机、施工升降机，布置临时房屋、水、电和其他动力设施等。布置施工升降机时，考虑了导轨架的附墙位置和距离等现场条件和因素。公司技术部门在审核时指出施工总平面图设计要点不全，施工升降机布置条件和因素考虑不足，要求补充完善。项目经理部在工程施工到第 8 个月底时，对施工进度进行了检查，工程进展状态如图 12-8 中前锋线所示。

工程部门根据检查分析情况，调整措施后重新绘制了从第 9 个月开始到工程结束的双代号网络计划，部分内容如图 12-9 所示。

问题：
1. 根据图 12-8 中的进度前锋线分析第 8 个月底工程的实际进展情况。
2. 在答题纸上绘制（可以手绘）正确的从第 9 个月开始到工程结束的双代号网络计划。

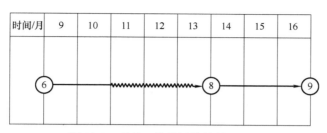

图 12-9 项目双代号网络计划（二）

（五）

1. （本小题 4.0 分）

②→⑦进度拖后 1 个月。 (1.0 分)

⑥→⑧进度正常。 (1.0 分)

⑤→⑧进度提前 1 个月。 (1.0 分)

第 8 个月底工程的实际进展拖后 1 个月。 (1.0 分)

2. （本小题 3.0 分）

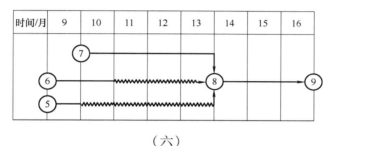

(3.0 分)

（六）

某新建图书馆工程，地下 1 层，地上 11 层，建筑面积 17000m²，框架结构。项目部为实现合同工期目标，分阶段施工，进度计划如图 12-10 所示。

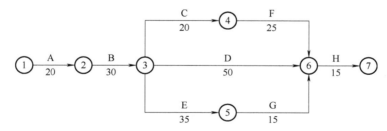

图 12-10 图书馆工程进度计划

在 55 天检查施工进度时，工作 A 按时完成，工作 B 刚结束，工期延后 5 天。调整按计划完成。C~H 的工作参数见表 12-4。

表 12-4 C~H 的工作参数

序号	工作	最大压/天	费用/(元/天)
1	C	10	120
2	D	5	300

（续）

序号	工作	最大压/天	费用/(元/天)
3	E	10	150
4	F	5	200
5	G	3	100
6	H	5	410

问题：
1. 赶工费花费最低的方案花费多少？画出调整后的网络图，并写出关键线路（如：A-B-C）。
2. 调整进度计划的方法有哪些？

（六）

1.（本小题3.0分）
1）花费最低：(300+100)×3+410×2=2020（元）。 (1.0分)

【解析】
调整目标：120-5=115（天）。
① 工作D和工作G同时压缩3天，工期可缩短至120-3=117（天），费用增加最少：(300+100)×3=1200(元)；
② 工作H压缩2天，工期可缩短至117-2=115（天），费用增加最少：410×2=820（元）；
③ 花费最低：1200+820=2020（元）。

2）调整后的网络图：

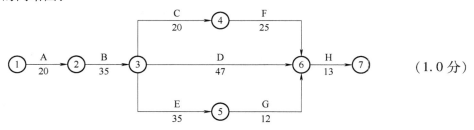

(1.0分)

3）关键线路：
①A-B-D-H；②A-B-E-G-H。 (1.0分)

2.（本小题5.0分）
调整进度计划的方法：
1）调整关键工作。 (1.0分)
2）改变某些工作间的逻辑关系。 (1.0分)
3）对剩余工作重新编制进度计划。 (1.0分)
4）调整非关键工作。 (1.0分)
5）调整资源。 (1.0分)

（七）

某新建住宅群体工程开工前，项目部综合工程设计、合同条件、现场场地分区移交、陆续开工等因素编制本工程施工组织总设计，其中施工总进度计划在项目经理的领导下编制，编制过程中，项目经理发现该计划编制说明中仅有编制的依据，未体现计划编制应考虑的其他要素，要求编制人员补充。

社区活动中心开工后，由项目技术负责人组织，专业工程师根据施工进度总计划编制社区活动中心施工进度计划，内部评审时，项目经理提出工作C、G、J由于特殊工艺共同租赁一台施工机具，在工作B、E按计划完成的前提下，考虑该机具租赁费用较高，尽量连续施工，要求对进度计划进行调整。

问题：

1. 指出背景资料中施工进度计划编制中的不妥之处。施工进度总计划编制说明还包含哪些内容？

2. 按照施工进度事后控制要求，社区活动中心应采取的措施有哪些？

（七）

1. （本小题6.0分）

1）不妥之处：

① 施工进度总计划在项目经理的领导下编制； (1.0分)

【解析】 应在总承包企业总工程师的领导下进行编制。

② 社区活动中心开工后，由项目技术负责人组织，专业工程师根据施工进度总计划编制社区活动中心施工进度计划。 (2.0分)

【解析】 应由项目经理组织，在项目技术负责人的领导下进行编制。

2）假设条件、指标说明、实施重点、实施难点、风险估计、应对措施。 (3.0分)

2. （本小题3.0分）

应采取的措施：

1）制订保证工期不突破的对策措施。 (1.0分)

2）制订工期突破后的补救措施。 (1.0分)

3）调整相应的施工计划，并组织协调相应的资源供应和保障措施。 (1.0分)

第十三章 履约管理

近五年分值排布

题型及总分值	分值				
	2024 年	2023 年	2022 年	2021 年	2020 年
选择题	0	0	0	0	0
案例题	14	5	12	20	9	11
总分值	14	5	12	20	9	11

> **核心考点**

第一节：工程招标与投标
  考点一、工程招标管理
  考点二、工程投标阶段
  考点三、开标、评标、定标阶段
第二节：建设工程合同管理
  考点一、施工总承包合同
  考点二、分包合同管理
  考点三、其他合同管理

第一节　工程招标与投标

主观案例及解析

（一）

某建设单位编制的招标文件部分内容为：投标人为具有本省一级资质证书的施工企业，投标保证金为 500 万元，投标有效期从 2019 年 3 月 1 日到 2019 年 4 月 15 日。

建设单位编制了投资兴建某工程的招标文件，部分要求有：承包模式为施工总承包，报价采用工程量清单计价，投标单位须遵守工程量清单使用范围等强制性内容的规定。投标单位承担项目的进度、质量、安全等管理责任，应对招标文件中要求的技术标准、质量、投标有效期等做出实质性响应，中标单位不得违法分包，如将工程分包给个人等。

共有 13 家企业报名参加了本项目的工程投标活动，通过资格预审后购买了招标文件，并参加了现场踏勘和标前会议。期间，潜在投标人丙对招标文件中的投标人须知前附表的部分内容提出疑问，招标人对投标人提出的疑问，以书面形式回复对应的投标人，工程质量为合格。建设单位于 2019 年 5 月 28 日确定甲公司最终中标，并与其签订了合同，合同价款为

2.1亿元，工程质量为优良。

问题：
1. 招标投标活动应当遵循的原则是什么？
2. 投标单位对招标文件要求做出实质性响应的内容还有哪些？
3. 指出招投标过程中的不妥之处，并说明理由。
4. 除了投标报名，编、报资格预审申请文件，购买招标文件和参加现场踏勘和标前会议，施工总承包工程投标的主要工作流程还包括哪些？

（一）

1. （本小题2.0分）
公开、公平、公正、诚实信用。　　　　　　　　　　　　　　　　　　　　　　　　　（2.0分）
2. （本小题6.0分）
工期、招标范围、安全标准、法律法规、权利义务、报价编制。　　　　　　　　　　　（6.0分）
3. （本小题7.5分）
不妥之处：
① 投标人为具有本省一级资质证书的企业；　　　　　　　　　　　　　　　　　　　（0.5分）
理由：招标人不得以不合理的条件限制、排斥潜在投标人。　　　　　　　　　　　　（1.0分）
② 投标保证金为500万元；　　　　　　　　　　　　　　　　　　　　　　　　　　（0.5分）
理由：投标保证金不得超过招标项目估算价格的2%，且不得超过80万。　　　　　　（1.0分）
③ 以书面形式回复对应的投标人；　　　　　　　　　　　　　　　　　　　　　　　（0.5分）
理由：招标人应当通知所有招标文件收受人。　　　　　　　　　　　　　　　　　　（1.0分）
④ 5月28日确定中标人；　　　　　　　　　　　　　　　　　　　　　　　　　　　（0.5分）
理由：应在投标有效期内确定中标人，并签订合同。　　　　　　　　　　　　　　　（1.0分）
⑤ 工程质量标准为优良；　　　　　　　　　　　　　　　　　　　　　　　　　　　（0.5分）
理由：应依据招标文件和中标人的投标文件签订合同。　　　　　　　　　　　　　　（1.0分）
4. （本小题5.0分）
还包括：
1）调查投标环境。　　　　　　　　　　　　　　　　　　　　　　　　　　　　　　（1.0分）
2）研究项目投标策略。　　　　　　　　　　　　　　　　　　　　　　　　　　　　（1.0分）
3）进行投标报价计算与决策。　　　　　　　　　　　　　　　　　　　　　　　　　（1.0分）
4）编制、审定投标文件。　　　　　　　　　　　　　　　　　　　　　　　　　　　（1.0分）
5）开具投标保函，递交投标文件、投标。　　　　　　　　　　　　　　　　　　　　（1.0分）

【解析】

投标主要流程 → 报名参加 → 编、报资格预审申请文件 → 购买招标文件 → 研究招标文件 → 参加现场踏勘与标前会议 → 调查投标环境 → 研究项目投标策略 → 进行投标报价计算与决策 → 编制、审定投标文件 → 开具投标保函 → 递交投标文件、投标

第二节 建设工程合同管理

主观案例及解析

（一）

建设单位编制了投资兴建某工程的招标文件，部分要求有：承包模式为施工总承包，报价采用工程量清单计价，投标单位须遵守工程量清单使用范围等强制性内容的规定。投标单位承担项目的进度、质量、安全等管理责任，应对招标文件中要求的技术标准、质量、投标有效期等做出实质性响应，中标单位不得违法分包，如将工程分包给个人等。工程竣工验收后 6 个月内完成结算，工程结算据实调整。

问题：
1. 工程分包的范围具体包括哪些？（如：专业分包）
2. 中标单位还应避免哪些违法分包行为？

（一）

1.（本小题 6.0 分）
具体包括：
1）专业分包。 (1.0 分)
2）设计分包。 (1.0 分)
3）采购分包。 (1.0 分)
4）劳务分包。 (1.0 分)
5）试运行服务分包。 (1.0 分)
6）咨询服务分包。 (1.0 分)

2.（本小题 6.0 分）
还应避免：
① 将工程分包给不具备相应资质的单位； (1.0 分)
② 将主体结构的施工分包给其他单位，钢结构工程除外； (1.0 分)
③ 将其承包的专业工程中的非劳务作业部分再分包； (1.0 分)
④ 将其承包的劳务再分包； (1.0 分)
⑤ 除计取劳务作业费外，还计取主要建筑材料款和大中型施工机械设备、主要周转材料费用。 (2.0 分)

（二）

某酒店建设工程，甲施工单位与建设单位签订施工总承包合同后，按照《建设工程项目管理规范》（GB/T 50326—2017）进行了合同管理工作。

建设单位对一关键线路上的工序内容提出修改，由设计单位发出设计变更通知。为此造成工程停工 10 天，施工单位提出如下索赔事项：
1）按当地造价部门发布的工资标准计算停工窝工人工费 8.5 万元。
2）塔式起重机等机械停工窝工台班费 5.1 万元。
3）索赔工期 10 天。

问题：
1. 办理设计变更的步骤有哪些？施工单位的索赔事项是否成立？并说明理由。
2. 简述施工合同变更的程序。

（二）

1. （本小题 10.5 分）
1）办理设计变更的步骤：
① 有关单位提出设计变更；　　　　　　　　　　　　　　　　　　　　　（1.0 分）
② 建设单位、设计单位、施工单位和监理单位共同协商；　　　　　　　　（1.0 分）
③ 经设计单位确认后，编制设计变更图纸和说明；　　　　　　　　　　　（1.0 分）
④ 经监理单位签发工程变更手续后实施。　　　　　　　　　　　　　　　（1.0 分）
2）索赔判断及理由：
①"1)"费用索赔不成立；　　　　　　　　　　　　　　　　　　　　　　（0.5 分）
理由：窝工人工费应按合同约定的窝工补偿标准计算。　　　　　　　　　（1.0 分）
②"2)"费用索赔不成立；　　　　　　　　　　　　　　　　　　　　　　（0.5 分）
理由：自有机械停工窝工应按折旧费计算，租赁机械应按租赁台班费计算。（2.0 分）
③"3)"工期索赔成立；　　　　　　　　　　　　　　　　　　　　　　　（0.5 分）
理由：建设单位对工序内容提出修改是建设单位应承担的责任，并且关键线路上工程停工 10 天导致工期延长 10 天。　　　　　　　　　　　　　　　　　　　　（2.0 分）

2. （本小题 4.0 分）
合同变更程序：【申请审签后实施】
1）提出合同变更申请。　　　　　　　　　　　　　　　　　　　　　　　（1.0 分）
2）报项目经理审查批准，重大合同变更，报企业负责人签认。　　　　　　（1.0 分）
3）经业主签认，形成书面文件。　　　　　　　　　　　　　　　　　　　（1.0 分）
4）组织实施。　　　　　　　　　　　　　　　　　　　　　　　　　　　（1.0 分）

（三）

某大学城工程，包括结构形式与建筑规模一致的 4 栋单体建筑，每栋建筑面积为 21000m²，地下 2 层，地上 18 层，层高 4.2m，钢筋混凝土框架-剪力墙结构。

在基坑施工中，由于正值雨季，施工现场的排水费用比投标报价中的费用多出 3 万元。甲施工单位及时向建设单位提出了索赔要求，建设单位不予支持，对此，甲施工单位向建设单位提交了索赔报告。

竣工结算时，总包单位提出如下索赔事项：
1）特大暴雨造成停工 7 天，开发商要求总包单位安排 20 人留守现场照管工地，发生费用 5.6 万元。
2）本工程设计采用了某种新材料，总包单位为此支付给检测单位检验试验费 4.6 万元，要求开发商承担。
3）工程主体完工 3 个月后，总包单位为配合开发商自行发包的燃气等专业工程施工，脚手架留置比计划延长 2 个月拆除。为此要求开发商支付 2 个月脚手架租赁费 68 万元。
4）总包单位要求开发商按照银行同期同类贷款利率，支付垫资利息 1142 万元。

问题：

1. 甲施工单位的索赔是否成立？在施工过程中，施工索赔的起因有哪些？

2. 分析竣工结算时，总包单位提出的各项索赔是否成立？项目部应按哪些规定提出索赔？

（三）

1. （本小题 6.0 分）

1）甲施工单位的索赔不成立。 (1.0 分)

2）施工索赔的起因包括：

① 合同对方违约； (1.0 分)

② 合同条款错误； (1.0 分)

③ 合同发生变更； (1.0 分)

④ 工程环境变化； (1.0 分)

⑤ 不可抗力因素。 (1.0 分)

2. （本小题 6.5 分）

索赔判断及理由：

①"1)"工期索赔和费用索赔均成立； (0.5 分)

理由：特大暴雨属于不可抗力，由此引发的工期损失、工地照管费的增加，均应由发包人承担并承担。 (1.0 分)

②"2)"费用索赔成立； (0.5 分)

理由：新材料检验试验费未包含在合同价中，发包人应另行支付。 (1.0 分)

③"3)"费用索赔成立； (0.5 分)

理由：脚手架留置比计划延长 2 个月是发包人应承担的责任，不包含在投标报价的总包服务费中。 (1.0 分)

④"4)"利息索赔不成立； (1.0 分)

理由：发承包双方未在合同中约定垫资利息的，视为不计利息。 (1.0 分)

第十四章 费用控制

近五年分值排布

题型及总分值	分值				
	2024	2023	2022	2021	2020
选择题	0	0	0	0	0
案例题	18	10	12	18	12	20
总分值	18	10	12	18	12	20

> **核心考点**

第一节：工程造价管理
  考点一、工程量清单计价
  考点二、工程造价形成
  考点三、工程造价管理
第二节：施工成本管理
  考点一、成本计划
  考点二、成本控制
  考点三、成本核算
  考点四、成本分析
  考点五、成本考核

第一节 工程造价管理

主观案例及解析

(一)

某政府投资项目，建设单位依法进行了招标，并委托具有相应资质的造价咨询机构依据《建设工程工程量清单计价规范》(GB 50500—2013)编制了招标文件和招标控制价。在招标工程量清单编制完成后，招标人对其完整性和准确性进行了审核，确认无误后随即组织工程招投标活动。该工程评标方法采用经评审的最低投标价法。

进入投标阶段，共有A、B、C、D、E五家投标人提交了投标文件。A投标人依据工程量清单计价规范、政府部门计价办法和计价定额等编制的投标报价为12500万元，经评审的投标价最低，被确定为中标人。

签订正式书面合同之前，双方在谈判过程中，对计价风险的具体范畴产生了争议。
问题：
1. 本工程是否应采用清单计价？说明理由。招标工程量清单可作为哪些工作的依据？

招标单位应对哪些招标工程量清单总体要求负责？

2. 承包人应承担和不承担哪些计价风险？合同中明确的计价风险不包括哪些内容？

(一)

1. （本小题8.0分）

1) 本工程必须采用清单计价。 (0.5分)

理由：采用国有资金投资的工程承发包，必须采用清单计价。 (1.0分)

2) 可作为下列活动依据：【量价索赔找结算】

① 编制招标控制价； (1.0分)

② 编制投标报价； (1.0分)

③ 计算工程量； (1.0分)

④ 工程索赔； (1.0分)

⑤ 工程结（决）算。 (1.0分)

3) 应对分部分项工程量清单、措施项目清单、其他项目清单的完整性和准确性负责。

(1.5分)

2. （本小题3.0分）

1) 风险承担：

应承担：技术风险、管理风险。 (0.5分)

不承担：法定风险。 (0.5分)

2) 不包括：【法定约定不可抗】

① 法律、法规、规章、政策变化； (0.5分)

② 住建部门发布的人工费调整； (0.5分)

③ 合同约定的市场价格波动范围； (0.5分)

④ 不可抗力。 (0.5分)

(二)

建设单位发布某新建工程招标文件，部分条款有：发包范围为土建、水电、通风空调、消防、装饰等工程，实行施工总承包管理；投标限额65000.00万元，暂列金额1500.00万元；工程款按月度完成工作量的80.00%支付；质量保修金为5.00%，履约保证金为15.00%；钢材指定采购本市钢厂的产品；消防及通风空调专项工程金额1200.00万元，由建设单位指定发包，总承包服务费3.00%。投标单位对部分条款提出了异议。

经公开招标，某施工总承包单位中标，签订了施工总承包合同，合同价部分费用有：分部分项工程费48000.00万元，措施项目费为分部分项工程费的15%，规费费率2.20%，增值税税率9.00%。

问题：

1. 分别计算各项构成费用（分部分项工程费、措施项目费等5项）及施工总承包合同价。（单位：万元，保留小数点后2位）

2. 建筑工程造价有哪些特点？

(二)

1. （本小题10.0分）

1) 分部分项工程费：48000.00万元。 (1.0分)

2) 措施项目费：48000.00×15.00%＝7200.00（万元）。 (1.0分)
3) 其他项目费：1500.00＋1200.00＋1200.00×3.00%＝2736.00（万元）。 (1.0分)
4) 规费：（48000.00＋7200.00＋2736.00）×2.20%＝1274.59（万元）。 (1.0分)
5) 税金：（48000.00＋7200.00＋2736.00＋1274.59）×9.00%＝5328.95（万元）。
 (1.0分)
6) 合同价：48000.00＋7200.00＋2736.00＋1274.59＋5328.95＝64539.54（万元）。
 (1.0分)
7) 大额性、个别性和差异性、动态性、层次性。 (4.0分)

（三）

某酒店建设工程，共有7家施工单位前来投标。评标小组经认真核算，认为B施工单位报价中的部分内容与招标文件不一致，部分费用不符合《建设工程工程量清单计价规范》中不可作为竞争性费用条款的规定，给予废标处理。

A施工单位中标后，双方按《建设项目工程总承包合同（示范文本）》（GF 2020—0216）签订了工程总承包合同。合同部分内容如下：质量为合格，工期6个月，按月度完成量的85%支付进度款，分部分项工程费见表14-1。

表14-1 分部分项工程费

名称	工程量	综合单价	费用/万元
Ⅰ	9000m³	2000元/m³	1800
Ⅱ	12000m³	2500元/m³	3000
Ⅲ	15000m²	2200元/m²	3300
Ⅳ	4000m²	3000元/m²	1200

措施费为分部分项工程费的16%，安全文明施工费为分部分项工程费的6%，其他项目费用包括：暂列金额100万元，分包专业工程暂估价200万元，另记总包服务费5%。规费费率为2.05%，增值税税率为9%。

问题：

1. 指出投标过程中，哪些项目应当与招标人提供的一致？哪些费用不可作为竞争性费用？

2. 分别计算签约合同价中的项目措施费、安全文明施工费、签约合同价。（计算结果四舍五入取整数）

（三）

1. （本小题6.5分）
1) 与招标人提供一致的有：
项目编码、项目名称、项目特征、计量单位、工程数量。 (5.0分)
2) 安全文明施工费、规费、税金。 (1.5分)
2. （本小题6.0分）
1) 项目措施费：（1800＋3000＋3300＋1200）×16%＝1488（万元）。 (1.0分)
2) 安全文明施工费：（1800＋3000＋3300＋1200）×6%＝558（万元）。 (1.0分)

3) 签约合同价：
① 分部分项：1800+3000+3300+1200=9300（万元）； (1.0 分)
② 措施：1488 万元； (1.0 分)
③ 其他：100+200×(1+5%)=310（万元）； (1.0 分)
(9300+1488+310)×(1+2.05%)×(1+9%)=12345（万元）。 (1.0 分)

（四）

沿海地区某群体住宅工程，包含整体地下室、8 栋住宅楼、1 栋物业配套楼以及小区公共区域园林绿化等，业态丰富、体量较大，工期暂定 3.5 年。招标文件约定：采用工程量清单计价模式，要求投标单位充分考虑风险，特别是一般措施费用，均应以有竞争力的报价投标；最终按固定总价签订施工合同。

E 单位的投标报价构成如下：分部分项工程费为 16100 万元，安全文明施工费为 322 万元，夜间施工增加费为 22 万元；特殊地区施工增加费为 36 万元；大型机械进出场及安拆费为 86 万元；冬雨期施工增加费为 25 万元；二次搬运费为 20 万元；脚手架费为 220 万元；模板费用为 105 万元；施工总包管理费为 54 万元；暂列金额为 300 万元；规费费率为 1%，增值税税率为 9%。

问题：
1. 指出本工程招标文件中的不妥之处，并写出理由。
2. 列式计算一般措施项目费。

（四）

1.（本小题 5.0 分）
不妥之处：
① 一般措施费用均应以有竞争力的报价投标； (1.0 分)
理由：其中，安全文明施工费属于不可竞争性费用。 (1.0 分)
② 最终按固定总价签订施工合同； (1.0 分)
理由：实行工程量清单计价的工程，应采用单价合同；且本工程工期超过一年，业态丰富，风险较大，应采用可调单价合同。 (2.0 分)

2.（本小题 2.0 分）
措施项目费：322+22+86+25+20=475（万元）。 (2.0 分)

（五）

施工单位确定项目自行施工工程造价为 7222.22 万元，目标利润率为 10%。其中：分部分项工程费 6000 万元；措施项目费 600 万元（按分部分项工程费的 10% 计取），其他项目费 400 万元，暂列金额为 297 万元，专业分包暂估价为 100 万元，总承包服务费费率为 3%，规费为 140 万元（费率为 2%）税金为 642.60 万元（费率为 9%）。项目部对项目目标成本进行了专项施工成本分析，内容包括工期成本分析、技术措施节约效果分析等，做好项成本管理工作。

经建设单位和施工单位确认：增补某缺项工程量清单费用，其工程量为 2000m³，综合单价为 500 元/m³；签订施工总承包合同时未确定的设备实际采购价为 268 万元；工程价款调整及设计变更为 119 万元；专业分包 90 万元。工程按期完工，各方办理了竣工验收，建设单位和施工单位办理了竣工结算。

问题：

按综合单价法，分步骤列式计算施工单位结算造价。（结果四舍五取整数）

（五）

（本小题 6.0 分）

1）分部分项工程费：6000+100＝6100（万元）。　　　　　　　　　　　　　　（1.0 分）
2）措施项目费：6100×10%＝610（万元）。　　　　　　　　　　　　　　　　（1.0 分）
3）其他项目费：268+119+90×(1+3%)＝480（万元）。　　　　　　　　　　　（1.0 分）
4）规费：(6100+610+480)×2%＝144（万元）。　　　　　　　　　　　　　　（1.0 分）
5）税金：(6100+610+480+144)×9%＝660（万元）。　　　　　　　　　　　　（1.0 分）
6）结算价：6100+610+480+144+660＝7994（万元）。　　　　　　　　　　　（1.0 分）

（六）

某施工企业参加一建设项目投标，施工企业根据招标文件、工程量清单及其补充通知、答疑纪要、与建设项目相关的标准、规范等技术资料编制了投标文件。中标后，双方依据《建设工程工程量清单计价规范》（GB 50500—2013），对工程量清单编制方法等强制性规定进行了确认，对工程造价进行了全面审核。

施工中，建设单位对某特殊涂料使用范围提出了设计变更，经三方核实，已标价工程量清单中该涂料项目综合单价由 35.68 元/m^2 调整为 30.68 元/m^2，工程量由 165m^2 调整为 236m^2。

问题：

1. 工程量清单计价的特点是什么？双方在工程量清单计价管理中应遵守的强制性规定还有哪些？投标报价编制依据还有哪些？
2. 特殊涂料变更后的费用是多少？费用增加了多少？工程价款调整还有哪些因素？

（六）

1.（本小题 14.0 分）

1）工程量清单计价的特点：
强制性、法定性、完整性、竞争性、规范性、统一性。　　　　　　　　　　　　（3.0 分）
2）应遵守的强制性规定还有：
① 工程量清单的使用范围；　　　　　　　　　　　　　　　　　　　　　　　　（1.0 分）
② 工程量计算规则；　　　　　　　　　　　　　　　　　　　　　　　　　　　（1.0 分）
③ 计价方式；　　　　　　　　　　　　　　　　　　　　　　　　　　　　　　（1.0 分）
④ 风险处理；　　　　　　　　　　　　　　　　　　　　　　　　　　　　　　（1.0 分）
⑤ 竞争费用。　　　　　　　　　　　　　　　　　　　　　　　　　　　　　　（1.0 分）
3）投标报价编制依据：
①《建设工程工程量清单计价规范》；　　　　　　　　　　　　　　　　　　　（1.0 分）
② 国家或省级、行业建设主管部门颁发的计价办法；　　　　　　　　　　　　　（1.0 分）
③ 企业定额，国家或省级、行业建设主管部门颁发的计价定额；　　　　　　　　（1.0 分）
④ 施工现场情况、工程特点及拟定的投标施工组织设计或施工方案；　　　　　　（1.0 分）
⑤ 市场价格信息或工程造价管理机构发布的工程造价信息；　　　　　　　　　　（1.0 分）
⑥ 其他的相关资料。　　　　　　　　　　　　　　　　　　　　　　　　　　　（1.0 分）

2. （本小题 12.0 分）

1) 变更后的费用：

(236-165)/165＝43％＞15％，应调整综合单价。 (1.0 分)

原价量：165×(1+15％)＝189.75（m³）。 (1.0 分)

新价量：236-189.75＝46.25（m³）。 (1.0 分)

变更后费用：189.75×35.68+46.25×30.68＝8189.23（元）。 (1.0 分)

2) 费用增加：8189.23-35.68×165＝2302.03（元）。 (1.0 分)

3) 工程价款调整因素：

① 法律法规变化； (1.0 分)

② 项目特征描述不符； (1.0 分)

③ 工程量清单缺项； (1.0 分)

④ 计日工； (1.0 分)

⑤ 现场签证； (1.0 分)

⑥ 不可抗力； (1.0 分)

⑦ 提前竣工（赶工补偿）。 (1.0 分)

（七）

某新建住宅工程，建筑面积 43200m²，砖混结构，投资额 25910 万元。招标控制价为 25000 万元；总承包单位按市场价格计算为 25200 万元，为确保中标，最终以 23500 万元作为投标价。经公开招标。该总承包单位中标，双方签订了工程施工总承包合同，并上报建设行政主管部门。

室内装修施工前，施工总承包单位的项目经理部发现建设单位提供的工程量清单中未包括 1 层公共区域楼地面面层子目，铺贴面积 1200m²。因招标工程量清单中没有类似子目，于是项目经理部按照市场价格信息重新组价，综合单价为 1200 元/m²，经现场专业监理工程师审核后上报建设单位。

问题：

依据《建设工程工程量清单计价规范》的相关规定，计算 1 层公共区域楼地面面层的综合单价（单位：元/m²）及总价（单位：万元）。（计算结果保留小数点后 2 位）

（七）

（本小题 3.0 分）

1) 报价浮动率：(1-23500/25000)×100％＝6％。 (1.0 分)

2) 综合单价：1200×(1-6％)＝1128（元/m²）。 (1.0 分)

3) 总价：1200×1128＝135.36（万元）。 (1.0 分)

【解析】 根据《建设工程工程量清单计价规范》：

1) 已标价工程量清单中没有适用也没有类似于变更工程项目的，由承包人根据：①变更工程资料；②计量规则和计价办法；③工程造价管理机构发布的信息价格；④承包人报价浮动率提出变更工程项目的单价，报发包人确认后调整。

2) 已标价工程量清单中没有适用也没有类似于变更工程项目，且工程造价管理机构发布的信息价格缺价的，由承包人根据：①变更工程资料；②计量规则；③计价办法；④市场价格提出变更工程项目的单价，报发包人确认后调整。

（八）

某施工单位通过竞标承建一工程项目，施工合同中包含以下工程价款主要内容：
1）工程中标价为5800万元，暂列金额为580万元，主要材料所占比重为60%。
2）工程预付款为工程造价的20%。
3）工程进度款逐月计算。
4）工程质量保修金3%，在每月工程进度款中扣除，质保期满后返还。
工程1~5月完成产值见表14-2。

表14-2　工程1~5月完成产值

月份	1月	2月	3月	4月	5月
完成产值/万元	180	500	750	1000	1400

2021年3月30日工程竣工验收，5月1日双方完成竣工结算，双方书面签字确认，于2021年5月20日前由建设单位支付未付工程款560万元（不含3%的保修金）给施工单位。此后，施工单位3次书面要求建设单位支付所欠款项，但是截至8月30日，建设单位仍未支付560万元的工程款。随即施工单位以行使工程款优先受偿权为由，向法院提起诉讼，要求建设单位支付欠款560万元，以及拖欠利息5.2万元、违约金10万元。

问题：（计算结果均精确到小数点后2位，单位：万元）
计算工程的预付款及起扣点。分别计算3、4、5月应付进度款、累计支付进度款。

（八）

（本小题8.0分）
1）工程的预付款及起扣点：
① 预付款：(5800-580)×20%=1044.00（万元）。　　　　　　　　　（1.0分）
② 起扣点：(5800-580)-1044/60%=3480.00（万元）。　　　　　　　（2.0分）
2）各月进度款：

3月：
累计已完工程款：180+500+750=1430.00（万元）<3480.00万元，不扣预付款。
　　　　　　　　　　　　　　　　　　　　　　　　　　　　　　　　（0.5分）
① 应付：750×(1-3%)=727.50（万元）。　　　　　　　　　　　　　（0.5分）
② 累计：1430×(1-3%)=1387.10（万元）。　　　　　　　　　　　　（0.5分）

4月：
累计已完工程款：1430+1000=2430.00（万元）<3480.00万元，不扣预付款。（0.5分）
应付：1000×(1-3%)=970.00（万元）。　　　　　　　　　　　　　　（0.5分）
累计：1387.1+970=2357.10（万元）。　　　　　　　　　　　　　　（0.5分）

5月：
累计已完工程款：2430+1400=3830.00（万元）>3480.00万元。　　　　（0.5分）
应扣预付款：(3830-3480)×60%=210.00（万元）。　　　　　　　　　（0.5分）
应付：1400×(1-3%)-210=1148.00（万元）。　　　　　　　　　　　（0.5分）
累计：2357.1+1148=3505.10（万元）。　　　　　　　　　　　　　　（0.5分）

（九）

某市政府投资新建一所学校，工程内容包括办公楼、教学楼、实验室、体育馆等，招标文件的工程量清单表中，招标人给出了材料暂估价，承发包双方按《建设工程工程量清单计价规范》签订了施工承包合同。

用于某分项工程的某种材料暂估价为4350元/t，经施工单位招标及项目监理机构确认，该材料实际采购价格为5220元/t（材料用量不变）。施工单位向监理机构提交了招标过程中发生的3万元招标采购费用的索赔，同时还提交了综合单价调整申请，其中使用该材料的分项工程综合单价调整见表14-3，在此单价内该种材料用量为80kg。

表14-3 分项工程综合单价调整

已标价清单综合单价/元					调整后综合单价/元				
综合单价	其中				综合单价	其中			
	人工费	材料费	机械费	管理费和利润		人工费	材料费	机械费	管理费和利润
599.20	30	400	70	99.20	719.04	36	480	84	119.04

问题：

1. 投标人对涉及材料暂估价的分部分项工程进行投标报价，以及结算过程中对分部分项工程价款的调整有哪些规定？

2. 施工单位对招标采购费用的索赔是否妥当？项目监理机构应批准的调整后综合单价是多少元？分别说明理由。（计算结果保留2位小数）

（九）

1. （本小题3.0分）

1）投标阶段，按招标工程量清单中给定的材料暂估单价计入相应分部分项工程的综合单价，形成分部分项工程费。 (1.0分)

2）施工阶段，材料暂估价按承发包双方最终确认价调整综合单价，并按调整的综合单价计算分部分项工程费。 (1.0分)

3）依法必须招标采购的材料暂估价，通过招标确定材料单价；不属于依法必须招标的，经发、承包双方协商确认材料单价。 (1.0分)

2. （本小题6.5分）

1）不妥当。 (0.5分)

理由：暂估价材料由施工单位组织招标时，其招标采购费已包含在原施工单位投标时的投标报价中。 (2.0分)

2）应批准的调整后综合单价：599.20+80×(5220−4350)/1000=668.80（元）。

(2.0分)

理由：结算时，应由实际价取代暂估价调整合同价款，综合单价中不再考虑管理费和利润调整，另外原合同价款中的管理费和利润没有减少。 (2.0分)

第二节 施工成本管理

主观案例及解析

（一）

2023年6月28日，施工总承包单位编制了项目管理实施规划，其中项目成本目标为21620万元。项目现金流量见表14-4（单位：万元）。

表14-4 项目现金流量

名称	工期/月									
	1	2	3	4	5	6	7	8	9	10
月度完成工作表	450	1200	2600	2500	2400	2400	2500	2600	2700	2800
现金流入	315	840	1820	1750	1680	1680	1750	2210	2295	2380
现金流出	520	980	2200	2120	1500	1200	1400	1700	1500	2100
月净现金流量										
累计现金流量										

问题：

1. 项目经理部制订项目成本计划的编制依据有哪些？
2. 施工至第几个月时项目累计净现金流为正？该月的累计净现金流是多少万元？

（一）

1.（本小题6.0分）

编制依据：【量价标书合定案】

1）项目目标责任书，包括各项管理指标。 （1.0分）
2）从施工图计算出的工程量。 （1.0分）
3）企业定额，包括人工、材料机械等价格。 （1.0分）
4）劳务分包合同及其他分包合同。 （1.0分）
5）施工设计及施工方案。 （1.0分）
6）项目岗位责任成本控制指标。 （1.0分）

2.（本小题4.0分）

1）施工至第8个月时累计净现金流量为正。 （2.0分）
2）累计净现金流量是425万元。 （2.0分）

（二）

某工程在施工进展到第120天后，项目部对第110天前的部分工作进行了统计检查。统计数据见表14-5。

表 14-5 工作统计数据

工作代号	计划完成工作预算成本（BCWS）/万元	已完工作量（%）	实际发生成本（ACWP）/万元	挣得值（BCWP）/万元
1	540	100	580	
2	820	70	600	
3	1620	80	840	
4	490	100	490	
5	240	0	0	
合计				

问题：
1. 列式计算截止到第 110 天的合计 BCWS、ACWP、BCWP。
2. 分别计算第 110 天的成本偏差 CV 值和 CPI 值，并做出结论分析。
3. 分别计算第 110 天的成本偏差 SV 值和 SPI 值，并做出结论分析。
（CPI 和 SPI 计算结果分别保留 3 位小数，其余结果保留整数）

（二）

1. （本小题 3.0 分）
1) BCWS = 540+820+1620+490+240 = 3710（万元）。　　　　　　　　　　　　　　　(1.0 分)
2) ACWP = 580+600+840+490 = 2510（万元）。　　　　　　　　　　　　　　　　　(1.0 分)
3) BCWP = 540×100%+820×70%+1620×80%+490×100%+0 = 2900（万元）。　　(1.0 分)

2. （本小题 4.0 分）
1) CV = BCWP－ACWP = 2900－2510 = 390（万元）。　　　　　　　　　　　　　　(1.0 分)
结论：成本偏差为正，表示成本节约 390 万元。　　　　　　　　　　　　　　　　(1.0 分)
2) CPI = BCWP/ACWP = 2900/2510 = 1.155。　　　　　　　　　　　　　　　　　(1.0 分)
结论：费用绩效指数>1，故成本节约 1.155－1 = 15.5%。　　　　　　　　　　　　(1.0 分)

3. （本小题 4.0 分）
1) SV = BCWP－BCWS = 2900－3710 = －810（万元）。　　　　　　　　　　　　(1.0 分)
结论：进度偏差为负，表示进度延误 810 万元。　　　　　　　　　　　　　　　　(1.0 分)
2) SPI = BCWP/BCWS = 2900/3710 = 0.782。　　　　　　　　　　　　　　　　　(1.0 分)
结论：进度绩效指数<1，表示进度延误 1－0.782 = 21.8%。　　　　　　　　　　　(1.0 分)

（三）

施工总承包单位签订物资采购合同，购买 800mm×800mm 的地砖 3900 块，合同标的规定了地砖的名称、等级、技术标准等内容。地砖由 A、B、C 三地供应，相关信息见表 14-6。

表 14-6 地砖采购信息

序号	货源地	数量/块	出厂价/(元/块)	其他
1	A	936	36	
2	B	1014	33	
3	C	1950	35	
合计		3900		

问题:

分别计算地砖的每平方米用量、各地采购比重和材料原价。(结果保留 2 位小数,原价单位:元/m²)物资采购合同中的标的内容还有哪些?

(三)

(本小题 6.0 分)

1) 每平方米用量:1/(0.8×0.8)=1.56(块/m²); (0.5 分)
2) 各地采购比重:
 A:936/3900=24% (0.5 分)
 B:1014/3900=26% (0.5 分)
 C:1950/3900=50% (0.5 分)
3) 各材料原价:
 A:36/(0.8×0.8)=56.25 元(元/m²), (0.5 分)
 或 36×1.56=56.16(元/m²)。
 B:33/(0.8×0.8)=51.56(元/m²), (0.5 分)
 或 33×1.56=51.48(元/m²)。
 C:35/(0.8×0.8)=54.69(元/m²), (0.5 分)
 或 35×1.56=54.60(元/m²)。
4) 品种、型号、规格、花色和质量要求。 (2.5 分)

(四)

建设单位投资某酒店工程,建筑面积为 22000m²,钢筋混凝土框架结构,建设单位编制了招标文件,发布了招标公告,招标控制价为 1.056 亿元。项目实行施工总承包,承包范围为土建、水电、通风空调、消防、装饰装修及园林景观工程,消防及园林景观由建设单位单独发包,主要设备由建设单位采购。先后有 13 家单位通过资格预审后参加投标,最终 D 施工单位以 9900 万元中标。

D 施工单位中标后正常开展了相关工作:组建项目经理部、搭建临时设施、制订招采计划、进行项目成本分析、成本目标的制订,通过分析中标价得知,期间费用为 642 万元,利润为 891 万元,增值税为 990 万元。

问题:

分别按照制造成本法、完全成本法计算该工程的施工成本。

(四)

(本小题 2.0 分)

1) 制造成本法:9900-642-891-990=7377(万元)。 (1.0 分)
2) 完全成本法:9900-990-891=8019(万元)。 (1.0 分)

(五)

某基础设施建设工程,在施工准备阶段,施工单位确定的混凝土分项工程的目标成本为 520 万元。施工任务完成后,经施工单位财务部门核算的成本为 927 万元,成本计算的相关数据见表 14-7。

表 14-7 成本计算的相关数据

项目	单位	目标	实际	差额
产量	m³	10000	15000	5000
单价	元/m³	500	600	100
损耗率	%	4	3	−1

问题：

1. 应用因素分析法分析各因素对成本的影响程度。
2. 应用差额计算法分析各因素对成本的影响程度。（计算结果保留 2 位小数）

（五）

1. （本小题 7.0 分）

实际成本与目标成本的差额：927−520＝407（万元）。 (1.0 分)

1）产量对成本差额的影响：

15000×500×(1+4%)＝780（万元）。 (1.0 分)

产量增加，成本增加 780−520＝260（万元）。 (1.0 分)

2）单价对成本差额的影响：

15000×600×(1+4%)＝936（万元）。 (1.0 分)

单价增加，成本增加 936−780＝156（万元）。 (1.0 分)

3）损耗率对成本差额的影响：

15000×600×(1+3%)＝927（万元）。 (1.0 分)

损耗率降低，成本降低 936−927＝9（万元）。 (1.0 分)

2. （本小题 4.0 分）

1）量差影响：

5000×500×(1+4%)＝260.00（万元）。 (1.0 分)

2）价差影响：

100×15000×(1+4%)＝156.00（万元）。 (1.0 分)

3）损耗率差额影响：

−1%×15000×600＝−9.00（万元）。 (1.0 分)

总额影响：260+156−9＝407.00（万元）。 (1.0 分)

（六）

某施工项目某月的实际成本降低额比目标值提高了 2.4 万元，成本降低的计划与实际对比见表 14-8。

表 14-8 成本降低的计划与实际对比

项目	计划	实际	差额
目标成本/万元	300	320	
成本降低率（%）	4	4.5	
成本降低额/万元			

问题：

1. 补充表格中的目标成本差额、成本降低率差额及成本降低额的差额。
2. 用差额计算法分析目标成本和成本降低率对成本降低额的影响程度。

（六）

1. （本小题 3.0 分）

成本差额：320-300=20（万元）。 (1.0 分)

成本降低率差额：4.5%-4%=0.5%。 (1.0 分)

成本降低额差额：320×4.5%-300×4%=2.4（万元）。 (1.0 分)

2. （本小题 3.0 分）

目标成本增加的影响：20×4%=0.8（万元）。 (1.0 分)

成本降低率提高的影响：0.5%×320=1.6（万元）。 (1.0 分)

合计影响：0.8+1.6=2.4（万元）。 (1.0 分)

（七）

施工单位确定项目自行施工工程造价为7222.22万元，目标利润率为10%。其中：分部分项工程费6000.00万元；措施项目费600.00万元（按分部分项工程费的10%计取），其他项目费400.00万元，暂列金额为297.00万元，专业分包暂估价为100.00万元，总承包服务费费率为3%，规费为140.00万元（费率为2%）税金为642.60万元（费率为9%）。项目部对项目目标成本进行了专项施工成本分析，内容包括工期成本分析、技术措施节约效果分析等，做好项成本管理工作。

问题：

1. 施工单位自行施工工程的目标成本是多少万元？（四舍五入取整数）
2. 专项施工成本分析内容还有哪些？

（七）

1. （本小题 7.0 分）

目标成本=7222.22×÷(1+9%)÷(1+10%)=6024（万元）。 (2.0 分)

2. 成本盈亏异常分析、质量成本分析、资金成本分析、其他有利因素和不利因素分析。

(5.0 分)

附录 2025年全国一级建造师执业资格考试"建筑工程管理与实务"预测模拟卷

附录A 预测模拟试卷（一）

考试范围	《建筑工程管理与实务》全章节	
考试题型	单项选择题：20题×1分/题 多项选择题：10题×2分/题 实务操作和案例分析题：案例一、二、三，20分/题；案例四、五30分/题	
卷面总分	160分	
考试时长	240分钟	
难度系数	★★★★☆	
合理分值	126分	
合格分值	96分	
自测说明	120~140分	非常厉害！得益于强大的学习能力，存量考点已尽收囊中，又能理解并较好地掌握部分存量性考点，保持这种学习状态到考前，必定高分通过
	100~120分	恭喜！部分核心考点已悉数掌握，并能在没有讲到的领域拿到少许分值，实属不易。截至考前要定期高效复盘，确保不忘
	100分以下	加油！建议"边听边记边总结，三遍成活！"搞透逻辑体系的同时，适当运用答题技巧，提高自己的答题效率。最后两个月，一定要放开了拼，豁出去学

一、单项选择题（共20题，每题1分，每题的备选项中，只有1个最符合题意）

1. 根据《民用建筑通用规范》，下列关于建筑高度的说法正确的是（　　）。
A. 坡屋顶建筑，檐口高度应按室外设计地坪至坡屋面最高点的高度计算
B. 同一建筑有多种屋面形式，或多个室外设计地坪时，应分别计算建筑高度后取其中最小值
C. 机场、广播电视、军事要塞等设施的技术作业控制区内及机场航线控制范围内的建筑，按建筑物室外设计地坪至建（构）筑物最高点计算
D. 地下室、局部夹层、公共走道、建筑避难区、架空层等有人员正常活动的场所，最

低处室内净高不应低于2.5m

2. 水泥的初凝时间是指从水泥加水拌合起至水泥浆（　　）所需的时间。
   A. 开始失去可塑性
   B. 完全失去可塑性并开始产生强度
   C. 完全失去可塑性
   D. 开始失去可塑性并达到1.2MPa强度

3. 减小窗的不舒适眩光可采取的措施中，不包括（　　）。
   A. 作业区应减少或避免直射阳光
   B. 工作人员的视觉背景宜为窗口
   C. 采用室内外遮挡设施
   D. 窗结构的内表面或窗周围的内墙面，宜采用浅色饰面

4. 混凝土构件最小截面尺寸的具体要求，下列正确的是（　　）。
   A. 现浇混凝土空心顶板、底板厚度不应小于80mm，实心楼板不应小于50mm
   B. 预制实心叠合板底板及后浇混凝土厚度不应小于50mm
   C. 多层建筑剪力墙截面厚度不应小于160mm，高层建筑不应小于140mm
   D. 矩形梁截面宽度不应小于200mm，矩形和圆形截面框架柱不应小于300mm

5. 有关配置混凝土时砂的选用，下列说法正确的是（　　）。
   A. 配制普通混凝土时，优先选用Ⅱ区（中）砂
   B. 采用Ⅲ区砂时，应提高砂率，并保持足够的水泥用量
   C. 采用Ⅰ区砂时，宜适当降低砂率，以保证混凝土的强度
   D. 在选择混凝土用砂时，砂的颗粒级配和粗细程度应分开考虑

6. HRB 400E级钢筋屈服强度实测值430MPa，抗拉强度符合要求的是（　　）。
   A. 520MPa
   B. 525MPa
   C. 530MPa
   D. 540MPa

7. 下列陶瓷砖中属于低吸水率的是（　　）。
   A. 瓷质砖
   B. 炻质砖
   C. 细炻砖
   D. 陶质砖

8. 结构应按设计规定的用途使用，不得出现（　　）。
   A. 改变结构用途和使用环境
   B. 变动结构体系及抗震措施
   C. 擅自增加结构荷载，损坏地基基础
   D. 存放爆炸性、毒害性、放射性、腐蚀性等危险物品

9. 波形瓦屋面的最小坡度是（　　）。
   A. 2%
   B. 5%
   C. 10%
   D. 20%

10. 工程基坑开挖采用井点回灌技术的主要目的是（　　）。
    A. 避免坑底土体回弹
    B. 避免坑底出现管涌
    C. 减少排水设施，降低施工成本
    D. 防止降水井点对周围建筑物、地下管线的影响

11. 有关框架梁、板钢筋的绑扎要求，说法正确的是（　　）。
    A. 板的上部钢筋接头位置宜设在跨中1/2范围内，下部宜设置在梁端1/4范围内
    B. 梁的纵筋采用双层排列时，两排钢筋之间应垫以直径不小于15mm的短钢筋
    C. 梁的箍筋的接头应交错布置在两根主筋上

D. 板钢筋在下，次梁钢筋居中，主梁钢筋在上

12. 关于咬合桩的施工要求，下列说法正确的是（　　）。

A. 咬合桩仅适用于基坑侧壁安全等级为二级、三级的基坑支护

B. 咬合桩可以用作截水帷幕

C. 采用软切割工艺的桩，应在Ⅰ序桩初凝前完成Ⅱ序桩的施工

D. Ⅱ序桩应采用超缓凝混凝土，缓凝时间不超过60h，混凝土3天强度不小于3MPa

13. 关于单层钢结构安装的说法，下列正确的是（　　）。

A. 单跨必须按中间向两端的顺序进行吊装

B. 多跨结构，宜先吊副跨、后吊主跨

C. 多台起重设备共同作业时，可多跨同时吊装

D. 单层钢结构，可先扩展安装面积，再形成稳定的空间结构体系

14. 需要组织专家进行安全专项施工方案论证的是（　　）。

A. 开挖深度3.5m的基坑的土方开挖工程

B. 施工高度60m的建筑幕墙安装工程

C. 架体高度15m的悬挑脚手架工程

D. 搭设高度30m的落地式钢管脚手架工程

15. 关于混凝土的养护，下列说法错误的是（　　）。

A. 矿渣硅酸盐水泥配制的混凝土，不应少于7天

B. 掺缓凝型外加剂、矿物掺合料配制的混凝土，不应少于14天

C. 粉煤灰水泥配制的混凝土，不应少于14天

D. 大体积混凝土养护时间应根据施工方案确定

16. 关于混凝土施工缝的说法，下列正确的是（　　）。

A. 施工缝和后浇带的留设位置应在混凝土浇筑前确定，且宜留设在结构承受压力较小且便于施工的位置

B. 受力复杂的或有抗渗要求的结构构件，施工缝留设位置应经监理单位审核确认

C. 柱的水平施工缝与结构上表面宜为0~100mm，墙的宜为0~300mm

D. 高度较大的柱、墙、梁及厚度较大的基础，可在上部留水平施工缝

17. 下列属于整体保温材料的是（　　）。

A. 现浇泡沫混凝土　　　　　　　　B. 硬质聚氨酯泡沫塑料

C. 防水保温岩棉板　　　　　　　　D. 膨胀珍珠岩制品

18. 设计使用年限100年的地下结构，其迎水面钢筋保护层厚度不应小于（　　）mm。

A. 50　　　　　B. 70　　　　　C. 40　　　　　D. 80

19. 有关裱糊工程施工要求，下列说法错误的是（　　）。

A. 新建筑物的混凝土或抹灰基层墙面在刮腻子前应涂刷抗碱封闭底漆

B. 旧墙面在裱糊前应清除疏松的旧装修层，并刷涂界面剂

C. 水泥砂浆找平层已抹完，经干燥后含水率不大于8%，木材基层含水率不大于12%

D. 旧墙面在裱糊前应清除疏松的旧装修层，可以不涂刷界面剂

20. 平屋面工程的防水等级为一级时，下列说法正确的是（　　）。

A. 卷材防水层不应少于2道

B. 卷材防水层不应少于 1 道

C. 卷材防水层或防水涂料任选

D. 防水涂料不应少于 1 道

二、**多项选择题**（共 10 题，每题 2 分，每题的备选项中有 2 个或 2 个以上符合题意，至少有 1 个错项。错选，本题不得分；少选，所选的每个选项得 0.5 分）

21. 下列关于室内光环境的说法，正确的有（　　　）。
A. 建筑采光设计应做到技术先进、经济合理，有利于视觉工作和身心健康
B. 室内天然光照度为采光设计的评价指标
C. 采光系数标准值为参考平面上的平均值
D. 采光标准值的参考平面：工业建筑取距地面 1m，民用建筑取距地面 0.75m
E. Ⅰ、Ⅱ采光等级的侧面采光，开窗面积受到限制时，采光系数值可降低到Ⅱ级

22. 提高墙体热阻值可采取的措施包括（　　　）。
A. 采用复合保温墙体构造
B. 采用低导热系数的新型墙体材料
C. 应当采用 A 级不燃材料（如岩棉）作为墙体保温材料
D. 采用带有封闭空气间层的复合墙体构造设计
E. 采用密度较大的石材

23. 防水堵漏灌浆材料按主要成分不同可分为（　　　）。
A. 丙烯酸胺类　　　　　　　　　B. 甲基丙烯酸酯类
C. 环氧树脂类　　　　　　　　　D. 聚氨酯类
E. 复合类

24. 有关石材幕墙用主要材料的说法，下列说法正确的有（　　　）。
A. 同一石材幕墙工程应采用同一品牌的硅酮密封胶，不得混用
B. 幕墙分格缝密封胶应进行污染性复验
C. 石材与金属挂件之间的粘接应用环氧胶黏剂，不得采用"云石胶"
D. 石材与金属挂件之间的粘接应用云石胶，不得采用"环氧胶黏剂"
E. 同一石材幕墙工程采用不同品牌的硅酮密封胶时，可以混用

25. 有关换填地基的施工要求，下列说法正确的有（　　　）。
A. 不得在柱基、墙角及承重墙下接缝
B. 上下两层的缝距不得小于 500mm，接缝处应夯压密实
C. 灰土应拌合均匀并应当日铺填夯压，灰土夯压密实后 3 天内不得受水浸泡
D. 粉煤灰垫层铺填后宜当天压实，每层验收后应及时铺上层或封层
E. 灰土、粉煤灰换填材料的压实系数应不小于 0.97，其他材料压实系数应不小于 0.95

26. 关于混凝土小砌块砌体的施工要点，下列说法正确的有（　　　）。
A. 单排孔小砌块搭接长度应为块体长度的 1/3
B. 不满足搭砌要求的部位，水平灰缝中设 φ4mm 钢筋网片，网片两端与竖缝距离不得小于 400mm，或采用配块
C. 墙体竖向通缝不应大于 3 皮小砌块，独立柱竖向通缝不得大于 2 皮砖

D. 砌筑墙体时，小砌块产品龄期不应少于28天，小砌块应底面朝上反砌于墙上
E. 小砌块不得与其他材料混砌，局部嵌砌时，采用不小于C25的预制混凝土砌块

27. 关于装配式预制构件采用钢筋套筒灌浆连接，下列说法正确的有（ ）。
A. 据施工条件、操作经验可选择连通腔灌浆施工或坐浆法施工
B. 高层建筑混凝土剪力墙宜采用坐浆法施工，有可靠经验时也可采用连通腔灌浆施工
C. 竖向构件连通腔灌浆区域的部分区域应预留灌浆孔、出浆孔
D. 连通灌浆区域内任意两个灌浆孔套筒的间距不宜大于2.5m，连通腔内底部与下方已完结构上表面最小间隙不得小于20mm
E. 钢筋水平连接时，灌浆套筒应各自独立灌浆，并采用封口装置使灌浆套筒端部密闭

28. 有关钢筋机械连接和焊接连接接头的说法正确的有（ ）。
A. 同一构件内的接头宜相互错开
B. 同一连接区段内，受拉区钢筋的接头面积百分率不宜大于50%
C. 同一连接区段内，受拉区钢筋的接头面积百分率不宜大于25%
D. 同一连接区段内，受压接头，可不受限制
E. 直接承受动力荷载的结构构件中，采用机械连接接头时，不应超过50%

29. 关于组合钢模板的特性，说法正确的有（ ）。
A. 轻便灵活　　　　　　　　B. 拆装方便
C. 通用性强　　　　　　　　D. 周转率高
E. 接缝少、严密性好

30. 关于建筑幕墙防火构造要求，说法正确的有（ ）。
A. 设置幕墙的建筑，其上、下层外墙开口之间应设高度不小于1.2m的实体墙
B. 设置幕墙的建筑，其上、下层外墙开口之间应设置挑出宽度不小于1.0m、长度不小于开口宽度的防火挑檐
C. 幕墙与建筑窗槛墙之间的空腔应在建筑缝隙上、下沿处分别采用矿物棉等背衬材料填塞，且填塞高度均不应低于200mm
D. 背衬材料承托板应采用铝合金承托板，且厚度不应小于1.5mm
E. 背衬材料承托板应采用钢质承托板，且厚度不应小于1.5mm

三、实务操作和案例分析题（共5题，案例一、二、三各20分，案例四、五各30分）

（一）

某住宅小区工程，项目部针对不同的工程结构或构件分别采用砖胎模、铝合金模板、钢大模板和胶合板模板等模板体系。要求模板的接缝严密，模板内没有杂物、积水或冰雪等。对部分清水混凝土及装饰混凝土构件，要求采用能达到设计装饰效果的模板。各类模板体系的施工记录图片如图1~图4所示。

施工前，施工单位项目技术负责人组织编制了脚手架专项施工方案，明确了工程概况和编制依据，脚手架类型的选择，所用材料、构配件类型及规格、结构与构造设计施工图、结构设计计算书、应急预案等内容。

移动式操作平台施工前，施工单位组织编制了《移动式操作平台专项施工方案》，并绘

制了《移动式操作平台示意图》，如图5所示。

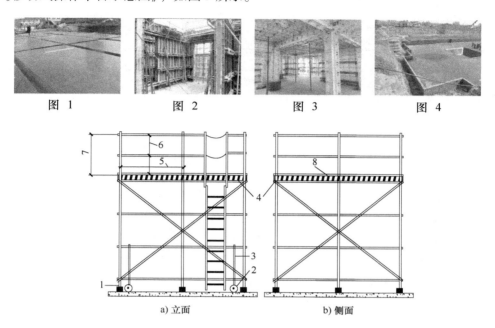

图5 《移动式操作平台示意图》
1—立柱底端距地面的距离　2—行走轮承载力　3—制动力矩　4—挡脚板高度　5—立杆间距
6—横杆间距　7—上杆高度　8—面积/高度/高宽比

问题：

1. 分别答出图1~图4代表的模板体系（如：图1胶合板模板）。钢大模板、铝合金模板由哪些部分构成？具有哪些优点？
2. 本工程模板安装的质量还包括哪些要求？
3. 搭设脚手架之前，其脚手架地基应满足哪些基本要求？专项施工方案的内容还包括哪些？
4. 指出图5各项指标的具体内容（如：1-不得大于80mm）。

（二）

某项目部针对一个施工项目编制网络计划图，图6是计划图的一部分。

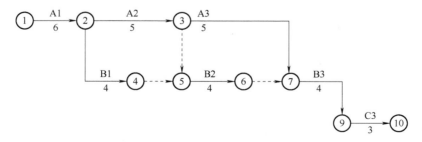

图6 部分施工计划

该网络计划其余部分的计划工作及持续时间见表1。

表1 该网络计划其余部分的计划工作及持续时间　　　　　　　　　（单位：周）

工作	紧前工作	紧后工作	持续时间
C1	B1	C2	3
C2	C1	C3	3

项目部对按上述思路编制的网络计划图进一步检查时发现有一处错误，C2工作必须在B2工作完成后，方可施工，经调整后的网络计划由监理工程师确认满足合同工期要求。

施工过程中，B2与B3工作由于工艺原因共用一台机械，且仅按B1工作结束后B2工作开始的顺序施工。

公司对装配式混凝土结构施工进行了专项检查，发现了以下不妥之处：

1) 预制构件在吊装过程中，要求吊索与构件水平夹角不宜小于60°。

2) 连接钢筋与套筒中心线存在严重偏差，影响构件安装时，会同结构构件生产单位共同制订专项处理方案。

3) 钢筋套筒灌浆作业采用压浆法从下口灌注，当浆料从上口流出时，30s后封堵。

检查外墙外保温节能工程时，监理工程师发现如下问题：①对穿透隔汽层的部位未采取措施；②墙面保温板材未经试验直接大面积施工；③施工前只对操作人员口头交代，无书面交底资料。监理单位责令施工单位立即改正。

问题：

1. 根据该网络计划图其余部分的计划工作及持续时间表，补全网络计划的其余部分。根据网络计划图进一步检查时发现的错误，指出如何调整该网络计划？

2. 按照先B2工作后B3工作的施工顺序，分析该机械应安排在第几周投入使用可使其不闲置？简述资源优化的前提条件。

3. 答出装配式混凝土结构施工不妥内容的正确做法（本小题有3项不妥之处，多答不得分）。竖向构件每个连通灌浆区域应预留哪些孔道？竖向钢筋套筒灌浆连通腔灌浆，应采用何种方式？当必须改变灌浆点时，应满足哪些技术要求？

4. 对于外墙外保温节能工程监理人发现的错误之处，施工单位应如何纠正？

（三）

某办公楼工程，地下3层、地上30层。施工总承包单位进场后，按照相关程序组建了项目经理部。

该工程使用一台塔式起重机和一台施工升降机。工地环形道路一侧设临时用水管网，另一侧设架空电缆，现场不设工人住房和混凝土搅拌站。项目部编制施工组织设计时，绘制了施工总平面布置图（见图7）。

项目部工程测量专项方案中明确，当基坑监测达到变形预警值时应立即进行预警。施工过程中，施工总承包单位对支护桩进行变形观测，变形观测精度等级为一等，支护桩结构顶部变形观测点布置图如图8所示。

明挖法地下工程现浇混凝土结构防水设计等级为一级（见表2）。地下室采用外防外贴法铺贴防水卷材，墙体竖向施工缝和下口施工缝采用具有缓胀性的遇水膨胀止水（胶）条密贴。

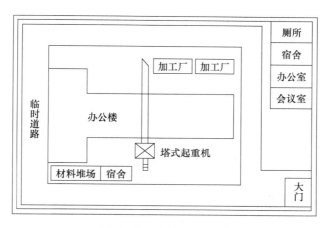

图 7　施工总平面布置图

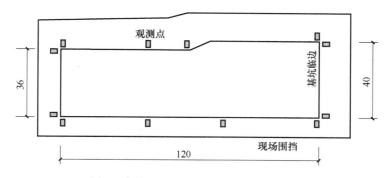

图 8　支护桩结构顶部变形观测点布置图

表 2　明挖法地下工程现浇混凝土结构防水要求

防水等级	防水做法	防水混凝土	外设防水层			现浇混凝土结构最低抗渗等级
			防水卷材	防水涂料	水泥基防水材料	
一级	A	B	C			P8
二级	≥2道	1道，应选	不少于1道；任选			D
三级	≥1道	1道，应选				P6

进入夏季后，公司项目管理部对该项目工人宿舍和食堂进行了检查，发现食堂制作间灶台及其周边的瓷砖高度为1.2m，地面只做了硬化处理；炊具、餐具等清洗后，直接存放在半开的橱柜内。

总监理工程师组织施工单位、设计单位相关人员对各分部工程进行验收，明确建筑节能分部分工程质量验收合格规定包括：①分项工程验收应全部合格；②质量控制资料应完整等。

问题：

1. 项目部组建的步骤包括哪些？指出施工总平面布置设计的不妥之处。
2. 分析变形观测点的布置是否妥当？除了变形预警值，或基坑支护结构及周边环境出现大的变形,还有哪些情况也需要进行基坑预警?

3. 工程防水应遵循哪些原则?写出表2中A、B、C、D处要求的各项内容。

4. 需要设计单位参加验收的分部工程有哪些?节能分部工程质量验收合格规定还有哪些?

(四)

某沿海地区某群体住宅工程,包含整体地下室、8栋住宅楼、1栋物业配套楼以及小区公共区域园林绿化等,业态丰富、体量较大,工期暂定3.5年。

共有13家企业报名参加了本项目的工程投标活动,招标人要求所有投标人必须组成联合体投标。各联合体通过资格预审后购买了招标文件,参加了现场踏勘和标前会议。

招标文件约定:采用工程量清单计价模式,要求投标单位充分考虑风险,特别是一般措施费用均应以有竞争力的报价投标;最终按固定总价签订施工合同。

施工合同中包含以下工程价款的主要内容:

1)工程中标价为5800万元,暂列金额为580万元,主要材料所占比重为60%。

2)工程预付款为工程造价的20%。

3)工程进度款逐月计算。

4)工程质量保修金3%,在每月工程进度款中扣除,质保期满后返还。

表3 工程1~5月的完成产值

月份	1月	2月	3月	4月	5月
完成产值/万元	180	500	750	1000	1400

施工单位确定的混凝土分项工程的目标成本为520万元。施工任务完成后,经施工单位财务部门核算的成本为927万元,成本计算的相关数据见表4。

表4 成本计算的相关数据

项目	单位	目标	实际	差额
产量	m^3	10000	15000	5000
单价	元/m^3	500	600	100
损耗率	%	4	3	−1

施工过程中,项目部按计划招标选择劳务作业分包单位,对申请参加投标的劳务分包单位进行资格预审和实地考察。

问题:

1. 除了投标报名,编、报资格预审申请文件,购买招标文件和参加现场踏勘和标前会议,施工总承包工程投标的主要工作流程还包括哪些?

2. 指出本工程招标文件中的不妥之处,并写出相应理由。根据工程量清单计价原则,一般措施费用项目有哪些(至少列出6项)?

3. 建筑工程造价有哪些特点?计算工程的预付款、起扣点。分别计算3、4、5月应付进度款、累计支付进度款。(计算结果均保留2位小数)

4. 应用差额计算法分析各因素对成本的影响程度。项目部应根据哪些原则确定施工成本目标?

5. 劳务分包单位资源信息筛选过程中,应注意哪些要点?

(五)

某商务综合体工程,共5层,钢筋混凝土框架结构。工程施工前,项目部编制了《施工现场建筑垃圾减量化专项方案》,采取了施工过程管控措施,从源头减少建筑垃圾的产生,通过信息化手段监测并分析施工现场噪声、有害气体、固体废弃物等各类污染物。

1号楼屋面泡沫混凝土浇筑前,项目部向监理单位提交了浇筑专项方案,内容包括:基层清理干净,配合比设计、拌制计量准确,采取高压泵送,一次浇筑厚度300mm,保湿养护不少于3天等内容。监理单位认为所报专项方案部分内容有误,要求按相关规定修改后重报。

2号楼外墙保温采用EPS板薄抹灰系统,由EPS板、耐碱玻纤网布、胶黏剂、薄抹灰面层、饰面涂层等组成,其构造如图9所示。

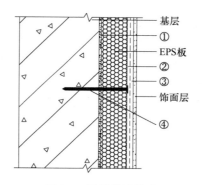

图9　2号楼外墙构造

施工中,木工堆场发生火灾。经查,火灾是临时用电布置和刨花堆放不当引起的。部分木工堆场临时用电现场布置剖面图如图10所示。经统计,现场生产区临时设施总面积超过1200m²,仅设置了12个10L灭火器。要求项目部整改。

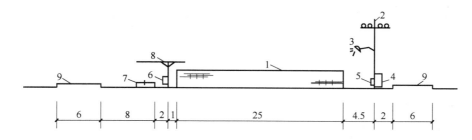

图10　部分木工堆场临时用电现场布置剖面图（单位:m）
1—模板堆　2—电杆（高5m）　3—碘钨灯　4—堆场配电箱　5—灯开关箱
6—电锯开关箱　7—电锯　8—木工棚　9—场内道路

工程竣工后,项目部组织专家对整体工程进行绿色建筑评价,评分结果见表5。专家提出资源节约项和提高与创新加分项评分偏低,为主要扣分项,建议重点整改。

表5 绿色建筑评分结果（部分）

评价内容	控制项基础分值	评价指标评分项分值					提高与创新加分项分值
					资源节约		
评价分值	400	100	100	100	200	100	100
实际得分	400	90	70	80	80	70	40

由于工期较紧，施工总承包单位于晚上11点后安排了钢结构构件进场和焊接作业施工。施工总承包单位提前办理了夜间施工许可证，并发布了相关公告。

工程竣工后，统计得到固体废弃物（不包括工程渣土、工程泥浆）排放量为1500t。

问题：

1. 工程施工可能对环境造成的影响（除了噪声污染、大气污染）还有哪些？绿色建造宜采用哪些建造方式？

2. 指出图10中做法的不妥之处。针对本项目生产区临时设施总面积情况，在生产区临时设施区域内还应增设哪些消防器材或设施？

3. 分别写出图9中数字代号所示各构造做法的名称。

4. 写出表5中绿色建筑评价指标空缺评分项。计算绿色建筑评价总得分。并判断是否满足绿色三星标准？

5. 除了批次评价、阶段评价和单位工程评价，绿色施工评价框架体系还应由哪些评价内容组成？建筑工程阶段评价划分为哪些阶段？单位工程评价等级划分为几级？

6. 写出批次评价、阶段评价和单位工程评价的组织者和参与者。评价结果谁来签字？

参考答案

一、单项选择题

题号	1	2	3	4	5	6	7	8	9	10
答案	C	A	B	B	A	D	A	C	D	D
题号	11	12	13	14	15	16	17	18	19	20
答案	A	B	C	B	C	C	A	A	D	B

二、多项选择题

题号	21	22	23	24	25	26	27	28	29	30
答案	AD	ABD	ABCD	ABC	ABCD	BD	AE	ABDE	ABCD	ABCE

【选择题考点及解析】

1. **【考点】** 建筑设计——建筑高度

【解析】 选项A错误，坡屋顶建筑，檐口高度应按室外设计地坪至屋面檐口或坡屋面"最低点"的高度计算，屋脊高度应按室外设计地坪至屋脊的高度计算。

选项 B 错误，同一建筑有多种屋面形式，或多个室外设计地坪时，分别计算建筑高度后取其最大值。

选项 D 错误，地下室、局部夹层、公共走道、建筑避难区、架空层等有人员正常活动的场所，最低处室内净高不应低于 2.0m。

2. 【考点】 水泥性能及应用——技术指标
【解析】

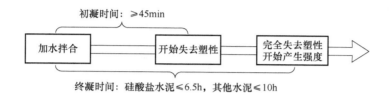

3. 【考点】 室内物理环境——光环境
【解析】 采光设计时，减小窗的不舒适眩光可采取的措施：
① 作业区应减少或避免直射阳光；
② 工作人员的视觉背景不宜为窗口；
③ 可采用室内外遮挡设施；
④ 窗结构的内表面或窗周围的内墙面，宜采用浅色饰面。

4. 【考点】 结构构造——混凝土结构
【解析】

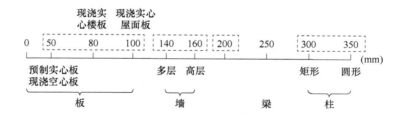

5. 【考点】 混凝土构成——砂子
【解析】 选项 A 正确，这样就既确保了混凝土的质量，又兼顾了和易性。

选项 B、C 说反了，Ⅰ区砂为粗砂，砂子在混凝土中起滚珠作用，粗砂比表面积较小，提高砂率才能满足混凝土的和易性要求。Ⅲ区砂为细砂，细砂比表面积大，需要更多水泥浆包裹，水泥浆量太大会降低混凝土的密实度，影响混凝土的强度、耐久性；所以要降低砂率。

根据《普通混凝土用砂、石质量及检验方法标准》的规定，通常，C60 及以上的高强混凝土用Ⅰ区砂，C55~C30 用Ⅱ区砂，C25 及以下用Ⅲ区砂。

选项 E 错误，应该同时考虑。颗粒级配和粗细程度是两个关联性极强的指标。

6. 【考点】 主体结构——钢筋工程
【解析】 钢材抗拉强度实测值/屈服强度实测值应 ≥ 1.25。$430 \times 1.25 = 537.5$（MPa），只有选项 D 符合要求。

7. 【考点】 装饰材料——瓷砖
【解析】 按吸水率分类，可分为低吸水率砖、中吸水率砖和高吸水率砖。
中低吸水率砖包括：瓷质砖和炻瓷砖。
中吸水率砖包括：细炻砖和炻质砖。
高吸水率砖为陶质砖。

8. 【考点】 结构可靠性——禁止性行为
【解析】 选项B不精准，是不出现"损坏或擅自变动结构体系及抗震措施"，只要满足结构安全性要求，且有完整的设计变更文件，就可以变动结构体系及抗震措施。
选项D不精准，应该是"违章"存放爆炸性、毒害性、放射性、腐蚀性等危险物品。

9. 【考点】 建筑设计构造要求——屋面
【解析】

屋面类型	最小坡度（%）	屋面类型	最小坡度（%）
平屋面	2	波形瓦屋面	20
块瓦屋面	30	种植屋面	2
玻璃采光顶	5	压型金属板、金属夹芯板	5

10. 【考点】 地下水控制——回灌
【解析】 基坑降水往往会引起坑外地下水位的降低，从而导致基坑周边建筑物、道路、管线等出现不均匀变形而开裂。在基坑内进行降水，从基坑外的回灌井进行注水回灌，就保证了基坑内的地下水位降到坑底以下预定深度，而坑外地下水位保持一定水平，从而使得基坑周边环境不出现有害沉降。

11. 【考点】 钢筋施工——钢筋绑扎
【解析】 选项A正确，但这个说法已经过时了。最新的规定是：框架梁的上部钢筋接头位置宜设置在跨中1/3范围内；下部钢筋接头位置宜设置在梁端1/3范围内；板的上部钢筋接头位置宜设在跨中1/2范围内，下部钢筋接头位置宜设置在梁端1/4范围内。
选项B错误，梁的纵筋采用双层排列时，两排钢筋之间应垫以直径不小于25mm的短钢筋。
选项C错误，梁的箍筋的接头应交错布置在两根架立钢筋上。
选项D错误，板钢筋在上，次梁钢筋居中，主梁钢筋在下。

12. 【考点】 深基坑支护——排桩
【解析】 根据《建筑地基基础工程施工规范》（GB 51004—2015）：
选项A，咬合桩适用于基坑侧壁安全等级为一级、二级、三级的基坑支护。
选项C，采用软切割工艺的桩，应在Ⅰ序桩终凝前应完成Ⅱ序桩的施工。
选项D，Ⅰ序桩采用超缓凝混凝土，缓凝时间应≥60h，混凝土3天强度不大于3MPa。

13. 【考点】 钢结构——单层钢结构安装
【解析】 选项A错误，单跨结构宜从跨端一侧向另一侧、从中间向两端或从两端向中间的顺序进行吊装。
选项B错误，多跨结构，宜先吊主跨、后吊副跨。

选项 D 错误，单层钢结构在安装过程中，应及时安装临时柱间支撑或稳定缆绳，应在形成空间结构稳定体系后再扩展安装。

14. 【考点】 安全管理——危大工程
【解析】 施工高度 50m 及以上的建筑幕墙安装工程需要组织专家论证。

15. 【考点】 混凝土工程——混凝土浇筑
【解析】 混凝土的养护时间应符合下列规定：
① 采用硅酸盐水泥、普通硅酸盐水泥或矿渣硅酸盐水泥配制的混凝土，不应少于 7 天；采用其他品种水泥时，养护时间应根据水泥性能确定；
② 采用缓凝型外加剂、矿物掺合料配制的混凝土，不应少于 14 天；
③ 抗渗混凝土、强度等级 C60 及以上的混凝土，不应少于 14 天；
④ 后浇带混凝土的养护时间不应少于 14 天；
⑤ 地下室底层墙、柱和上部结构首层墙、柱，宜适当增加养护时间；
⑥ 大体积混凝土养护时间应根据施工方案确定。

16. 【考点】 混凝土工程——施工缝
【解析】 选项 A 错误，施工缝和后浇带应留在受剪力较小且便于施工的位置处。
选项 B 错误，受力复杂的或有抗渗要求的结构构件，施工缝留设位置应经设计单位确认。
选项 D 错误，高度较大的柱、墙、梁及厚度较大的基础，可在中部留水平施工缝。

17. 【考点】 节能材料——板状
【解析】 选项 B、D 属于板状保温材料，选项 C 属于纤维保温材料。

18. 【解析】 设计使用年限 100 年的地下结构和构件，其迎水面的钢筋保护层厚度不应小于 50mm；当无垫层时，不应小于 70mm。

19.【考点】 涂饰工程——工艺要点
【解析】 界面剂能提高抹灰层与基层的吸附力,增强黏结性能;避免抹灰砂浆与基层黏结时产生空鼓。

20.【考点】 《建筑与市政工程防水通用规范》
【解析】 平屋面工程的防水做法:

防水等级	防水做法	防水层	
		防水卷材	防水涂料
一级	不应少于3道	卷材防水层不应少于1道	
二级	不应少于2道	卷材防水层不应少于1道	
三级	不应少于1道	任选	

21.【考点】 室内物理环境——光环境
【解析】 根据《建筑采光设计标准》(GB 50033—2013):
1) 采光系数和室内天然光照度为采光设计的评价指标。采光系数标准值和室内天然光照度标准值为参考平面上的平均值。
2) 采光标准值的参考平面:工业建筑参考平面取距地面1m,民用建筑取距地面0.75m,公用场所取地面。
3) 对于Ⅰ、Ⅱ采光等级的侧面采光,当开窗面积受到限制时,其采光系数值可降低到Ⅲ级,所减少的天然光照度采用人工照明补充。

采光等级	侧面采光		顶部采光	
	采光系数标准值(%)	室内天然光照度标准值/lx	采光系数标准值(%)	室内天然光照度标准值/lx
Ⅰ	5	750	5	750
Ⅱ	4	600	3	450
Ⅲ	3	450	2	300
Ⅳ	2	300	1	150
Ⅴ	1	150	0.5	75

注:1. 采光系数标准值:在规定的室外天然光设计照度下,满足视觉功能要求的采光系数值。
2. 室内天然光照度标准值:单位为"lx(勒克斯)"。
3. 采光等级:根据采光系数标准值和室内天然光照度标准值确定;两者越大,采光等级越高。
4. 参考平面:测量或规定照度的平面。

22.【考点】 室内物理环境——热工环境
【解析】 提高墙体热阻值可采取的措施:
① 采用轻质高效保温材料与砖、混凝土、钢筋混凝土、砌块等主墙体材料组成复合保温墙体构造;
② 采用低导热系数的新型墙体材料;
③ 采用带有封闭空气间层的复合墙体构造设计。

23.【考点】 防水材料——堵漏灌浆材料

【解析】 选项 E 不存在。堵漏灌浆材料："二丙环氧聚氨酯"。【带着二丙（太阳镜）参加环法自行车赛，赛道面采用聚氨酯地坪材料制作】

24．【考点】 玻璃幕墙——特点

【解析】 选项 B 正确，这个主要是为了防止硅油渗出污染石材面板的表面。

选项 D 错误，"不得云石应环氧"——云石胶属于不饱和聚酯胶黏剂，是粘接石材与石材的。粘接石材与挂件应选用"环氧树脂胶黏剂"。

选项 E 错误，同一石材幕墙工程采用不同品牌的硅酮密封胶时，不得混用。

25．【考点】 地基处理——单一地基（换填）

【解析】 换填地基的施工要求，单选题、多选题、案例题均可考，要求考生务必掌握。

选项 A、B 正确，简单讲——"受力较大处"不得接缝，凡是接缝（接头）必然错开。这一简单的逻辑贯穿了工程设计、地基基础、主体结构、防水工程乃至整本教材。

选项 C 正确。

选项 D 正确，这是为了防止干粉扬尘和受水浸泡。

选项 E 说反了，灰土、粉煤灰换填压实系数不小于 0.95，其他材料不小于 0.97。

26．【考点】 砌体结构工程施工

【解析】 选项 A 错误，单排孔小砌块搭接长度应为块体长度的 1/2；多排孔小砌块搭接长度宜≥块体长度的 1/3。

选项 C 错误，墙体竖向通缝应≤2 皮小砌块，独立柱不得有竖向通缝。

选项 E 错误，小砌块墙内不得混砌黏土砖或其他墙体材料。当需要局部嵌砌时，应采用强度等级不低于 C20 的适宜尺寸的配套预制混凝土砌块。

单排孔小砌块砌筑

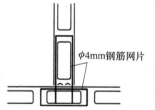

砌体通缝

混凝土小砌块-砌筑要点
搭砌：单排孔小砌块搭接长度应为块体长度的1/2；多排孔小砌块搭接长度宜≥块体长度的1/3
网片：不满足搭砌要求的部位，水平灰缝中设φ4mm钢筋网片，网片两端与竖缝距离≥400mm或采用配块
通缝：墙体竖向通缝应≤2皮小砌块，独立柱不得有竖向通缝

27．【考点】 装配式混凝土结构——套筒灌浆连接

【解析】 选项 B 错误，高层建筑装配混凝土剪力墙宜采用连通腔灌浆施工，当有可靠经验时也可采用坐浆法施工。

选项 C 错误，竖向构件采用连通腔灌浆施工时，应合理划分连通灌浆区域；每个区域应预留灌浆孔、出浆孔、排气孔，并形成密闭空腔，不应漏浆。

选项 D 错误，"1510 灌浆孔"——连通灌浆区域内任意两个灌浆孔套筒的间距不宜大于 1.5m；连通腔内底部与下方已完结构上表面的最小间隙不得小于 10mm。

28. 【考点】 钢筋施工——钢筋绑扎

【解析】 选项 B 正确，选项 C 就是错的。选项 D 参照《混凝土结构设计标准》（GB 50010—2010），与平法图集 16G101 有所出入。

1) 同一区段内相邻纵筋接头应相互错开。

2) 位于同一连接区段内的纵筋接头面积百分率不宜大于 50%。

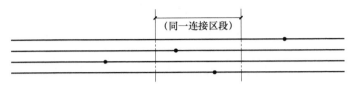

29. 【考点】 模板工程——模板体系及其特性

【解析】

组合钢模板
组成：支撑件；钢模板；连接件
优点：轻便灵活；拆装方便；通用性强；周转率高
缺点：接缝多，严密性差

30. 【考点】 玻璃幕墙——构造

【解析】 背衬材料承托板应采用钢质承托板，且厚度不应小于 1.5mm。

三、实务操作和案例分析题

（一）

1. （本小题 8.0 分）

1) 图 1 胶合板模板；图 2 钢大模板；图 3 铝合金模板；图 4 砖胎模。 (2.0 分)

2) 钢大模板的构成：操作平台、支撑系统、附件、板面结构。 (1.0 分)

铝合金模板的构成：端板、主次肋、带肋面板。 (1.0 分)

3) 优点：

钢大模板：整体性好；抗震性强；无拼缝。 (2.0 分)

铝合金模板：重量小；拼缝严；周转快；成型误差小；利于早拆模体系。 (2.0 分)

2. （本小题 3.0 分）

模板安装质量要求还包括：

1) 模板与混凝土的接触面应平整、清洁。 (1.0 分)

2) 用作模板的地坪、胎模等应平整、清洁，不应有影响构件质量的下沉、裂缝、起砂或起鼓。 (2.0 分)

3. （本小题 5.0 分）

1) 地基应满足：【水冻力】

① 平整坚实，满足承载力和变形要求； (1.0 分)

② 设置排水设施，搭设场地不积水； (1.0 分)

③ 冬期施工采取防冻胀措施。 (1.0分)
2) 还包括：
搭设、拆除计划；搭设、拆除技术要求；质量控制措施；安全控制措施。 (2.0分)
4. （本小题4.0分）
1-不得大于80mm。 (1.0分)
2-不应小于5kN。 (1.0分)
3-不应小于2.5N·m。 (1.0分)
4-不应小于180mm。 (1.0分)
5-不应大于2m。 (1.0分)
6-不应大于600mm。 (1.0分)
7-应为1.2m。 (1.0分)
8-不宜大于10m²/不宜大于5m/不应大于2∶1。 (1.0分)
【评分标准：写出4项，即可得4分】

(二)

1. （本小题4.0分）

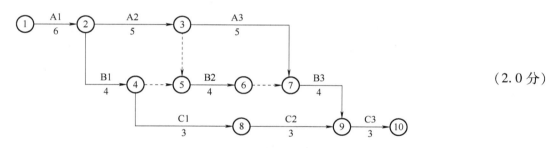

⑥节点发出一条虚箭线指向⑧节点，即C2工作成为B2工作的紧后工作。 (2.0分)

2. （本小题6.0分）
1) 第12周进场，机械可不闲置。 (0.5分)
理由：B2工作第12周开始施工，第16周完成工作，与B3工作之间的时间间隔为0；机械既不闲置，也不影响总工期。 (1.5分)
2) 资源优化的前提条件：
① 不改变网络计划各工作之间的逻辑关系； (1.0分)
② 不改变网络计划各工作的持续时间； (1.0分)
③ 除明确可中断的工作外，资源优化一般不允许中断工作； (1.0分)
④ 各工作所需单位时间内的资源量为合理常量。 (1.0分)

3. （本小题7.0分）
1) 正确做法：
"1)" 吊索与构件的水平夹角不宜小于60°，不应小于45°。 (1.0分)
"2)" 应会同设计单位制订专项处理方案。 (1.0分)
【解析】 连接钢筋与套筒中心线存在严重偏差，影响构件安装时，应会同设计单位制订专项处理方案，严禁随意切割、强行调整定位钢筋。

"3)"浆料从上口流出时应及时封堵,持压30s后再封堵下口。　　　　　　　　(1.0分)

【解析】 灌浆作业应采取压浆法从下口灌注,当浆料从上口流出时应及时封堵,持压30s后再封堵下口。

2)灌浆孔、出浆孔、排气孔。　　　　　　　　　　　　　　　　　　　　(1.5分)

3)一点灌浆。　　　　　　　　　　　　　　　　　　　　　　　　　　　(1.0分)

4)各灌浆套筒已封堵的下部灌浆孔、上部出浆孔宜重新打开,待灌浆料拌合物再次平稳流出后进行封堵。　　　　　　　　　　　　　　　　　　　　　　　　　　　　(1.5分)

4.(本小题3.0分)

"①"的纠正:墙体隔汽层施工时,穿透隔汽层的部位应采取密封措施。　　(1.0分)

"②"的纠正:墙面保温板施工前应先做现场拉拔试验,合格后方可大面积施工。
　　　　　　　　　　　　　　　　　　　　　　　　　　　　　　　　　　(1.0分)

"③"的纠正:施工前,应对操作人员书面交底,且应按规定签字确认。　　(1.0分)

(三)

1.(本小题6.0分)

1)项目部的组建步骤:

① 根据项目管理规划大纲、目标责任书、合同要求明确管理任务;　　　　(1.0分)

② 管理任务分解和归类,明确组织结构;　　　　　　　　　　　　　　　(1.0分)

③ 根据组织结构,确定岗位职责、权限以及人员配置;　　　　　　　　　(1.0分)

④ 制定工作程序和管理制度;　　　　　　　　　　　　　　　　　　　　(1.0分)

⑤ 由组织管理层审核认定。　　　　　　　　　　　　　　　　　　　　　(1.0分)

【评分标准:写出3项,即可得3分】

2)不妥之处:

① 现场仅设置一个大门,且未考虑与仓库及加工场地的有效衔接;　　　　(1.0分)

② 在施工区设置宿舍;　　　　　　　　　　　　　　　　　　　　　　　(1.0分)

③ 办公区、生活区、生产区未实现三区分开;　　　　　　　　　　　　　(1.0分)

④ 材料堆场与加工厂距离太远,不利于减少二次搬运;　　　　　　　　　(1.0分)

⑤ 施工现场入口处未设置五牌一图、门卫、实名制通道等。　　　　　　　(1.0分)

【评分标准:写出3项,即可得3分】

2.(本小题4.0分)

1)变形观测点布置不妥当。

理由:基坑围护墙或基坑边坡顶部变形观测点沿基坑周边布置,在周边中部、阳角处、受力变形较大处设点;观测点间距不应大于20m,且每侧边不宜少于3个;水平和垂直观测点宜共用同一点。　　　　　　　　　　　　　　　　　　　　　　　　　　　　(2.0分)

2)基坑出现流沙、管涌、隆起、陷落,支护结构及周边环境出现大的变形时,也需要进行基坑预警。　　　　　　　　　　　　　　　　　　　　　　　　　　　　　　(2.0分)

3.(本小题6.0分)

1)应遵循的原则:【因为合理】

因地制宜、以防为主、防排结合、综合治理。　　　　　　　　　　　　　(2.0分)

2)A;3道。　　　　　　　　　　　　　　　　　　　　　　　　　　　　(1.0分)

B：1 道。 (1.0 分)

C：不应少于 2 道；防水卷材或防水涂料不应少于 1 道。 (1.0 分)

D：P8。 (1.0 分)

4．（本小题 4.0 分）

1）需要设计单位参加的有：

地基与基础工程、主体结构工程、节能工程、装饰装修工程、屋面工程。 (2.0 分)

2）还包括：

① 外墙节能构造现场实体检验结果应符合设计要求； (0.5 分)

② 外窗气密性现场实体检测结果对照图纸进行核查，应符合要求； (0.5 分)

③ 太阳能系统性能检测结果应合格； (0.5 分)

④ 建筑设备工程系统节能性能检测结果应合格。 (0.5 分)

（四）

1．（本小题 3.0 分）

1）调查投标环境。 (1.0 分)

2）研究项目投标策略。 (1.0 分)

3）进行投标报价计算与决策。 (1.0 分)

4）编制、审定投标文件。 (1.0 分)

5）开具投标保函，递交投标文件、投标。 (1.0 分)

【评分标准：写出 3 项，即可得 3 分】

【解析】

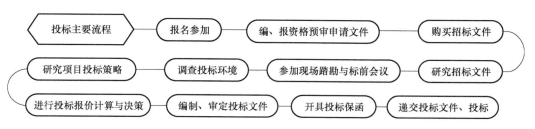

2．（本小题 5.5 分）

1）不妥之处：

① 一般措施费用均应以有竞争力的报价投标； (0.5 分)

理由：安全文明施工费属于不可竞争性费用。 (0.5 分)

② 最终按固定总价签订施工合同； (0.5 分)

理由：实行工程量清单计价的工程，应采用单价合同；且本工程工期超过一年，业态丰富，风险较大，应采用可调单价合同。 (1.0 分)

2）包括：【二大夜，水已冬，保文明】

安全文明施工；夜间施工；二次搬运；冬雨期施工；大型机械设备进出场及安拆；施工排水；施工降水；地上、地下设施，建筑物临时保护；已完工程及设备保护。 (3.0 分)

3．（本小题 12.0 分）

1）大额性、个别性和差异性、动态性、层次性。 (4.0 分)

2）预付及扣回：
① 预付款：(5800-580)×20% = 1044.00（万元）； (1.0分)
② 起扣点：(5800-580)-1044/60% = 3480.00（万元）。 (2.0分)
3）各月进度款：
3月：
累计已完工程款：180+500+750 = 1430.00（万元）<3480.00万元，不扣预付款。
(0.5分)
应付：750×(1-3%) = 727.50（万元）。 (0.5分)
累计：1430×(1-3%) = 1387.10（万元）。 (0.5分)
4月：
累计已完工程款：1430+1000 = 2430.00（万元）<3480.00万元，不扣预付款。
(0.5分)
应付：1000×(1-3%) = 970.00（万元）。 (0.5分)
累计：1387.1+970 = 2357.10（万元）。 (0.5分)
5月：
累计已完工程款：2430+1400 = 3830.00（万元）>3480.00万元。 (0.5分)
应扣预付款：(3830-3480)×60% = 210.00（万元）。 (0.5分)
应付：1400×(1-3%)-210 = 1148.00（万元）。 (0.5分)
累计：2357.1+1148 = 3505.10（万元）。 (0.5分)

4．（本小题5.5分）
1）差额分析：
量差影响：5000×500×(1+4%) = 260.00（万元）。 (1.0分)
价差影响：100×15000×(1+4%) = 156.00（万元）。 (1.0分)
损耗率差额影响：-1%×15000×600 = -9.00（万元）。 (1.0分)
总额影响：260+156-9 = 407.00（万元）。
2）编制原则：【科一先行适时考】
科学性；统一性；先进性；可行性；适时性。 (2.5分)

5．（本小题4.0分）
应注意：【格力好管理】
1）具有良好施工信誉和业绩。 (1.0分)
2）具有充足的劳动力及管理人员。 (1.0分)
3）符合施工要求的各种资格条件。 (1.0分)
4）具有较完善的内部管理体系。 (1.0分)

（五）
1．（本小题6.0分）
1）室内空气污染、水污染、土壤污染、光污染、垃圾污染。 (3.0分)
2）系统化集成设计、精益化生产施工、一体化装修。 (3.0分)

2．（本小题6.0分）
1）不妥之处：

① 现场模板随意堆放； (1.0分)

【解析】 模板应放入室内。露天堆放时，底部垫高100mm，顶面遮盖防水篷布或塑料布。

② 电杆高度为5m，电杆距离模板堆垛为4.5m； (1.0分)

【解析】 仓库或堆料场内电缆一般应埋入地下；若有困难需设置架空电力线时，架空电力线与露天易燃物堆垛最小水平距离不应小于电杆高度的1.5倍。电杆距离模板堆垛不小于5×1.5=7.5m。

③ 堆料场使用碘钨灯； (1.0分)

【解析】 仓库或堆料场严禁使用碘钨灯，以防引起火灾。

④ 电锯开关箱距离堆场配电箱30.5m； (1.0分)

【解析】 开关箱和配电箱的间距不得超过30m。

⑤ 木模板堆场与电锯的距离小于10m； (1.0分)

【解析】 危险物品之间的堆放距离不得小于10m。

⑥ 电灯开关箱安装在电杆上，电锯开关箱距离堆垛外缘1.0m； (1.0分)

【解析】 电灯开关箱应安装在专用开关箱内，电锯开关箱距离堆垛外缘应≥1.5m。

⑦ 未设置灭火器。 (1.0分)

【解析】 临时搭设的建筑物区域内每100m² 配备2只10L灭火器。临时木料间、油漆间、木工机具间等，每25m² 配备1只灭火器。油库、危险品库应配备数量与种类匹配的灭火器、高压水泵。

【评分标准：写出3项，即可得3分】

2) 还应增设：

① 临时设施内，每100m² 配备2个10L的灭火器； (1.0分)
② 木料、油漆、木工机具间，每25m² 设置一个灭火器； (1.0分)
③ 配备消防专用太平桶、积水桶、黄砂池，周围不得堆放易燃物品。 (1.0分)

3. （本小题4.0分）

"①"胶黏剂。 (1.0分)
"②"耐碱玻纤网布。 (1.0分)
"③"薄抹灰面层。 (1.0分)
"④"锚栓。 (1.0分)

4. （本小题4.0分）

1) 评分项：安全耐久、健康舒适、生活便利、环境宜居。 (2.0分)
2) 总得分：(400+90+70+80+80+70+40)/10=83（分）。 (1.0分)
3) 不满足三星级（85分）标准。 (1.0分)

5. （本小题6.0分）

1) 基本规定评价、指标评价、要素评价、评价等级划分。 (2.0分)
2) 地基与基础工程、主体结构工程、装饰装修与机电安装工程。 (3.0分)
3) 三个等级。 (1.0分)

6. （本小题4.0分）

1) 组织者和参与者:
① 批次评价:施工单位组织,建设单位和监理单位参加; (1.0分)
② 阶段评价:建设或监理单位组织,建设单位、监理单位和施工单位参加; (1.0分)
③ 单位工程评价:建设单位组织,施工单位、监理单位参加。 (1.0分)
2) 评价结果应由建设、监理和施工单位三方签认。 (1.0分)

附录　2025年全国一级建造师执业资格考试"建筑工程管理与实务"预测模拟卷

附录 B　预测模拟试卷（二）

考试范围	《建筑工程管理与实务》全章节
考试题型	单项选择题：20题×1分/题 多项选择题：10题×2分/题 实务操作和案例分析题：案例一、二、三，20分/题；案例四、五30分/题
卷面总分	160 分
考试时长	240 分钟
难度系数	★★★★☆
合理分值	126 分
合格分值	96 分
自测说明	120~140 分	非常厉害！得益于强大的学习能力，存量考点已尽收囊中，又能理解并较好地掌握部分存量性考点，保持这种学习状态到考前，必定高分通过
	100~120 分	恭喜！部分核心考点已悉数掌握，并能在没有讲到的领域拿到少许分值，实属不易！截至考前要定期高效复盘，确保不忘
	100 分以下	加油！建议"边听边记边总结，三遍成活！"搞透逻辑体系的同时，适当运用答题技巧，提高自己的答题效率。最后两个月，一定要放开了拼，豁出去学

一、单项选择题（共20题，每题1分，每题的备选项中，只有1个最符合题意）

1. 有关建筑物分类的说法正确的是（　　）。
A. 建筑物按用途分为民用建筑、工业建筑，公共建筑包括仓储、文教、科研、医疗、商业等建筑，居住建筑是指住宅、宿舍、公寓等建筑
B. 高度38m的医疗建筑、建筑高度60m的公共建筑、藏书100万册的图书馆属于一类高层公共建筑
C. 屋顶建筑，其檐口高度应按室外设计地坪至坡屋面最高点的高度计算；同一建筑有多种屋面形式，或多个室外设计地坪时，应分别计算建筑高度后取其中最小值
D. 地下室、局部夹层、公共走道、建筑避难区、架空层等有人员正常活动的场所，最低处室内净高不应低于2.0m

2. 下列关于室内光环境的说法，错误的是（　　）。
A. 建筑采光设计应做到技术先进、经济合理，有利于视觉工作和身心健康
B. 采光设计应注意光的方向性，应避免对工作产生遮挡和不利的阴影
C. 采光设计的评价指标是采光系数
D. 需要识别颜色的场所，应采用不改变天然光光色的采光材料

3. 严寒地区建筑采用（　　）时宜采用双层窗。
A. 木门窗　　　　　　　　　　　B. 塑料窗
C. 断热金属门窗　　　　　　　　D. 铝木复合门窗

4. 预应力楼板结构最低强度等级应为（　　）。
   A. C30　　　　B. C35　　　　C. C40　　　　D. C45

5. 下列关于结构安全等级的说法，正确的是（　　）。
   A. 结构部件的安全等级不得低于二级
   B. 结构部件与结构的安全等级不一致或与设计工作年限不一致的，应在设计文件中标明
   C. 安全等级为一级的结构，破坏后果表现为"不严重"
   D. 安全等级为三级的结构，破坏后果表现为"很严重"

6. 关于砌体结构构造要求，下列说法错误的是（　　）。
   A. 承受吊车荷载的单层砌体结构应采用配筋砌体结构
   B. 现浇钢筋混凝土楼板或屋面板伸进纵、横墙内的长度均不应小于120mm
   C. 预制钢筋混凝土板在混凝土梁或圈梁上的支承长度不应小于80mm，未搁置在圈梁上时，在内墙上的支承长度不应小于100mm，在外墙上的支承长度不应小于120mm
   D. 预制混凝土板端钢筋应与支座处沿墙或圈梁配置的纵筋绑扎，采用强度等级不低于C20的混凝土浇筑成板带

7. 抗震设防烈度为7、8、9度，高度分别超（　　）m的大型消能减震公共建筑，应设置地震反应观测系统。
   A. 160、150、140　　　　　　　　B. 160、140、120
   C. 160、120、80　　　　　　　　D. 160、130、100

8. 关于钢筋混凝土结构中牌号后面带"E"的钢筋，说法错误的是（　　）。
   A. 钢筋实测抗拉强度与实测屈服强度之比不小于1.25
   B. 钢筋的最大力总伸长率不小于9%
   C. 钢筋的实测屈服强度与规定屈服强度之比不小于1.30
   D. 钢筋的实测屈服强度与规定屈服强度之比不大于1.30

9. 用于居住房屋建筑中的混凝土外加剂，严禁含有（　　）成分。
   A. 木质素磺酸钙　　B. 硫酸盐　　C. 亚硝酸盐　　D. 尿素

10. 通过对钢化玻璃进行均质处理可以（　　）。
    A. 降低自爆率　　　　　　　　B. 提高透明度
    C. 改变光学性能　　　　　　　D. 增加弹性

11. 下列关于消能器连接设计的说法，正确的是（　　）。
    A. 消能器与支撑、连接件之间宜采用高强度螺栓连接、销轴连接、焊接
    B. 支撑及连接件一般宜采用钢构件、钢管混凝土构件、钢筋混凝土构件
    C. 对支撑材料和施工有特殊规定时，应在设计文件中注明
    D. 钢筋混凝土构件作为消能器的支撑构件时，其混凝土强度等级不应低于C25

12. 下列关于喷射井点降水构造及降深的说法，错误的是（　　）。
    A. 喷射井点管直径宜为200mm，每套机组井点数不宜大于30根
    B. 水平间距宜为2~4m，井点管排距不宜大于40m
    C. 集水总管直径不宜小于150mm，长度不宜大于60m
    D. 降水深度（地面以下）宜为8~20m

13. 关于基础施工期间相邻地基的沉降观测，下列说法错误的是（　　）。
A. 基坑降水时和基坑土方开挖过程中应每天观测1次
B. 混凝土底板浇完10天以后，可每7天观测1次
C. 沉降观测直至地下室顶板完工和水位恢复
D. 此后可每周观测1次，至回填土完工

14. 关于模板安装及拆除的说法，下列错误的是（　　）。
A. 梁柱节点的模板宜在钢筋安装后安装
B. 后浇带的模板及支架应独立设置
C. 板的钢筋在模板安装后绑扎，柱钢筋的绑扎应在柱模板安装前进行
D. 模板应先支后拆、后支先拆，先拆承重部位，后拆非承重部位

15. 下列分部分项工程中，其专项方案不一定进行专家论证的有（　　）。
A. 爆破拆除工程　　　　　　　　B. 人工挖孔桩工程
C. 地下暗挖工程　　　　　　　　D. 顶管工程

16. 下列施工现场成品，宜采用"封"的保护措施的是（　　）。
A. 地漏　　　　　　　　　　　　B. 排水管落水口
C. 水泥地面完成后的房间　　　　D. 门厅大理石块材地面

17. 有关混凝土施工缝留置位置的说法错误的是（　　）。
A. 单向板在平行于板长边的任何位置
B. 有主次梁的楼板在次梁跨中1/3范围内
C. 墙在纵横墙的交接处
D. 楼梯梯段施工缝宜设置在梯段板跨度端部的1/3范围内

18. 关于屋面工程保温层施工，下列说法正确的是（　　）。
A. 水泥砂浆粘贴的块状保温材料不宜<5℃，喷涂硬质聚氨酯泡沫，施工环境温度宜为15~35℃，空气相对湿度宜<85%，风速宜<6级
B. 现浇泡沫混凝土，施工环境温度宜为5~35℃，雨天、雪天、6级风以上时应停止施工
C. 现浇泡沫混凝土，浇筑出口离基层的高度不宜超过3m，泵送时应采取高压泵送；一次浇筑厚度不宜超过200mm，保湿养护时间不少于14天
D. 倒置式屋面保温层板材施工，坡度≤3%的不上人屋面可干铺，上人屋面宜黏结；坡度>3%的屋面应采用黏结法，并应采用固定防滑措施

19. 关于钢梁吊装，下列说法正确的是（　　）。
A. 钢梁宜采用一点起吊，钢梁可采用一机一吊或一机串吊
B. 长度超过20m的单根钢梁，宜采用平衡梁或设置3~4个吊装带吊装
C. 吊点位置可根据经验确定
D. 钢梁面标高及两端高差可用水准仪与标尺测量，校正完应进行永久性连接

20. 关于地面工程板块面层铺设，下列说法错误的是（　　）。
A. 铺设板块面层时，其水泥类基层的抗压强度不得小于1.2MPa。板块类踢脚线施工，不得采用混合砂浆打底
B. 砖面层、大理石、花岗石面层、预制板块面层、料石面层所用板块进入施工现场时，

应有放射性限量合格的检测报告
C. 地毯面层采用的材料进入施工现场时，应有地毯、衬垫、胶黏剂中的挥发性有机化合物（VOC）和甲醛限量合格的检测报告
D. 地面面层结合层和填缝材料采用水泥砂浆时，面层铺设后，表面养护不应少于14天

二、多项选择题（共10题，每题2分，每题的备选项中有2个或2个以上符合题意，至少有1个错项。错选，本题不得分；少选，所选的每个选项得0.5分）

21. 建筑设计程序一般可分为（　　）。
A. 方案设计　　　　　　　　　　B. 初步设计
C. 技术设计　　　　　　　　　　D. 施工图设计
E. 专项设计

22. 大跨屋盖建筑中的隔震支座宜采用（　　）。
A. 隔震橡胶支座　　　　　　　　B. 摩擦摆隔震支座
C. 弹性滑板支座　　　　　　　　D. 高阻尼橡胶支座
E. 铅芯橡胶支座

23. 防水堵漏灌浆材料按主要成分不同可分为（　　）。
A. 丙烯酸胺类　　　　　　　　　B. 甲基丙烯酸酯类
C. 环氧树脂类　　　　　　　　　D. 聚氨酯类
E. 复合类

24. 混凝土结构宜适当增加养护时间的部分有（　　）。
A. 地下室底层梁、板　　　　　　B. 地下二层墙、柱
C. 上部结构二层墙、柱　　　　　D. 上部结构首层墙、柱
E. 地下室底层墙、柱

25. 关于基础钢筋绑扎，下列说法正确的有（　　）。
A. 绑扎钢筋时，底部钢筋应绑扎牢固，采用HPB 300级钢筋时，端部弯钩应朝下
B. 柱的锚固钢筋下端应用90°弯钩与基础钢筋绑扎牢固
C. 基础底板采用双层钢筋网时，在上层钢筋网下面应设置钢筋撑脚
D. 钢筋的弯钩应朝上，不要倒向一边；但双层钢筋网的上层钢筋弯钩应朝下
E. 独立柱基础为双向钢筋时，其底面短边的钢筋应放在长边钢筋的下面

26. 关于钢筋套筒灌浆连接施工的说法，下列正确的有（　　）。
A. 宜采用压力、流量可调节的专用灌浆设备，灌浆速度宜先快后慢
B. 竖向钢筋套筒灌浆连接作业，应采用灌浆法施工
C. 竖向钢筋套筒灌浆连接采用连通腔灌浆时，可采用多点灌浆的方式
D. 灌浆料宜在加水后30min内用完，剩余拌合物、散落的灌浆料不得再次使用
E. 连通腔灌浆施工时，构件安装就位后宜及时灌浆，可以两层及以上集中灌浆

27. 建筑材料送检的检测试样要求有（　　）。
A. 从进场材料中随机抽取　　　　B. 宜场外抽取
C. 可多重标识　　　　　　　　　D. 检查试样外观
E. 确认试样数量

28. 可以使用 36V 照明用电的施工现场有（　　）。
A. 特别潮湿的场所　　　　　　　　B. 灯具离地面高度 2.2m 的场所
C. 高温场所　　　　　　　　　　　D. 有导电灰尘的场所
E. 锅炉或金属容器内

29. 关于屋面防水基本构造要求，下列说法正确的有（　　）。
A. 屋面防水应以排为主，以防为辅；防水设计工作年限不应低于 20 年
B. 当设备放置在防水层上时，应设附加层
C. 天沟、檐沟、天窗、雨水管、伸出屋面的管井管道等部位泛水处的防水层应设附加层或进行多重防水处理
D. 屋面雨水天沟、檐沟不应跨越变形缝，屋面变形缝泛水处的防水层应设附加层，防水层应铺贴或涂刷至变形缝挡墙顶面
E. 高低跨变形缝在立墙泛水处，应采用有足够变形能力的材料和构造做密封处理

30. 下列关于钢筋混凝土静力压桩法终止沉桩标准的说法，正确的有（　　）。
A. 不应边挖桩边开挖基坑，密集群桩区静压桩的日停歇时间不宜小于 8h
B. 压桩机提供的最大压桩力应>考虑群桩挤密效应的最大压桩阻力，并应<机架重量及配重之和的 0.9 倍
C. 送桩深度不宜大于 10m；超过时，送桩器应专门设计
D. 同一承台桩数大于 3 根时，不宜连续压桩
E. 桩入土深度<8m 的桩，复压次数可为 3~5 次，稳压压桩力不应小于终力，稳压时间宜为 5~10s

三、实务操作和案例分析题（共 5 题，案例一、二、三各 20 分，案例四、五各 30 分）

（一）

某筒中筒工程，层高为 3.6m。混凝土模板支架采用落地式钢管脚手架，钢管直径取 48.3mm。

施工前，施工单位要求混凝土模板支架按安全等级为 I 级类进行设计，其荷载标准值详见表 1。钢管支架顶部可调托座的具体构造，施工单位专门进行了设计。可调托座的具体构造详如图 1 所示。

表 1　支撑脚手架施工荷载标准值

类别		施工荷载标准值/(kN/m²)
混凝土结构模板支撑脚手架	一般	A
	有水平泵管设置	B
钢结构安装支撑脚手架	轻钢结构、轻钢空间网架结构	2.0
	普通钢结构	C
	重型钢结构	3.5

钢结构构件加工前，施工单位进行了施工图纸审查、施工图详图设计等工作。对钢结构进行防火涂装前，监理人发现经处理后的钢材表面存在焊渣、焊疤等外观缺陷。随即要求施

工单位按要求整改。防火涂装验收合格后，施工单位采用涂刷法进行防腐涂装。

该建设单位项目负责人组织对本工程进行检查验收，施工单位分别填写了《单位工程竣工验收记录表》中的"验收记录""验收结论""综合验收结论"。"综合验收结论"为"合格"。参加验收单位人员分别进行了签字。政府质量监督部门认为一些做法不妥，要求改正。

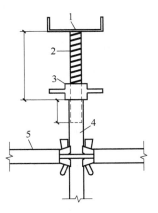

图 1　可调托座的具体构造

问题：

1. 安全为Ⅱ级的混凝土支撑式脚手架的判定标准是什么？写出表1中A、B、C处要求的数值。

2. 可调顶托的外露长度、调节螺杆插入脚手架立杆内的长度、插入脚手架立杆钢管内的间隙分别是多少？写出图1中数字1~5对应的名称（如：4-立杆）。

3. 钢结构网架构件加工前，施工单位还应进行哪些准备工作？经处理后的钢结构连接摩擦面不应有哪些现象？

4. 《单位工程质量竣工验收记录表》中"验收记录""验收结论""综合验收结论"应该由哪些单位填写？

（二）

某新建工程为5栋地下1层、地上16层的高层住宅，主楼为桩基承台梁和筏板基础。主体结构为装配整体式剪力墙结构，建筑面积为103300m^2。

项目部编制了某单位工程施工进度计划网络图如图2所示。施工中先后发生如下事件：设计变更增加工作量，使C工作延长2周；当地持续暴雨无法施工，使E工作延长1周；采用新技术，使K工作压缩2周。项目部及时对施工进度计划进行了调整。

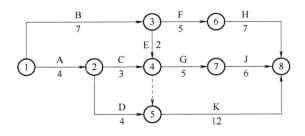

图 2　单位工程施工进度计划网络图

为方便统一管理，装配式预制构件进场后，施工单位将构件运至硬化的场地上集中存放。剪力墙预埋吊件朝上、标示牌朝向外，墙板应立式存放，门窗洞口应采取临时加固措施，防止变形开裂；现场叠合板、阳台栏板上、下层垫块错开设置；预制柱、梁集中靠放在闲置的靠放架上。

监理工程师在检查第4层竖向钢构件钢筋套筒连接时发现，留置了3组边长为70.7mm的立方体灌浆料标准养护试件；留置了1组边长为150mm的立方体坐浆料标准养护试件；对此要求整改。

围护节能系统施工前,施工单位进场了一批保温复合一体板和一批门窗断桥隔热型材,并与监理单位共同清点和进场检验。

问题:

1. 答出图2经各项事件调整后的关键线路和总工期(关键线路表示如:A-B-C)。简述施工进度计划的调整步骤。

2. 指出预制构件现场存放及套筒灌浆施工的不妥之处。钢筋采用套筒灌浆连接时,灌浆质量应满足哪些要求?

3. 竖向构件每个连通灌浆区域应预留哪些孔道?竖向钢筋套筒灌浆连通腔灌浆,应采用何种方式?当必须改变灌浆点时,应满足哪些技术要求?

4. 门窗断桥隔热型材进场前,应检验哪些书面资料?保温复合板进场后需要复验哪些项目?

(三)

某全装修交付保障房工程,共12层,建筑面积5万m²,结构形式为装配式混凝土结构。施工单位遵循"四节一环保"理念进行绿色施工管理。

项目部在测量方案中明确,对基坑工程,进行基坑及其支护结构变形监测和周边环境变形监测。建筑的四角、核心筒四角、大转角处及沿外墙每10~20m处或每隔2~3根柱基上等受力较大部位,应布置沉降监测点。

施工单位根据现场的用水情况确定了供水系统,包括取水位置、取水设施等内容。主要供水管线施工单位采用环状布置。图书馆施工中的施工用水情况见表2,未预计的施工用水系数(K_1)取1.1,用水不均衡系数(K_2)取1.5。施工机械用水量0.03L/s,施工现场生活用水量2.5L/s,生活区生活用水量1.2L/s,消防用水量15L/s,流速(v)1.8m/s。

表2 图书馆施工中的施工用水情况

用水对象	同种机械台数/日工作班数 t	用水定额 N	日工程量 Q
浇筑混凝土	3班	2400L/m³	100m³
砌筑	3班	250L/m³	50m³
养护	1班	200L/m³	100m³

监理人员进行地下防水工程质量检查验收时,对地下室采用高聚物改性沥青防水卷材的外防外贴法铺贴构造进行检查。外放外贴法卷材防水层构造如图3所示。

外墙金属挂板施工前,承包人向监理单位申请隐蔽工程验收,并提交了相关质量控制资料,经过三天的组织与复验,最终验收通过。

为创建绿色施工示范工程,项目部编制了《施工现场建筑垃圾减量化专项方案》,采取了施工过程管控措施,从源头减少建筑垃圾的产生,通过信息化手段监测并分析施工现场噪声、有害气体、固体废弃物等各类污染物。工程竣工后,统计得到固体废弃物(不包括工程渣土、工程泥浆)排放量为1500t。

问题:

1. 本工程主体结构应进行哪些监测?本工程沉降观测点布设位置还包括哪些?
2. 施工供水系统还包括哪些?计算现场施工用水量和总用水量(单位:L/s)。

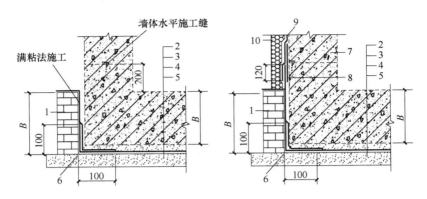

图 3　外放外贴法卷材防水层构造

1—永久保护墙　2—细石混凝土保护层　3、9—卷材防水层　4—水泥砂浆找平层　5—混凝土垫层
6、8—卷材加强层　7—结构墙体　10—卷材保护层

3. 请写出图 3 中存在的错误之处的正确做法。工程防水应遵循哪些原则？

4. 施工现场建筑垃圾减量化工作应遵循哪些原则？该工程固体废弃物排放量是否符合绿色施工标准？说明理由。

(四)

某建设单位编制了招标工程量清单等招标文件，其中部分条款内容为：本工程实行施工总承包模式，承包范围为土建、电气等全部工程内容，质量标准为合格。

该项目于 2021 年 9 月 8 日向通过资格预审的 A、B、C、D、E 五家施工承包企业发出了投标邀请书。

投标截止时间前 5 日，招标人对项目技术要求和工程量清单做了部分修改，开标时间不变。投标人甲提出异议，认为此修改影响投标文件的编制，应当顺延开标时间。

用于某分项工程的某种材料暂估价 4350 元/t，经施工单位招标及项目监理机构确认，该材料实际采购价格为 5220 元/t（材料用量不变）。施工单位向监理机构提交了招标过程中发生的 3 万元招标采购费用的索赔，同时还提交了综合单价调整申请，其中使用该材料的分项工程综合单价调整见表 3，在此单价内该种材料用量为 80kg。

表 3　分项工程综合单价调整

已标价清单综合单价/元					调整后综合单价/元				
综合单价	其中				综合单价	其中			
	人工费	材料费	机械费	管理费和利润		人工费	材料费	机械费	管理费和利润
599.20	30	400	70	99.20	719.04	36	480	84	119.04

某分项工程项目总费用为 200 万元，单价措施费用为 16 万元；安全文明施工费用为 6 万元，在开工后的前 2 个月平均支付。计日工费用为 3 万元，暂列金额为 12 万元，特种门窗工程（专业分包）暂估价为 30 万元，总承包服务费为 5%。规费费率为 6%，增值税税率为 9%。各分项工程项目费用及相应单价措施费用、施工进度见表 4。

表 4　各分项工程项目费用及相应单价措施费用、施工进度

分项工程项目名称	分项工程项目及相应专业措施费用/万元		施工进度/月					
	项目费用	措施费用	1	2	3	4	5	6
A	40	2.2						
B	60	5.4						
C	60	4.8						
D	40	3.6						

注：表中粗实线为计划作业时间，粗虚线为实际作业时间。

外墙金属挂板施工前，承包人向监理单位申请隐蔽工程验收，并提交了相关质量控制资料，经过三天的组织与复验，最终验收通过。多功能厅隔墙设计做法为 GRC 空心混凝土隔墙板。

问题：

1. 施工总承包通常包括哪些工程内容？（如地基基础、主体结构）
2. 《招标投标法》对中标的投标文件应满足的条件做了哪些规定？
3. 投标人甲提出的异议是否合理？说明理由。招标人应何时答复？应如何处理该项争议？
4. 施工单位对招标采购费用的索赔是否妥当？说明理由。项目监理机构应批准的调整后综合单价是多少元？
5. 列式计算第 3 个月末的工程进度偏差，并分析工程进度情况。
6. 饰面板子分部工程中还包括哪些分项工程？请写出 GRC 空心混凝土隔墙板的板缝处理要点。

（五）

某新建工程，建筑面积 15000m²，框筒结构，地下 4 层，地上 40 层。混凝土结构施工前，施工单位搭设了扣件式钢管脚手架（见图 4）。

架体搭设完成后进行了验收检查，监理工程师按照《建筑施工安全检查标准》（JGJ 59—2011）要求的保证项目和一般项目对其进行了检查，检查结果见表 5。

表 5　扣件式脚手架检查结果（部分）

检查内容	施工方案	交底与验收	杆件连接	层间防护				构配件材质	通道	
满分值	10	10	10	10	10	10	10	10	10	100
得分值	10	10	10	9	8	9	8	9	10	9	92

项目部编制的施工组织设计中，对消防管理做出了具体要求，强调建立健全各种消防安全职责并落实责任，包括落实消防安全制度、建立消防组织机构等。办公区域的灭火器按照要求设置在明显的位置，如房间出入口、走廊等，方便使用。

钢结构框架焊接作业动火前，项目技术负责人组织编制了《高层钢结构焊割作业防火

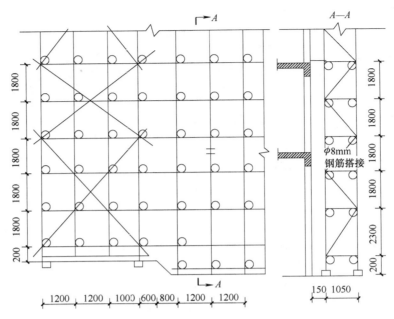

图 4 扣件式钢管脚手架

安全技术措施》，并填写了动火申请表，报项目安全管理部门审查批准。作业前，项目技术负责人对相关作业人员进行了安全作业交底。明确了动火前，要清除周围易燃、可燃物，作业后必须确认无火源隐患方可离去等动火要点。作业人员随即开始动火作业。

监理工程师现场巡视，发现施工现场平面布置有以下不妥之处：
1）危险品仓库远离现场单独设置，距在建工程约10m。
2）与工作有关联的加工厂适当分散布置。
3）货物装卸时间长的仓库靠近路边。

主体结构封顶后，进行二次结构施工。二次结构填充墙砌体采用轻骨料小型混凝土砌块和蒸压加气混凝土砌块，蒸压加气混凝土砌体采用专用黏结砂浆"薄灰法"砌筑。监理工程师现场检查时发现以下不妥之处：
1）蒸压加气块和局部采用多孔砖和混凝土砖的部位，提前浇水湿润。
2）加气块错缝搭砌，长度仅为砌块长度的1/4。
3）小砌块墙体孔洞填充隔热、隔声材料，砌筑完成后全部填满并捣实。
4）填充墙砌筑7天后进行顶砌施工。
5）砌块与拉结筋的连接，钢筋直接铺设在砌块上。

监理人再检查带壁柱墙砌筑时，发现施工单位不按要求施工，随即要求其整改。

问题：

1. 指出图4中脚手架搭设错误之处的正确做法。写出扣件式脚手架检查中的空缺项。
2. 消防安全管理职责和责任还有哪些？办公区域还有哪些位置需要设置灭火器？
3. 指出钢结构动火方案及施工现场平面布置中不妥之处的正确做法。除危险性较大的登高焊、割作业外，还有哪些情况属于一级动火？
4. 写出填充墙砌体施工不妥之处的正确做法。砖柱和带壁柱墙砌筑应符合哪些要求？

参考答案

一、单项选择题

题号	1	2	3	4	5	6	7	8	9	10
答案	D	C	C	A	B	D	C	C	D	A
题号	11	12	13	14	15	16	17	18	19	20
答案	C	A	B	D	B	C	A	D	D	D

二、多项选择题

题号	21	22	23	24	25	26	27	28	29	30
答案	ABDE	ABC	ABCD	DE	BCD	AD	ADE	BCD	BCDE	ABE

【选择题考点及解析】

1. 【考点】 建筑设计——建筑物类别

【解析】 选项A错误，建筑物按用途分为民用建筑、工业建筑、农业建筑。公共建筑不包括仓储建筑（属于工业建筑）。

选项B错误，藏书100万册的图书馆不属于一类高层公共建筑（>100万册才属于）。

选项C错误，坡屋顶建筑应分别计算檐口及屋脊高度。

- 檐口高度应按室外设计地坪至屋面檐口或坡屋面"最低点"的高度计算。
- 屋脊高度应按室外设计地坪至屋脊的高度计算。

2. 【考点】 室内物理环境——光环境

【解析】 采光系数和室内天然光照度为采光设计的评价指标。

3. 【考点】 室内物理环境——热工环境

【解析】

1）严寒地区建筑采用断热金属门窗时宜采用双层窗。

2）严寒地区、寒冷地区建筑应采用木窗、塑料窗、铝木复合门窗、铝塑复合门窗、钢塑复合门窗和断热铝合金门窗等保温性能好的门窗。

4.【考点】 结构可靠性——耐久性

【解析】 根据《预应力混凝土结构设计规范》，预应力混凝土楼板强度等级不应低于C30，其他预应力结构构件的混凝土强度等级不应低于C40。

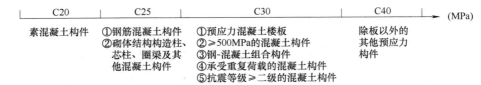

5.【考点】 结构等级——安全等级划分

【解析】 安全等级的划分：

安全等级	破坏后果
一级	很严重
二级	严重
三级	不严重

注：1. 进行结构设计时，应根据结构破坏可能产生的后果的严重性，采用不同的安全等级。
2. 结构安全等级的划分应符合表的规定，结构部件的安全等级不得低于三级。
3. 结构部件与结构的安全等级不一致或设计工作年限不一致的，应在设计文件中明确标明。

6.【考点】 结构构造——砌体结构

【解析】 预制板端钢筋应与支座处沿墙或圈梁配置的纵筋绑扎，应采用强度等级不低于C25的混凝土浇筑成板带。

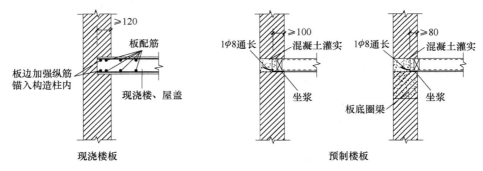

7.【考点】 抗震措施——消能减震

【解析】 根据《建筑消能减震技术规程》（JGJ 297—2013）的3.1.7节，抗震设防烈度为7、8、9度时，高度分别超过160m、120m、80m的大型消能减震公共建筑，应按规定设置建筑结构的地震反应观测系统，建筑设计应预留观测仪器和线路的位置和空间。

8.【考点】 建筑钢材力学性能

【解析】 带肋钢筋牌号后加"E"的钢筋，除满足"屈强伸冷重量差"的要求外，还应满足：

1）抗拉强度实测值与屈服强度实测值的比值（强屈比）不应小于1.25。
2）屈服强度实测值与屈服强度标准值的比值（屈屈比）不应大于1.30。
3）最大力总延伸率实测值（总伸长）不应小于9%。

9. 【考点】 混凝土构成——外加剂
【解析】 用于居住房屋建筑中的混凝土外加剂，严禁含有以下成分：
1）用于混凝土的外加剂含有尿素，会导致室内一股尿味，难以接受。
2）含亚硝酸盐、碳酸盐的防冻剂严禁用于预应力混凝土结构。
3）含有六价铬盐、亚硝酸盐等有害成分的防冻剂，严禁用于饮水工程及与食品相接触的工程。
4）含有硝铵、尿素等产生刺激性气味的防冻剂，严禁用于办公、居住等建筑工程。

10. 【考点】 建筑玻璃——安全玻璃（钢化玻璃）
【解析】 经过长期研究，钢化玻璃内部存在的硫化镍（NiS）结石是造成钢化玻璃自爆的主因。对钢化玻璃进行均质（第二次热处理工艺）处理，可以大大降低钢化玻璃的自爆率。

11. 【考点】 抗震措施——消能减震
【解析】 根据《建筑消能减震技术规程》（JGJ 297—2013）：
选项 A 错误，消能器与支撑、连接件之间宜用高强度螺栓连接或销轴连接，也可采用焊接。
选项 B 错误，支撑及连接件一般采用钢构件，也可用钢管混凝土或钢筋混凝土构件。
选项 D 错误，钢筋混凝土构件作为消能器的支撑构件时，其混凝土强度等级应≥C30。

12. 【考点】 地下水控制——降水
【解析】 喷射井点管直径宜为 75~100mm。

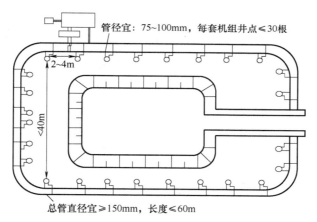

13. 【考点】 工程测量——施工期间变形测量
【解析】 根据《建筑变形测量规范》（JGJ 8—2016）的 6.1.5 节，基础施工期间的相邻地基沉降观测，应符合下列规定：
1）基坑降水时和基坑土方开挖过程中应每天观测 1 次。
2）混凝土底板浇完 10 天以后，可每 2~3 天观测 1 次，直至地下室顶板完工和水位恢复。
3）若水位恢复时间较短、恢复速度较快，应在水位恢复的前后一周内每 2~3 天观测 1 次，同时应观测水位变化。此后可每周观测 1 次，至回填土完工。

14. 【考点】 模板工程——安装要求
【解析】 先支设的一定是承重部位，后支设的是非承重部位。所以先支后拆、后支先拆，先拆非承重部位，后拆承重部位。

15. 【考点】 安全管理——危大工程
16. 【考点】 现场管理——成品保护

【解析】 成品可采取"护、包、盖、封"等具体保护措施。

1) "护": 就是提前防护, 针对被保护对象采取相应的防护措施。楼梯踏步, 可以采取固定木板进行防护, 进、出口台阶可垫砖或搭设通道板进行防护, 门口、柱角等易被磕碰部位, 固定专用防护条或包角防护。

2) "包": 就是进行包裹, 将被保护物包裹起来, 以防损伤或污染。镶面大理石柱可用立板包裹捆扎保护, 铝合金门窗可用塑料布包扎保护。

3) "盖": 用表面覆盖的办法防止堵塞或损伤。落水口等安装就位后要加以覆盖, 以防异物落入而被堵塞; 大理石块材地面, 用软物辅以木（竹）胶合板覆盖加以保护。

4) "封": 采取局部封闭的办法进行保护。房间水泥地面或地面砖铺贴完成后, 可将该房间局部封闭。

17. 【考点】 混凝土工程——混凝土浇筑

【解析】 单向板在平行于板短边的任何位置留置施工缝。

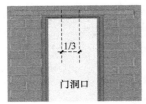
"墙体"施工缝的留置

"纵横墙"

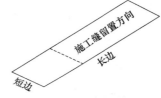
"板"施工缝的留置

"梯段"施工缝的留置

18. 【考点】 屋面施工——环境要求

【解析】 选项A、B错误, 只要涉及施工质量, 全部是"5级"风及以上（3级是例外）, 涉及施工安全的, 均为"6级"风及以上。

选项C错误, 现浇泡沫混凝土, 浇筑出口离基层的高度不宜超过1m, 应采取低压泵送。一次浇筑厚度宜≤200mm, 保湿养护时间不少于7天。

19. 【考点】 钢结构——钢梁安装

【解析】 选项A错误, 钢梁宜采用两点起吊。

选项B错误, 单根钢梁长度>21m, 两点起吊不满足构件强度和变形要求时, 强度和变形要求时, 宜设置3~4个吊装点吊装或采用平衡梁吊装。【2134 平衡梁】

选项C错误, 吊点位置应通过计算确定。

20. 【考点】 饰面板、砖——进场检查

【解析】 选项A正确, 根据《建筑地面工程施工质量验收规范》的6.1.7节, 板块类踢脚线施工时, 不得采用混合砂浆打底, 这是为了防止板块类踢脚线的空鼓。

选项D错误, 地面面层结合层和填缝材料采用水泥砂浆时, 面层铺设后, 表面养护应≥7天。

21. 【考点】 建筑设计——建筑物体系构成

【解析】 建筑设计程序一般分为方案设计、初步设计、施工图设计、专项设计阶段。

22. 【考点】 抗震措施——隔震支座

【解析】 大跨屋盖建筑的隔震支座宜用：隔震橡胶支座、摩擦摆隔震支座或弹性滑板支座。

23. 【考点】 防水材料——堵漏灌浆材料

【解析】 选项E不存在。堵漏灌浆材料："二丙环氧聚氨酯"。【带着二丙（太阳镜）参加环法自行车赛，赛道面采用聚氨酯地坪材料制作】

24. 【考点】 混凝土工程——混凝土浇筑

【解析】 地下室底层和上部结构首层——墙、柱，宜适当增加养护时间。

25. 【考点】 混凝土基础——基础钢筋

【解析】 选项A错误，绑扎钢筋时，底部钢筋应绑扎牢固，采用HPB 300级钢筋时端部弯钩应朝上。

选项E错误，独立柱基础为双向钢筋时，其底面短边的钢筋应放在长边钢筋的下面。

26. 【考点】 装配式混凝土结构——套筒灌浆连接

【解析】 选项B错误，竖向钢筋套筒灌浆连接，灌浆作业应采用压浆法从灌浆套筒下灌浆孔注入，当灌浆料拌合物从构件其他灌浆孔、出浆孔平稳流出后应及时封堵。

选项C错误，竖向钢筋套筒灌浆连接采用连通腔灌浆时，应采用一点灌浆的方式；当一点灌浆遇到问题而需要改变灌浆点时，各灌浆套筒已封堵的下部灌浆孔、上部出浆孔宜重新打开，待灌浆料拌合物再次平稳流出后进行封堵。

选项E错误，连通腔灌浆施工时，构件安装就位后宜及时灌浆，不宜两层及以上集中灌浆；当两层及以上集中灌浆时，应经设计确认，专项施工方案应进行技术论证。

27. 【考点】 材料质量管理

【解析】 本题属于材料检验常识题。

选项B错误，送检的检测试样，必须从进场材料中随机抽取，严禁在现场外抽取。

选项C错误，试样应有唯一性标识，试样交接时．应对试样外观、数量等进行检查确认。

28. 【考点】 临时用电管理

【解析】

施工用电管理：特殊场所安全照明电压

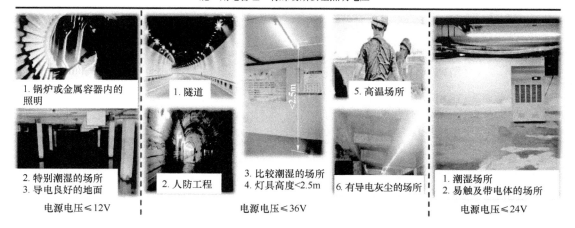

29.【考点】《建筑与市政工程防水通用规范》

【解析】 选项 A 错误,屋面防水应以防为主,以排为辅;防水设计工作年限不应低于 20 年。

选项 B 正确,为避免设备安装和使用过程中造成防水层损坏。

选项 C 正确,细部构造设置附加层是为了增强节点密封防水。

选项 D 正确,跨变形缝设置天沟或檐沟,变形缝处容易漏水。

30.【考点】 预制桩——静力压桩

【解析】 选项 C 错误,送桩深度不宜大于 10~12m;送桩深度>8m 时,送桩器应专门设计。

选项 D 错误,同一承台桩数大于 5 根时,不宜连续压桩。

选项 E 正确,桩入土深度<8m 的桩,复压次数可为 3~5 次;入土深度>8m 的桩,复压次数可为 2~3 次。

三、实务操作和案例分析题

(一)

1. (本小题 5.5 分)
1)判定标准:
① 搭设高度≤8m; (1.0 分)
② 荷载标准值≤15kN/m² 或≤20kN/m 或≤7kN/点。 (1.5 分)
2)"A" 2.5;"B" 4;"C" 3.0。 (3.0 分)

2. (本小题 5.5 分)
1) 500mm;150mm;2.5mm。 (3.0 分)
2) 1-可调托撑;2-螺杆;3-调节螺母;4-立杆;5-水平杆。 (2.5 分)

3. (本小题 5.0 分)
1) 提料备料;进行工艺试验;编制工艺规程;进行技术交底。 (2.0 分)
2) 污垢、焊疤、氧化铁皮、毛刺、飞边、焊接飞溅物。 (3.0 分)
【评分标准:写出 3 项,即可得 3 分】

4. (本小题 4.0 分)
1) 验收记录由施工单位填写。 (1.0 分)
2) 验收结论由监理单位填写。 (1.0 分)
3) 综合验收结论经参加验收的各方共同商定,由建设单位填写。 (2.0 分)

(二)

1. (本小题 7.0 分)
1) 关键线路:B-E-G-J;总工期:21 周。 (2.0 分)
2) 调整步骤:
① 分析进度计划检查结果; (1.0 分)
② 分析进度偏差影响并确定调整的对象和目标; (1.0 分)
③ 选择适当的调整方法,编制调整方案; (1.0 分)
④ 针对调整方案进行评价、决策; (1.0 分)

⑤ 实施新的施工进度计划。 (1.0分)

2.（本小题4.5分）

1）不妥之处：

① 将预制构件集中存放； (0.5分)

【解析】 预制构件应根据产品品种、规格型号、检验状态分类存放。

② 现场叠合板、阳台栏板上、下层垫块错开设置； (0.5分)

【解析】 叠合板、阳台栏板每层构件之间的垫块应上下对齐。

③ 预制柱、梁集中靠放在闲置的靠放架上； (0.5分)

【解析】 预制柱、梁等细长构件应平放，且用两条垫木支撑。

④ 留置3组边长为70.7mm的立方体灌浆料标准养护试件； (0.5分)

【解析】 每层应留3组40mm×40mm×160mm的灌浆料标准养护试件。

⑤ 留置1组边长为150mm的立方体坐浆料标准养护试件。 (0.5分)

【解析】 每层应留3组边长70.7mm的立方体坐浆料标准养护试件。

2）饱满、密实，所有出口均应出浆。 (2.0分)

3.（本小题4.5分）

1）灌浆孔、出浆孔、排气孔。 (1.5分)

2）一点灌浆。 (1.0分)

3）各灌浆套筒已封堵的下部灌浆孔、上部出浆孔宜重新打开，待灌浆料拌合物再次平稳流出后进行封堵。 (2.0分)

4.（本小题4.0分）

1）应检验：【两书一证一报告】

质量证明文件；节能性能标识证书；门窗节能性能计算书；复验报告。 (2.0分)

2）需要复验：【三代单传燃伸性】

传热系数或热阻；单位面积质量；拉伸黏结强度；燃烧性能。 (2.0分)

（三）

1.（本小题5.5分）

1）应进行的监测：【日照两度好风水】

①日照变形监测；②垂直度及倾斜观测；③挠度监测；④风振变形监测；⑤水平位移监测。 (2.5分)

2）包括：【墙柱基础交接侧】

① 宽度≥15m的建筑，应在承重内隔墙中部设内墙点，并在室内地面中心及四周设地面点； (1.0分)

② 框架及钢结构建筑的每个或部分柱基上或沿纵横轴线上； (1.0分)

③ 超高层建筑和大型网架结构的每个大型结构柱监测点宜≥2个，且对称布置； (1.0分)

④ 筏形基础、箱形基础底板四角处及其中部位置； (1.0分)

⑤ 高低层建筑、新旧建筑和纵横墙等交接处的两侧。 (1.0分)

【评分标准：写出3项，即可得3分】

2.（本小题5.0分）

1）供水系统还包括：
①净水设施；②贮水装置；③输水管；④配水管网；⑤末端配置。 (2.0分)

2）施工用水量 $= K_1 \sum \frac{Q \cdot N}{T \cdot t} \cdot \frac{K_2}{8 \times 3600} = 1.1 \times \left[\left(\frac{2400 \times 100}{3} + \frac{250 \times 50}{3} + \frac{200 \times 100}{1}\right) \times \frac{1.5}{8 \times 3600}\right] =$ 5.97（L/s）； (2.0分)

【解析】 T 为有效作业日。
总用水量 $= [15+(5.97+0.03+2.5+1.2)/2](1+10\%) = 21.84$（L/s）。 (1.0分)

3. （本小题5.5分）

1）错误之处的正确做法：
① 应设置临时性保护墙，卷材顶端应用临时性保护墙固定； (0.5分)
② 底面折向立面、与永久性保护墙的接触部位，应采用空铺法施工； (0.5分)
③ 阴角处卷材加强层的宽度应为500mm，且加强层应该设置成圆弧形； (0.5分)
④ 采用高聚物改性沥青防水卷材时，卷材接槎的搭接长度应为150mm； (0.5分)
⑤ 墙体水平施工缝，应留在高出底板表面不小于300mm的墙体上。 (0.5分)

2）遵循的原则：【因为合理】
因地制宜、以防为主、防排结合、综合治理。 (3.0分)

4. （本小题4.0分）

1）应遵循的原则【行理分头放】
估算先行、源头减量、分类管理、就地处理、排放控制。 (2.5分)

2）不符合。 (0.5分)
理由：装配式混凝土结构现场排放固体废弃物不宜大于200t/万㎡，本项目建筑面积5万㎡，最高可排放1000t。 (1.0分)

（四）

1. （本小题4.0分）
通常包括建筑屋面、装饰装修、建筑幕墙、附建人防工程、给水排水及供暖、通风与空调、电气、消防、智能化、防雷等配套工程。 (4.0分)

2. （本小题2.0分）

1）最大限度满足招标文件中规定的各项综合评价标准。 (1.0分)
2）满足招标文件实质性要求，经评审投标价最低。 (1.0分)

3. （本小题3.0分）

1）投标人甲提出的异议合理。 (0.5分)
理由：投标截止时间的同一时间开标，招标人对已发出的招标文件进行修改的，应当在投标截止时间至少15日前通知所有投标人。 (1.0分)
2）招标人应在3日内答复。 (1.0分)
3）顺延投标截止时间（或开标时间），以满足法律法规的要求。 (0.5分)

4. （本小题5.0分）

1）不妥当。 (1.0分)
理由：暂估价材料由施工单位组织招标时，其招标采购费已包含在原施工单位投标时的投标报价中。 (2.0分)

2）应批准的调整后综合单价：599.2+80×(5220-4350)/1000=668.8（元）。 (2.0分)

5. （本小题8.0分）

1）

① 40+60×2/3+60/3=100（万元）； (1.0分)

② 2.2+5.4×2/3+4.8/3+6=13.4（万元）； (1.0分)

计划完成工作预算成本（BCWS）：100+13.4=113.4（万元）。 (1.0分)

2）

① 40+60×2/4=70（万元）； (1.0分)

② 2.2+5.4×2/4+6=10.9（万元）； (1.0分)

已完成工作预算成本（BCWP）：70+10.9=80.9（万元）。 (1.0分)

3）进度偏差=BCWP-BCWS=80.9-113.4=-32.5（万元）； (1.0分)

进度偏差为负，表示进度拖后32.5万元。 (1.0分)

6. （本小题8.0分）

1）包括：【金木石瓷塑料板】

①木板安装；②石板安装；③陶瓷板安装；④塑料板安装。 (2.0分)

2）板缝处理要点：

① GRC空心混凝土墙板之间贴玻璃纤维网格条； (2.0分)

② 第一层采用60mm宽的玻璃纤维网格条贴缝，其胶黏剂应与拼装板的胶黏剂相同，待胶黏剂稍干后，再贴第二层玻璃纤维网格条； (2.0分)

③ 第二层玻璃纤维网格条宽度为150mm，贴完后将胶黏剂刮平、刮干净。 (2.0分)

（五）

1. （本小题10.0分）

1）错误之处的正确做法：

① 立杆不得悬空，立杆下端必须设置木垫板； (1.0分)

② 横向扫地杆应设置在纵向扫地杆的下部； (1.0分)

③ 当立杆的基础不在同一高度上时，必须将高处的纵向扫地杆向低处延长两跨与立杆固定； (1.0分)

④ 低处脚手架最下层的步距不得超过2.0m； (1.0分)

⑤ 低处脚手架主节点处应全部设置横向水平杆； (1.0分)

⑥ 严禁使用只有钢筋的柔性连墙件； (1.0分)

⑦ 连墙件的垂直间距不应大于建筑物层高，且不应大于4.0m； (1.0分)

⑧ 剪刀撑的底部应设置木垫板； (1.0分)

⑨ 搭设高度>24m的脚手架应在全外侧立面上由底至顶连续设置剪刀撑，且剪刀撑设置宽度应为6~9m、4~6跨。 (1.0分)

【评分标准：答出5项，即可得5分】

2）立杆基础、架体与建筑结构拉结、杆件间距与剪刀撑、脚手板与防护栏杆、横向水平杆设置。 (5.0分)

2. （本小题4.0分）

1）还有：

①消防安全操作规程；②消防应急预案及演练；③消防设施平面布置；④组织义务消防队。 (2.0分)

2）通道、楼梯、门厅。 (2.0分)

【解析】 灭火器应设置在明显的位置，如房间出入口、通道、走廊、门厅及楼梯。

3．（本小题8.0分）

1）不妥之处的正确做法：

① 应由项目负责人组织编制《防火安全技术方案》； (1.0分)

② 应报企业安全管理部门审查、批准； (1.0分)

③ 存放危险品的仓库应远离现场单独设置，离在建工程不小于15m； (1.0分)

④ 与工作有关联的加工厂适当集中； (1.0分)

⑤ 货物装卸需要时间长的仓库应远离路边。 (1.0分)

2）一级动火的情况：【量大高危禁火油】

① 禁火区域内； (1.0分)

② 油罐、油箱、油槽车和储存过可燃气体、易燃液体的容器及与其连接在一起的辅助设备； (1.0分)

③ 各种受压设备； (1.0分)

④ 比较密封的室内、容器内、地下室等场所； (1.0分)

⑤ 现场堆有大量可燃和易燃物质的场所。 (1.0分)

【评分标准：答出3项，即可得3分】

4．（本小题8.0分）

1）不妥之处的正确做法：

① 采用专用黏结砂浆不得浇水湿润，混凝土多孔砖及混凝土实心砖不宜浇水湿润，气候干燥炎热的情况下，宜在砌筑前对其浇水湿润； (1.0分)

② 蒸压加气块错缝搭砌长度不应小于砌块长度的1/3，且不应小于150mm，当无法满足时，应采用加强钢筋网片； (1.0分)

③ 墙体孔洞填充隔热、隔声材料砌一皮填充一皮，且应填满，不得捣实； (1.0分)

④ 填充墙梁下口最后三皮砖应在下部墙体砌完14天后从中间向两边斜砌； (1.0分)

⑤ 砌块与拉结筋的连接，应预先在砌块上表面开设凹槽；砌筑时，钢筋居中放置在凹槽砂浆内。 (1.0分)

2）应符合的要求：

① 砖柱不得采用包心砌法； (1.0分)

② 带壁柱墙的壁柱应与墙身同时咬槎砌筑； (1.0分)

③ 异形柱、垛用砖，应根据排砖方案事先加工。 (1.0分)